답이 보이는

지게차
운전기능사

핵심요점+기출예상문제+모의고사

이승호 | 김인태 | 임용남 | 원일상

GoldenBell
www.gbbook.co.kr

머리말

「지게차운전기능사」 자격증을 취득하려는 많은 수검자들이 단기간 내에 필기시험을 치르는데 공부하기에 적합한 교재를 인터넷이나 시중 서점의 많은 교재 중 선택의 어려움을 겪고 있습니다. 이점을 타파하여 최근 출제 경향을 면밀하게 분석하고 높은 합격률을 위하여 정답이 보이는 「지게차운전기능사」 교재를 출간하게 되었습니다. 그동안 자동차, 건설기계 등 전문 서적 출판에서 명성과 인지도가 높은 (주)골든벨에서 이번 교재를 출간하게 되었습니다.

정답이 바로 보이는 문제집을 만들어 학습 효율을 높였고, 기존의 지게차 교재의 오답 및 구조 이론 내용의 불완전한 부분을 수정 보완하였습니다.

현재 교육 기관이나 현장에서 운행하는 지게차 장비의 구조 기능에 대하여 현장감 있게 내용을 기술하였습니다. 그리고 자격증 취득과 장비관리에 필요한 지식을 총망라하여 이론과 실기가 접목될 수 있는 유용한 좋은 교재를 만들기 위하여 노력했습니다.

최근에 건설기계관련법규도 개정된 내용에 부합되는 문제로 수록하여 자격증 취득에 최적화된 지게차 운전기능사 교재를 만들었습니다.

글로벌 경제 위기에 지게차 운전기능사 자격을 갖춘 많은 인재들이 부족한 실정입니다.

본 교재를 통하여 지게차운전기능사 자격증을 취득하여 훌륭한 기능 인력으로 국가 경제 발전에 이바지하기를 바랍니다.

(주)골든벨 대표님과 조경미 편집국장 및 직원 여러분들의 노력으로 이번 교재가 세상에 빛을 보게 되니 더욱 의미가 있습니다.

앞으로 내용을 계속 업데이트해 좋은 수험서가 되도록 노력하겠습니다.

2023.6
저자 일동

CONTENTS

출제기준

○ **시 행 처** 한국산업인력공단
○ **자격종목** 지게차운전기능사
○ **직무내용** 지게차를 사용하여 작업현장에서 화물을 적재 또는 하역하거나 운반하는 직무
○ **적용기간** 2025. 1. 1 ~ 2027. 12. 31
○ **검정방법** 전과목 혼합, 객관식 60문항(1시간) / 필기ㆍ실기 : 100점 만점 60점 이상 합격
○ **필기과목명** 지게차 주행, 화물적재, 운반, 하역, 안전관리

주요항목	세부항목	세세항목
1. 안전관리	1. 안전보호구 착용 및 안전장치 확인	1. 안전보호구　　2. 안전장치
	2. 위험요소 확인	1. 안전표시　2. 안전수칙　3. 위험요소
	3. 안전운반 작업	1. 장비사용설명서　　2. 안전운반 3. 작업안전 및 기타 안전 사항
	4. 장비 안전관리	1. 장비안전관리　　2. 일상 점검표 3. 작업요청서　　4. 장비안전관리 교육 5. 기계ㆍ기구 및 공구에 관한 사항
2. 작업 전 점검	1. 외관점검	1. 타이어 공기압 및 손상 점검 2. 조향장치 및 제동장치 점검 3. 엔진 시동 전ㆍ후 점검
	2. 누유ㆍ누수 확인	1. 엔진 누유점검　2. 유압 실린더 누유점검 3. 제동장치 및 조향장치 누유점검 4. 냉각수 점검
	3. 계기판 점검	1. 게이지 및 경고등, 방향지시등, 전조등 점검
	4. 마스트ㆍ체인 점검	1. 체인 연결부위 점검 2. 마스트 및 베어링 점검
	5. 엔진시동 상태 점검	1. 축전지 점검　　2. 예열장치 점검 3. 시동장치 점검　4. 연료계통 점검
3. 화물적재 및 하역작업	1. 화물의 무게중심 확인	1. 화물의 종류 및 무게중심 2. 작업장치 상태 점검 3. 화물의 결착　　　4. 포크 삽입 확인
	2. 화물 하역작업	1. 화물 적재상태 확인　2. 마스트 각도 조절 3. 하역 작업
4. 화물운반작업	1. 전ㆍ후진 주행	1. 전ㆍ후진 주행 방법　2. 주행시 포크의 위치
	2. 화물 운반작업	1. 유도자의 수신호　　2. 출입구 확인
5. 운전시야확보	1. 운전시야 확보	1. 적재물 낙하 및 충돌사고 예방 2. 접촉사고 예방
	2. 장비 및 주변상태 확인	1. 운전 중 작업장치 성능확인 2. 이상 소음 3. 운전 중 장치별 누유ㆍ누수

주요항목	세부항목	세세항목
6. 작업 후 점검	1. 안전주차	1. 주기장 선정　2. 주차 제동장치 체결 3. 주차 시 안전조치
	2. 연료 상태 점검	1. 연료량 및 누유 점검
	3. 외관점검	1. 휠 볼트, 너트 상태 점검 2. 그리스 주입 점검 3. 윤활유 및 냉각수 점검
	4. 작업 및 관리일지 작성	1. 작업일지　2. 장비관리일지
7. 건설기계관리법 및 도로교통법	1. 도로교통법	1. 도로통행에 관한 사항 2. 도로표지판(신호, 교통표지) 3. 도로교통법 관련 벌칙
	2. 안전운전 준수	1. 도로주행 시 안전운전
	3. 건설기계관리법	1. 건설기계 등록 및 검사　2. 면허·벌칙·사업
8. 응급대처	1. 고장 시 응급처치	1. 고장표시판 설치　2. 고장내용 점검 3. 고장유형별 응급조치
	2. 교통사고 시 대처	1. 교통사고 유형별 대처 2. 교통사고 응급조치 및 긴급구호
9. 장비구조	1. 엔진구조	1. 엔진본체 구조와 기능　2. 윤활장치 구조와 기능 3. 연료장치 구조와 기능　4. 흡배기장치 구조와 기능 5. 냉각장치 구조와 기능
	2. 전기장치	1. 시동장치 구조와 기능　2. 충전장치 구조와 기능 3. 등화 및 계기장치 구조와 기능 4. 퓨즈 및 계기장치 구조와 기능
	3. 전·후진 주행장치	1. 조향장치의 구조와 기능 2. 변속장치의 구조와 기능 3. 동력전달장치 구조와 기능 4. 제동장치 구조와 기능 5. 주행장치 구조와 기능
	4. 유압장치	1. 유압펌프 구조와 기능 2. 유압 실린더 및 모터 구조와 기능 3. 컨트롤 밸브 구조와 기능 4. 유압탱크 구조와 기능 5. 유압유　　　　　　6. 기타 부속장치
	5. 작업장치	1. 마스트 구조와 기능 2. 체인 구조와 기능 3. 포크 구조와 기능 4. 가이드 구조와 기능 5. 조작레버 구조와 기능 6. 기타 지게차의 구조와 기능

CBT (컴퓨터기반시험) 필기 자격시험 체험하기

01 시험일정 확인

한국기술자격검정원
www.ktitq.or.kr
홈페이지 접속

02 원서접수

자격선택, 지역,
응시유형, 세부유형
선택 후 조회버튼
클릭 후 시행장소 및
응시정원 확인 후
원서 접수

03 필기시험 응시

수험표, 신분증,
필기구 지참
30분 전 입실

04 필기합격자 발표

05 실기시험 접수

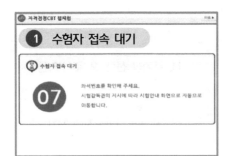

① 수험자 접속 대기

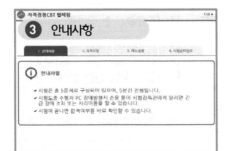

③ 안내사항

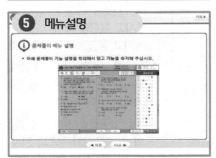

⑤ 메뉴설명

⑦ 문제풀이

② 수험자 정보 확인

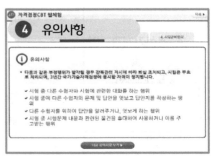

④ 유의사항

⑥ 시험준비 완료

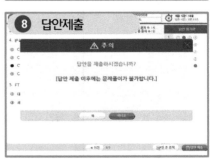

⑧ 답안제출

⑨ 합격발표

■ 상시시험안내
www.q-net.or.kr/cbt/index.html

■ 한국기술자격검정원
www.ktitq.or.kr / TEL.1644-8000

지 · 게 · 차 · 운 · 전 · 기 · 능 · 사

지게차구조

01

지게차 구조

주로 경화물을 단거리에서 적재 및 적하 작업, 운반에 효과적인 건설기계이다.

1 ▶ 지게차의 분류

① 하이 마스트 – 표준형 마스트 지게차이다.
② 프리 리프트 마스트 – 창고 출입문이나 천정이 낮은 공장 내에서 적재, 적하작업에 용이하다.
③ 3단 마스트(트리플리프트 마스트) – 마스트가 3단으로 되어 높은 장소에서의 적재, 적하작업에 유리
④ 사이드 시프트 마스트 – 지게차의 방향을 바꾸지 않고도 백레스트와 포크를 좌우로 움직여 적재, 적하를 할 수 있다.
⑤ 로드 스태빌라이저 – 깨지기 쉬운 화물이나 불안전한 화물의 낙하를 방지하기 위해 포크 상단에 상하 작동할 수 있는 압력판을 부착한 지게차이다.
⑥ 클램프형 마스트 – 집게 작용을 할 수 있는 마스트이다.
⑦ 힌지드 포크와 버킷 – 힌지드 포크는 원목, 파이프 등의 화물을 운반, 적재용이며, 힌지드버킷은 석탄, 소금, 비료, 모래 등 흘러내리기 쉬운 화물의 운반용이다.
⑧ 3way(삼방향) 지게차 – 좁은 공간에서 이동하며 적재 및 픽업하기 적합하며, 높은 곳의 물건을 쉽게 옮길 수도 있고, 일명 삼방향 지게차라고도 한다.

▲ 로테이팅 포크(클램프)

▲사이드 시프트 클램프

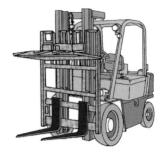

▲ 로드 스태빌라이저

▲ 힌지드 버킷　　　▲ 하이 마스트　　　▲3Way(삼방향)지게차　　　▲ 트리플 마스터형

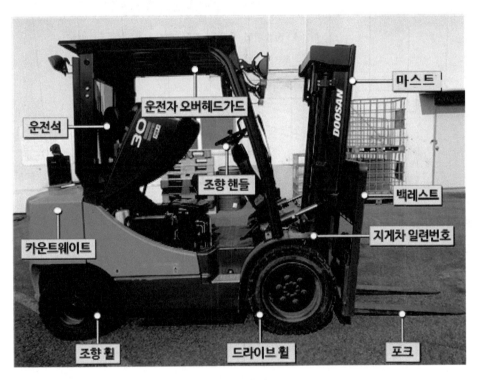

▲ 지게차 외관

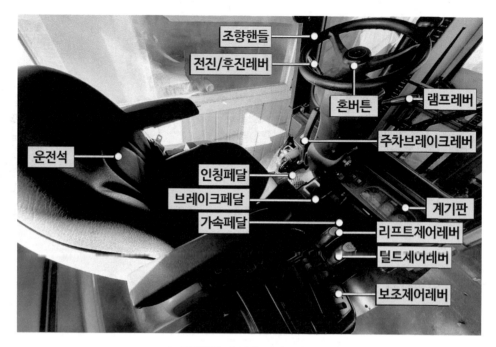

▲ 지게차의 운전석 조작 장치

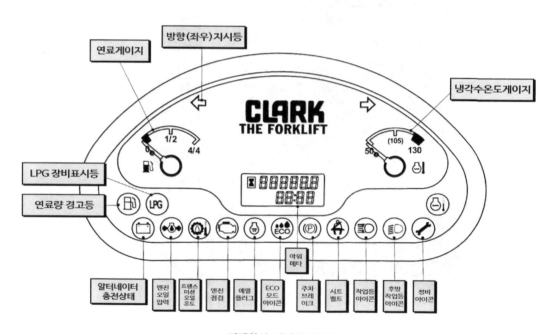

▲ 지게차의 계기판 경고등

(1) 지게차 마스트와 포크

① **마스트** : 포크를 상승시킬 수 있는 단동식 단로드 유압실린더를 설치할 수 있는 기둥으로 외측마스트. 내측마스트가 있다.

② **포크(쇠스랑)** : 짐을 실을 수 있는 발로 보통 2개로 구성

③ **전경각** : 마스트를 앞으로 밀면 마스트의 수직선에서 앞쪽 방향으로 최대로 기울어진 각도로 5~6°

④ **후경각** : 마스트를 뒤로 최대로 당겼을 때 마스트 수직선에서 운전석방향으로 기울어진 각도 10~12°

⑤ **카운트 밸런스 밸브** : 마스트를 올리고 그대로 두어도 포크가 내려오지 않도록 안전을 위하여 설치한 밸브

⑥ **리프트 실린더**는 오일공급라인의 하나인 단동식 단로드실린더로서 상승시는 유압의 힘으로 올라가고 하강시는 포크의 자중으로 하강한다. 악셀레이터 페달을 가속해도 하강 속도가 변하지 않고, 포트에 걸리는 자중에 의해 하강한다.

(2) 지게차의 카운트 밸런스 웨이트(평형추)

① **평형추(카운트 밸런스, 밸런스 웨이트)** 주물(쇠)이나 콘크리트를 채워서 제작하는데 앞의 포크로 짐을 실었을 때 뒷부분이 들리지 않게 안전을 위하여 만든 장치

② **지게차의 조향** : 후륜 조향 (뒷바퀴 조향)

③ **지게차의 구동륜** : 전륜 (앞바퀴)

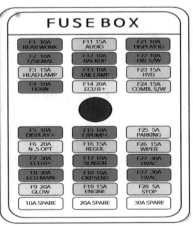

▲ 크라크 지게차 퓨즈박스

15A	ISO 3691 밸브 옵션 커넥터(IGN)	15A	옵션 커넥터(BAT)
15A	계기판 ECU IGN 신호 레귤레이터	15A	전조등 후미등
15A	연료 히터 OSS 컨트롤러(IGN)	10A	경음기
15A	정자등 경광등	30A	시동 스위치(BAT) 시동 모터
10A	엔진시동릴레이 ECU 시동 신호	10A	OSS 콘트롤러(BAT) 방향 지시등
		30A	연료히터
		15A	ECU 메인 릴레이

▲ 두산 지게차 퓨즈박스

④ 자가용번호판 색깔 : 법규 개정 전 녹색판에 백색 문자
　　　　　　　　　　　　법규 개정 후 백색판에 흑색 문자
⑤ 대여용번호판 색깔 : 법규 개정 전 황색(주황색판)에 백색 문자
　　　　　　　　　　　　법규 개정 후 황색판에 흑색 문자

구분	현행(지역번호판)	개선(전국번호판)
영업용	⑬ 세 종 01가5001	012가 4568
자가용 관용	세 종 01가1001	012가 4568

▲ 개정된 번호판

▲ 자가용(비사업용)과 대여용 번호판

⑥ 번호체계는 7자리에서 8자리로 바뀌었으며
　　관용 0001~0999, 자가용 1000~5999, 대여사업용 6000~9999

004 가 4568

"0"은 건설기계, "04"는 건설기계 지게차 "가 4568"은 용도별 일련번호

(3) 틸트 실린더

▲ 틸트 실린더(복동식 단로드형)

▲ 틸트 실린더 구리스 주입 니플

① 작업레버 조작
- **마스트 전경** – 틸트 레버를 앞쪽으로 밀면 유압실린더의 피스톤로드가 팽창되어 마스트가 앞쪽으로 기운다.
- **마스트 후경** – 틸트 레버를 운전석쪽으로 당기면 유압실린더 피스톤로드가 수축되어 마스트가 뒤로(운전석방향) 기운다.

② 구리스(grease) 주입 니플이 전후단 1개씩 있다.

(4) 지게차의 주요 장치

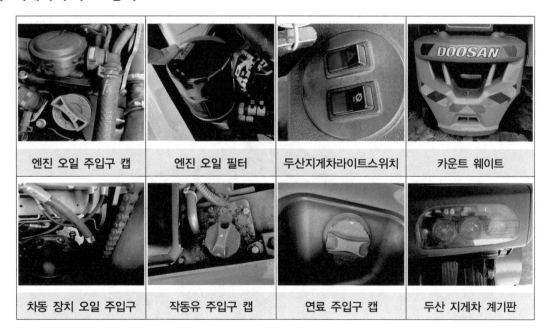

| 엔진 오일 주입구 캡 | 엔진 오일 필터 | 두산지게차라이트스위치 | 카운트 웨이트 |
| 차동 장치 오일 주입구 | 작동유 주입구 캡 | 연료 주입구 캡 | 두산 지게차 계기판 |

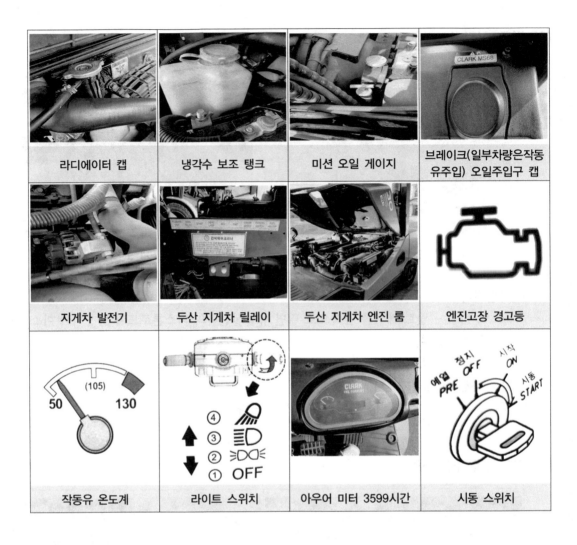

라디에이터 캡	냉각수 보조 탱크	미션 오일 게이지	브레이크(일부차량은작동 유주입) 오일주입구 캡
지게차 발전기	두산 지게차 릴레이	두산 지게차 엔진 룸	엔진고장 경고등
작동유 온도계	라이트 스위치	아우어 미터 3599시간	시동 스위치

(5) 가솔린 기관 [휘발유 기관(엔진)]

▲ 기관의 주요 부분

① 전기 불꽃 점화 기관 [SI(spark ignition)] 압축된 혼합가스에 점화플러그에서 높은 전압의 전기 불꽃을 방전시켜 점화연소시키는 방식의 기관   *흡입시 혼합기 흡입

② 옥탄가 : 가솔린(휘발유) 엔진의 노킹을 일으키기 어려운 정도를 나타내는 수치
   *옥탄가가 높으면 노킹 발생이 적다.

③ 노킹 : 화염전파가 정상에 도달하기 전에 말단가스(end gas)가 자기착화되어 급격히 연소가 진행될 때 실린더 내 급격한 압력상승으로 타격음이 발생하는 것을 노크(knock)라 한다. 노크는 점화시기와 밀접한 관계가 있어 점화시기를 빠르게 하면 노크가 발생할 우려가 크다.

④ **가솔린엔진에 관련된 주요 부품**
   연료탱크, 연료여과기, 실린더블록, 실린더헤드, 오일팬, 연료펌프, 연료필터, 시동 장치 오일펌프, 오일여과기, 에어클리너, 점화코일, 점화플러그, 밸브장치, 흡기다기관(매니폴드), 배기다기관(매니폴드), 과급기(터보차저), 냉각장치, 배기장치, 삼원촉매, 헤드커버, 발전기장치, 충전장치, EGR장치, 증발가스제어장치, 흡입공기량센서(AFS), 크랭크각센서(CKP, CAS), 캠축위치센서(CMP), 냉각수온센서(WTS), 노킹센서(KNOCKING SENSOR), 간접검출방식공기유량센서(MAP SENSOR), 차압센서, 연료압력센서, 전자제어스로틀장치(ETS), 연료압력센서(RPS), 연료, 온도센서(FTS), 스로틀위치센서(TPS), 악셀레이터 페달 위치센서(APS)

(6) 디젤기관(diesel(경유)엔진), 전자제어디젤기관(CRDI)

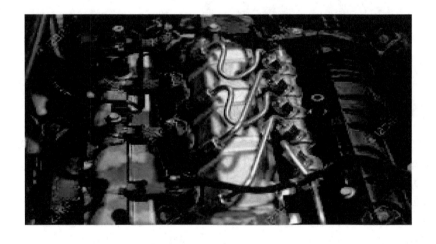

① **디젤 기관 (압축열 착화 기관)** : 현재 건설기계에 가장 많이 사용된다. 공기를 실린더 내에서 압축하면 500~550도의 압축열이 발생되고 인젝터를 통하여 연료를 분사시키면 압축열에 의하여 연료가 자기착화(자연점화)연소가 되어 발생한 열에너지가 기계적에너지로 변환되는 기관   *흡입시 공기만 흡입

② **세탄가** : 디젤 (경유) 엔진의 노킹을 일으키기 어려운 정도를 나타내는 수치
   *세탄가가 높으면 노킹 발생이 적다.

③ 디젤 노킹 : 디젤기관에서 노크(knock)란 착화지연 기간 중에 분사된 많은 양의 연료가 화염전파 기간 중에 일시적으로 연소되어 실린더 내의 압력이 급격히 상승하므로 실린더 벽에 피스톤이 충격을 가하여 소음이 발생하는 현상이다.

④ 디젤기관의 주요 구성

연료탱크, 연료여과기, 실린더블록, 실린더헤드, 오일팬, 연료펌프, 연료필터, 오일펌프, 오일여과기, 에어클리너, 연료분사펌프, 연료공기빼기펌프, 인젝터, 커먼레일 입·출구 압력 조절 밸브, 밸브장치, 흡기다기관(매니폴드), 배기다기관(매니폴드), 과급기, 냉각장치, 배기 장치, 삼원촉매, 헤드커버, 시동장치, 충전장치, DPF, SCR촉매, 스로틀플랩, EGR장치, 고압 펌프, 예열플러그, 과급기(터보차저), 인터쿨러, 냉각장치, 배기장치, 삼원촉매, 헤드커버, 배기가스재순환장치(EGR장치), 증발가스 제어장치, 흡입공기량센서(AFS), 크랭크각센서 (CKP, CAS), 캠축위치센서(CMP), 냉각수온센서(WTS), 노킹센서(KNOCKING SENSOR), 간접검출방식공기유량센서(MAP SENSOR)), 차압센서, 연료압력센서(RPS) 센서, 연료온도 센서(FTS), 연료압력조절기(PRV)

(7) 지게차 타이어 규격 타이어 공기압

▲ CLARK 지게차 앞타이어	▲ CLARK 지게차 뒤타이어
규격 : 8.15 - 15 14 PR	규격 : 6.50 - 10 12 PR
타이어 폭 : 9인치(inch)	타이어 폭 : 6.5 인치(inch)
림의 내경 : 15인치	림의 내경 : 10 인치
14 PR : 플라이수, 코드층의 겹수	12 PR : 플라이수, 코드층의 겹수
공기압 : 크라크 : 8.8 bar	공기압 크라크 : 10bar
두산 825kpa (120psi)	두산 790kpa (115 psi)

(8) 지게차 마스트, 틸트, 조향 장치

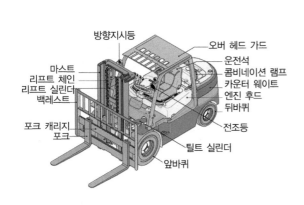

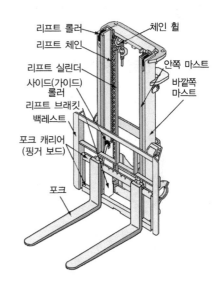

1) 마스트 장치

백레스트가 가이드 롤러를 통하여 상하로 미끄럼 운동할 수 있는 레일이며, 아웃 마스트와 인너 마스트로 구성되며, 위에 포크가 설치되는 핑거 보드, 화물의 뒤쪽을 받쳐주는 백레스트, 포크 마스트를 앞, 뒤로 기울이는 틸트 실린더, 포크를 상승, 하강시키는 리프트 실린더 등이 부착되어 있다.

2) 조향장치

지게차는 후륜조향이며, 기계식과 유압식이 있다. 지게차의 최소회전 반경은 1.8~2.7m정도이며, 안쪽바퀴의 조향각은 65~75° 이다. 복동실린더 양로드 형식을 사용한다.

3) 틸트 실린더 - 복동 실린더 단로드형

① **마스트 전경 시** : 틸트레버를 앞으로 밀면 피스톤 로드가 팽창되어 마스트가 앞으로 기울어진다.
② **마스트 후경 시** : 틸트레버를 뒤로 당기면 피스톤 로드가 수축되어 마스트가 뒤로 기울어진다.

전경각의 경우 5°~6°이며 후경각은 10°~12°범위
- 카운터밸런스 지게차의 전경각은 6도 이하, 후경각은 12도 이하일 것
- 사이드포크형 지게차의 전경각 및 후경각은 각각 5도 이하일 것
- 전경각은 3도 후경각은 5도

(1) 지게차 관련 용어해설 (출처 : 국가물류통합정보센터)

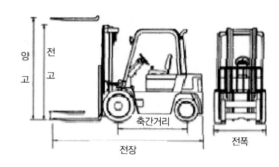

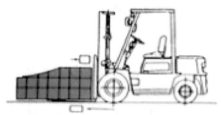

① **적재능력 (LOAD CAPACITY)** 마스트를 90°도로 세운 상태에서 정해진 하중중심의 범위 내에서 포크로 들어 올릴 수 있는 하물의 최대무게이다. 적재능력의 표시방법은 표준하중 몇 mm에서 몇 kg으로 표시한다.

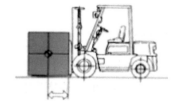

② **하중중심 (LOAD CENTER)** 포크의 수직면으로부터 하물의 무게중심까지의 거리를 말한다.

③**최대인상높이 (MFH : MAXIMUM FORK HEIGHT)** 마스트를 수직인 상태에서 최대로 인상시켰을 때 지면으로부터 포크의 윗면까지의 높이.(3톤지게차 3M)
*최대 들어 올림용량 - 기준 부하상태
*최대올림높이 - 기준 무부하상태

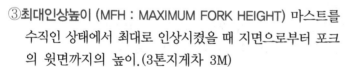

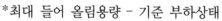

④ **자유인상높이 (FREE LIFT)**
포크를 들어 올릴 때 내측마스트가 돌출되는 시점에 있어서
지면으로부터 포크 윗면까지의 높이.

⑤ **마스트경사각 (TILTING ANGLE)**
마스트 전체를 전방 또는 후방으로 경사시키는 각도.
통상 전경각이 후경각에 비해 작음.
전경각의 경우 5~6°이며 후경각은 10~12° 범위

⑥ **전장 (OVERALL LENGTH)**
포크의 앞부분에서부터 지게차의 제일 끝부분까지의 길이.

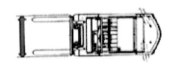

⑦ **전고 (OVERALL HEIGHT)**
타이어의 공기압이 규정치인 상태에서 마스트를 수직으로
하고 포크를 지면에 내려 놓았을 때 지면으로부터 마스트상
단까지의 높이. 단, 이때 오버헤드가드 높이가 마스트보다
높을 때는 오버헤드가드높이가 전고임.

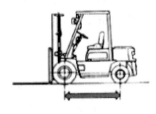

⑧ **전폭 (OVERALL WIDTH)**
지게차 차체 양쪽에 돌출된 액슬, 펜더, 포크케리지(백레스
트), 타이어 등의 폭

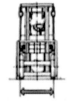

⑨ **축간거리 (WHEEL BASE)**
지게차의 앞축(드라이브액슬)의 중심부로부터 뒤축(스티
어링액슬)의 중심부까지의 수평거리. 지게차의 안정도에
지장을 주지 않는 한도 내에서 최소로 설계된다.

⑩ **윤간거리 (TREAD)**
지게차의 양쪽바퀴의 중심사이의 거리, 통상 전륜과 후륜
의 윤간거리는 다르게 설계된다.

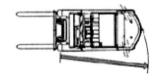

⑪ **최저 지상고 (GROUND CLEARANCE)**
지면으로부터 지게차의 가장 낮은 부위까지의 높이(포크와
타이어는 제외)

⑫ **최소회전반경 (MINIMUM TURNING RADIUS)**
　무부하상태에서 지게차의 최저속도로 가능한 최소의 회전
　을 할 때 지게차의 후단부가 그리는 원의 반경.

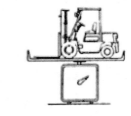

⑬ **장비중량 (SERVICE WEIGHT)**
　냉각수, 연료, 그리스 등이 포함된 상태에서의 지게차의
　총중량.

장비총중량 - 운전자 포함(65kg기준)

⑭ **포크인상속도 (LIFTING SPEED)**
　포크인상속도는 "부하시"와 "무부하시"의 2종류가 있다.
　통상 mm/sec로 표시된다.

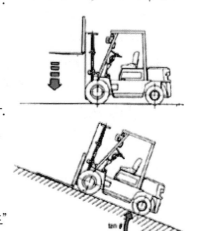

⑮ **포크하강속도 (LOWERING SPEED)**
　포크하강속도는 "부하시"와 "무부하시"의 2종류가 있다.
　통상 mm/sec로 표시된다.

⑯ **등판능력 (GRADEABILITY)**
　지게차가 오를 수 있는 경사지의 최대각도로서 "%"와 "도"
　로 표시한다.(GRADE PERCENTAGES)

⑰ **최소회전 반지름 (지름)**
　지게차가 무부하 상태에서 최대조향각으로 운행 시 가장
　바깥쪽바퀴의 접지자국 중심점이 그리는 원의 반경

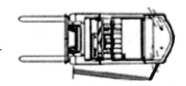

4 지게차 운전 및 작업 시 주의사항

(1) 화물 취급 시 안전수칙

① 포크가 지면에서 10~15㎝ 정도 되면 화물을 내린다(리프트 레버).
② 마스트를 앞으로 기울이고 포크를 뺀다(틸트 레버).
③ 주행 시에는 포크를 지면에서 약 20~30㎝정도 들고 이동한다.
④ 화물을 내릴 때에는 마스트를 수직으로 한다.
⑤ 정격용량 이상을 초과해서는 안된다.
⑥ 포크로 물건을 찌르거나 물건을 끌어서 올리지 않는다.
⑦ 포크에 사람을 태워서 운전을 해서는 안된다.

(2) 주행 시 안전 수칙

① 후진 시에는 반드시 뒤를 살필 것
② 전, 후진 변속 시에는 지게차를 정지시킨 후 행한다.
③ 주, 정차 시에는 포크를 지면에 내려놓고 주차 브레이크를 장착한다.
④ 경사지를 내려올 때에는 반드시 후진으로 주행한다.
⑤ 틸트는 적재물이 백레스트에 완전히 닿도록 한 후 운행한다.
⑥ 급선회, 급가속, 급제동은 피하고, 내리막길에서는 저속으로 운행한다.

(3) 창고 및 공장 출입 시 안전수칙

① 부득이 포크를 올려서 출입하는 때에는 출입구 높이에 주의한다.
② 차폭 및 입구 폭을 확인한 후 출입한다.
③ 얼굴, 손 및 발 등을 차체 밖으로 내밀지 않도록 한다.
④ 반드시 주위의 안전 상태를 확인한 후 출입한다.

(4) 지게차 주차 시 주의사항

① 기관을 공전 상태로 지게차를 세우는 때에는 마스트를 뒤로 틸트해 둔다.
② 기관을 정지시킬 때에는 마스트를 앞으로 틸트해 둔다.
③ 기관을 정지하고 장시간 주차할 때에는 전·후진 레버는 중립에 두고 저·고속 레버는 저속위치로 한다.

(5) 지게차 운전자 준수사항

- 가스밸브를 확인한다. (LPG Type의 경우)
- 안전벨트를 착용한다.
- 사내 규정속도를 준수한다.

- 안전작업을 위하여 시간을 재촉하지 않는다.
- 무리한 작업을 하지 않는다.
- 작업 중에는 사람의 접근을 금지한다.
- 규정된 정비점검을 실시한다.
- 운전 중 급선회를 피한다.
- 물체를 높이 올린 상태로 주행하거나 선회하지 않는다.
- 이동 중 고장 발견 시 즉시 운전을 중단하고 관계자에게 보고 한다.
- 운전자 이외의 근로자를 탑승시키지 않는다.
- 자격이 있고 지명된 자만 운전한다.
- 반드시 정해진 점검항목에 따라서 점검한다.
- 연료 보급은 반드시 엔진을 정지한 후에 실시한다.
- 연료나 유압유가 새어나오는 경우 운전을 중지하고 관계자에게 보고한다.
- 작업계획에 따라 작업순서를 준수한다.

(6) 운전자 주요 점검사항

- 브레이크가 정상적으로 작동하는지 여부
- 임의로 운행하지 못하게 되어 있는지 여부 (Key 관리)
- 포크는 하물의 운반에 적당한지 여부
- 포크 부분에 손상된 곳은 없는지(휨, 균열, 마모 정도)여부
- 체인이 균형 있게 당겨져 충분히 걸려 있는지 여부
- 경보장치의 작동 여부
- 전조등(램프), 후미등(램프)및 브레이크(램프)가 정상인지 여부
- 타이어가 손상된 곳은 없는지, 공기압이 적당한지의 여부
- 페달이 잘 밟아지는지 여부
- 핸들 유격이 너무 크지 않은지 여부
- 헤드가드는 손상이 없는지 여부
- 연결장비가 풀리지 않게 잘 고정되어 있는지 여부
- 조종기구의 작동(들어 올림, 내림, 기울임, 연결기구)이 정상인지 여부
- 높이 들어 올려 진 포크 하부에서 유지·보수작업을 할 때에는 포크가 내려오지 않도록 안전블록 등으로 안전조치를 하였는지 여부

※ 지게차의 3대 특징
  1. 전륜 구동
  2. 후륜 조향
  3. 현가장치(스프링, 쇽업소버)가 없다.

예열표시등	배터리충전경고등	엔진오일 압력표시등	냉각수온도계	트랜스미션 온도계

6 ▶ 지게차 안전기준에 관한 규칙

(1) 지게차의 기준부하상태 등

① **"지게차의 기준부하상태"**란 지면으로부터의 높이가 300mm인 수평상태(주행 시에는 마스트를 가장 안쪽으로 기울인 상태를 말한다)의 지게차의 쇠스랑 윗면에 최대하중이 고르게 가해지는 상태를 말한다.(짐이 실린 상태)

② **"지게차의 기준 무부하 상태"**란 지면으로부터의 높이가 300mm인 수평상태(주행 시에는 마스트를 가장 안쪽으로 기울인 상태를 말한다)의 지게차의 쇠스랑의 윗면에 하중이 가해지지 아니한 상태를 말한다.(짐이 없는 상태)

③ **"쇠스랑(포크)"**란 용접 또는 이음장치에 의하여 지게차의 마스트에 부착된 2개 이상의 수평으로 돌출된 적재 장치를 말한다.

(2) 최대올림높이 및 최대하중 등

① **"최대올림높이"**란 지게차의 기준 무부하 상태에서 지면과 수평상태로 쇠스랑을 가장 높이 올렸을 때 지면에서 쇠스랑 윗면까지의 높이를 말하며, 컨테이너 핸들러의 경우에는 회전 잠금장치 하단부까지의 높이를 말한다.

② **"기준하중의 중심"**이란 지게차의 쇠스랑 윗면에 최대하중이 고르게 가해지는 상태에서 하중의 중심을 말한다.

③ **"최대하중"**이란 제22조에 따른 안정도를 확보한 상태에서 쇠스랑을 최대올림높이로 올렸을 때 기준하중의 중심에 최대로 적재할 수 있는 하중을 말한다.

④ **"최대 들어올림 용량"**이란 지게차의 기준부하상태에서 지면과 수평상태로 쇠스랑을 지면에서 3,000mm 높이(올림높이가 3,000mm 이하인 경우에는 최대로 올린 높이)로 올렸을 때 기준하

중의 중심에 최대로 적재할 수 있는 하중을 말한다.

(3) 마스트의 전경각 및 후경각

① "마스트의 전경각"이란 지게차의 기준 무부하 상태에서 지게차의 마스트를 쇠스랑 쪽으로 가장 기울인 경우 마스트가 수직면에 대하여 이루는 기울기를 말한다.

② "마스트의 후경각"이란 지게차의 기준 무부하 상태에서 지게차의 마스트를 조종실 쪽으로 가장 기울인 경우 마스트가 수직면에 대하여 이루는 기울기를 말한다.

③ 마스트의 전경각 및 후경각은 다음 각 호의 기준에 맞아야 한다.

  (가) 카운터밸런스 자게차의 전경각은 6도 이하, 후경각은 12도 이하일 것

  (나) 사이드 포크형 지게차의 전경각 및 후경각은 각각 5도 이하일 것

  (다) 리치형지게차의 전경각은 3도, 후경각은 5도

(4) 마스트 기울기의 변화량 등

① 지게차의 유압펌프의 오일온도가 섭씨 50℃ 인 상태에서 지게차가 최대하중을 싣고 엔진을 정지한 경우 마스트가 수직면에 대하여 이루는 기울기의 변화량은 정지한 후 최초 10분 동안 5도(마스트의 전경각이 5도 이하일 경우는 최초 5분 동안 2.5도) 이하로 한다.

② 지게차의 유압펌프의 오일온도가 섭씨 50℃ 인 상태에서 지게차가 최대하중을 싣고 엔진을 정지한 경우 쇠스랑이 자중 및 하중에 의하여 내려가는 거리는 10분당 100mm 이하로 한다.

(5) 지게차의 마스트용 체인은 최소파단 하중비가 5이상이어야 한다.

지게차 구조 작업 장치 작업 방법

1 지게차 작업장치의 동력전달 기구로 틀린 것은?

① 리프트 실린더
② 트렌치 호
③ 리프트 체인
④ 틸트 실린더

2 지게차를 전, 후진 방향으로 서서히 화물을 접근시키거나 빠른 유압작동으로 신속히 화물을 상승 또는 적재 시킬 때 사용하는 것은?

① 인칭조절 페달
② 브레이크 페달
③ 디셀레이터 페달
④ 악셀레이터 페달

3 지게차의 앞바퀴는 어디에 설치되는가?

① 등속이음에 설치된다.
② 직접프레임에 설치된다.
③ 너클암에 설치된다.
④ 새클핀에 설치된다.

4 지게차를 주차하고자 할 때 포크는 어떤 상태로 하면 안전한가?

① 앞으로 3°정도 경사지에 주차하고 마스트 전경각을 최대로 포크는 지면에 접하도록 내려놓는다.
② 평지에 주차하면 포크의 위치는 상관없다.
③ 평지에 주차하고 포크는 녹이 발생하는 것을 방지하기 위하여 10cm 정도 들어 놓

는다.
④ 평지에 주차하고 포크는 지면에 접하도록 내려놓는다.

5 깨지기 쉬운 화물이나 불안전한 화물의 낙하를 방지하기 위해 포크상단에 상하 작동할 수 있는 압력판을 부착한 지게차는?

① 3단 마스트
② 로드 스테빌라이져
③ 사이드 시프트 마스트
④ 하이 마스트

6 지게차에서 자동차와 같이 스프링을 사용하지 않는 이유를 설명한 것 중 옳은 것은?

① 앞차축이 구동축이기 때문이다.
② 롤링이 생기면 적하물이 떨어지기 때문이다.
③ 많은 하중을 받기 때문이다.
④ 현가장치가 있으면 조향이 어렵기 때문이다.

7 지게차의 운전방법이 아닌 것은?

① 화물 운반 시 내리막길은 후진으로 오르막길은 전진으로 주행한다.
② 화물 운반 시 포크는 지면에서 20~30cm 가량 띄운다.
③ 화물 운반 시 마스트를 뒤로 4° 가량 경사시킨다.
④ 화물 운반은 항상 후진으로 주행한다.

8 운전 중 좁은 장소에서 지게차를 방향 전환시킬 때 가장 주의할 점으로 맞는 것은?

① 앞바퀴 회전에 주의하여 방향 전환한다.
② 포크를 땅에 닿게 내리고 방향 전환한다.
③ 뒷바퀴 회전에 주의하여 방향 전환한다.
④ 포크높이를 높게 하여 방향 전환한다.

9 지게차 운전 종료 후 점검사항과 가장 거리가 먼 것은?

① 각종 게이지　　② 타이어의 손상 여부
③ 연료량　　　　④ 기름 누설 부위

10 지게차의 동력조향장치에 사용되는 유압실린더로 가장 적합한 것은?

① 복동 실린더 더블 로드형
② 복동 실린더 싱글 로드형
③ 다단 실린더 텔레스코프형
④ 단동 실린더 플런저형

11 지게차의 포크는 운전 중 지면에서 어느 정도 들고 운전하는 것이 적당한가?

① 15~30cm　　② 30~50cm
③ 50~80cm　　④ 80~100cm

12 다음 중 양중기에 해당되지 않는 것은?

① 지게차　　　② 리프트
③ 크레인　　　④ 곤돌라

13 지게차 리프트 실린더 상승력이 부족한 원인과 거리가 먼 것은?

① 틸트 로크 밸브의 밀착 불량
② 유압펌프의 불량
③ 오일 필터의 막힘
④ 리프트 실린더에서 유압유 누출

14 지게차 작업에 대한 안전 사항 중 맞지 않는 것은?

① 지게차를 주차할 때에는 포크를 하강시켜 지면에 내려놓는다.
② 주행방향(전·후진)을 바꿀 때에는 저속위치에서 변속하면 된다.
③ 시야가 제한 된 곳은 앞지르기를 하지 않는다.
④ 전방시야가 불투명해도 작업 보조자를 승차 시켜서는 안 된다.

15 지게차의 포크를 하강시키려고 한다. 가장 적당한 것은?

① 가속 페달을 밟고 리프트 레버를 앞으로 민다.
② 가속 페달을 밟고 리프트 레버를 뒤로 당긴다.
③ 가속 페달을 밟지 않고 리프트 레버를 뒤로 당긴다.
③ 가속 페달을 밟지 않고 리프트 레버를 앞으로 민다.

16 지게차의 동력전달순서로 맞는 것은?

① 엔진-토크컨버터-변속기-앞구동축-종감속기어 및 차동장치-최종감속기-차륜
② 엔진-토크컨버터-변속기-종감속기어 및 차동장치-앞구동축-최종감속기-차륜
③ 엔진-변속기-토크컨버터-종감속기어 및 차동장치-최종감속기-앞구동축-차륜
④ 엔진-변속기-토크컨버터-종감속기어 및 차동장치-최종감속기-앞구동축-차륜

17 지게차에 짐을 싣고 작업 시(최대 들어올림 용량) 최대 높이의 작업 기준은?

① 지면과 수평상태로 쇠스랑을 지면에서 2 천밀리미터 높이
② 지면과 수평상태로 쇠스랑을 지면에서 3 백밀리미터 높이
③ 지면과 수평상태로 쇠스랑을 지면에서 4 천밀리미터 높이
④ 지면과 수평상태로 쇠스랑을 지면에서 3 천밀리미터 높이

18 지게차로 짐을 싣고 포크를 옆으로 이동 시킬 수 있는 지게차는?

① 사이드 시프트   ② 하이마스트
③ 트리플마스트   ④ 힌지드 포크

19 작업할 때 안전성 및 균형을 잡아주기 위해 지게차 장비 뒤쪽에 설치되어 있는 것은?

① 발란스웨이트(웨이트발란스)
② 기관
③ 변속기
④ 클러치

20 화학물질 드럼통 작업 운반 시 필요한 지게 차는?

① 클램프   ② 하이마스트
③ 사이드 시프트   ④ 힌지드 포크

21 드럼통, 두루마리 같은 원통형의 제품을 꽉 잡아주는 역할을 하며, 주로 제지회사, 인쇄 사, 신문사 등 여러 곳에서 용이하게 사용할 수 있는 지게차는?

① 롤 클램프   ② 힌지드 버킷
③ 하이마스트   ④ 클램프지게차

22 지게차의 방향을 바꾸지 않고도 백레스트와 포크를 좌우로 움직여 적재, 적하작업을 할 수 있는 지게차는?

① 회전포크
② 프리리프트 마스트
③ 로드스테빌 라이져
④ 사이드 시프트

23 건설기계 운전 중 점검사항으로 틀린 것은?

① 라디에이터 냉각수량 점검
② 작동중 기계 이상음
③ 점검경고등 점멸여부
④ 작동상태 이상 유무 점검

24 현장에서 오일의 열화를 확인하는 인자로 아닌 것은?

① 오일의 색   ② 오일의 유동
③ 오일 점도   ④ 오일 냄새

25 지게차 작업장치의 종류에 해당되지 않는 것은?

① 하이마스트
② 리퍼
③ 사이드클램프
④ 힌지드 버킷

26 지게차의 유압 복동 실린더에 대하여 설명으 로 아닌 것은?

① 더블 로드형이 있다.
② 수축은 자중이나 스프링에 의해서 이루어 진다.
③ 싱글 로드형이 있다.
④ 피스톤의 양방향으로 유압을 받아 늘어난 다.

27 지게차작업 시 작업 능력이 떨어지는 원인으로 맞는 것은?

① 릴리프밸브 조정 불량
② 아워미터 고장
③ 트랙 슈에 주유가 안됨
④ 조향핸들 유격 과다

28 다음 중 지게차에 사용되는 부속 장치로 틀린 것은?

① 사이드 롤러   ② 리프트 실린더
③ 현가 스프링   ④ 틸트 실린더

29 지게차로 파레트의 화물을 이동시킬 때 주의할 점이 아닌 것은?

① 작업 시 클러치 페달을 밟고 작업한다.
② 포크를 팔레트에 평행하게 넣는다.
③ 포크를 적당한 높이까지 올린다.
④ 적재 장소에 물건 등이 있는지 살핀다.

30 다음 중 지게차의 조종 레버 명칭으로 틀린 것은?

① 틸트 레버   ② 밸브 레버
③ 리프트 레버   ④ 변속 레버

31 지게차의 주차 및 정차에 대한 안전 사항이다. 맞지 않은 것은?

① 마스트를 전방으로 틸트하고 포크를 바닥에 내려놓는다.
② 주·정차 후에는 항상 지게차에 키를 꽂아 놓는다.
③ 막힌 통로나 비상구에는 주차하지 않는다.
④ 키 스위치를 OFF에 놓고 주차 브레이크를 고정시킨다.

32 지게차 체인 장력 조정법으로 틀린 것은?

① 좌우 체인이 동시에 평행한가를 확인한다.
② 조정 후 로크너트를 확인하지 않는다.
③ 포크를 지상에서 10~15㎝ 들어올린다.
④ 손으로 체인을 눌러보아 양쪽으로 다르면 조정너트로 조정한다.

33 다음 중 일일 점검 사항이 아닌 것은?

① 외부의 누유, 누수, 볼트의 풀림 등 점검
② 냉각수의 점검
③ 연료탱크의 침전물 배출
④ 크랭크 케이스의 유량 점검

34 지게차의 마스트가 2단으로 확장되어 높은 곳의 물건을 옮길 수 있는 것은?

① 3단마스트 지게차
② 클램프형 지게차
③ 힌지드형 지게차
④ 하이마스트 지게차

35 지게차를 주차 시킬 때 포크의 적당한 위치는?

① 아무 위치나 상관없다.
② 지상으로부터 30cm 위치
③ 땅 위에 내려놓는다.
④ 지상으로부터 20cm 위치

36 지게차의 작업 후 점검 사항에 맞지 않는 것은?

① 연료탱크를 가득 채운다.
② 파이프나 실린더의 누유점검
③ 다음날 작업이 계속되므로 차의 내·외부를 그대로 둔다.
④ 포크의 작동상태를 점검한다.

37 일상점검 내용에 속하지 않는 것은?

① 연료 분사량
② 브레이크 오일량
③ 기관 윤활유량
④ 라디에이터 냉각수량

38 운전자가 작업 전에 장비 점검과 관련된 내용 중 거리가 먼 것은?

① 타이어 및 궤도 차륜상태
② 브레이크 및 클러치의 작동상태
③ 낙석, 낙하물 등의 위험이 예상되는 작업 시 견고한 헤드 가이드 설치상태
④ 정격 용량보다 높은 회전으로 수차례 모터를 구동시켜 내구성 상태 점검

39 기액식 어큐뮬레이터에 사용되는 가스는?

① 이산화탄소
② 질소
③ 아세틸렌
④ 산소

40 지게차의 앞축의 중심부로부터 뒤축의 중심부까지의 수평거리를 말한다. 즉, 앞 타이어의 중심에서 뒤 타이어의 중심까지의 거리를 무엇이라 하는가?

① 축간거리   ② 전장
③ 전폭   ④ 윤간거리

41 지게차를 전면이나 후면에서 보았을 때 자체 양쪽에 돌출된 엑슬, 포크 캐리지, 펜더, 타이어 등의 폭 중에서 제일 긴 것을 기준으로 한 거리를 무엇이라 하는가?

① 전장   ② 윤간거리
③ 축간거리   ④ 전폭

42 지게차의 리프트 실린더에 사용하는 유압실린더의 형식으로 맞는 것은?

① 단동식   ② 왕복식
③ 틸트식   ④ 복동식

43 지게차의 마스트를 기울일 때 갑자기 시동이 정지되면 무슨 밸브가 작동하여 그 상태를 유지하는가?

① 리프트 록 밸브   ② 체크 밸브
③ 로크 밸브   ④ 틸트 록 밸브

44 안전 작업 중 지게차가 회전할 때 가장 주의할 점은?

① 브레이크 페달을 밟아서 정지시킨 뒤 기어 변속에 주의한다.
② 포크 높이가 제 위치에 있는지 여부에 주의한다.
③ 밸런스 웨이트 외측에 장애물 확인 여부에 주의한다.
④ 회전속도 및 조작 레버에 주의한다.

45 지게차의 리프트 작동회로에 사용되는 플로우레귤레이터(슬로우 리턴 밸브)의 역할은?

① 포크의 하강속도를 조절하여 천천히 내려오게 한다.
② 포크 상승 중 중간에서 정지 시 실린더 내부 누유방지.
③ 포크 상승 시 작동유의 압력을 높여 준다.
④ 짐을 하강시킬 때 신속하게 내려오게 한다.

46 다음은 지게차의 스프링 장치에 대한 설명이다. 맞는 것은?

① 판 스프링 장치이다.
② 코일 스프링 장치이다.
③ 스프링 장치가 없다.
④ 텐덤 드라이브 장치이다.

47 지게차 조향핸들의 유격으로 다음 중 가장 적당한 것은?

① 5~10mm
② 10~20mm
③ 30~60mm
④ 60~80mm

48 지게차의 전경각과 후경각은 조종사가 적절하게 선정하여 작업을 하여야 하는데 이를 조종하는 레버는?

① 전·후진 레버
② 틸트 레버
③ 리프트 레버
④ 변속 레버

49 어떤 장치의 장력을 측정할 때 사용하는 기구는?

① 텐션 메타
② 스프링 저울
③ 토크렌치
④ 다이얼게이지

50 창고에 있는 짐을 지게차로 옮길 때 작업자는 어떤 레버를 사용하여 작업을 하여야 하는가?

① 포크를 파레트에 삽입 후 틸트레버를 밀고 리프트레버를 몸쪽으로 당긴다.
② 포크를 파레트에 삽입 후 리프트레버를 밀고 틸트레버를 당긴다.
③ 포크를 파레트에 삽입 후 리프트레버를 몸쪽으로 당긴후 틸트레버를 당긴다.
④ 포크를 파레트에 삽입 후 틸트레버를 몸쪽으로 당긴 후 리프트레버를 민다.

51 유압유의 온도가 상승하여 지게차에 미치는 영향 중 틀린 것은?

① 유압유의 누설
② 리프트, 틸트실린더 상승이 늦음
③ 이물질의 혼입
④ 유압유의 열화 촉진

52 타이어식 건설기계를 길고 급한 경사 길을 운전할 때 반 브레이크를 사용하면 어떤 현상이 생기는가?

① 파이프는 증기폐쇄, 라이닝은 스팀록
② 라이닝은 페이드, 파이프는 베이퍼록
③ 라이닝은 페이드, 파이프는 스팀록
④ 파이프는 스핌록, 라이닝은 베이퍼록

53 지게차 쇠스랑을 최대로 올렸을 때 의 높이를 무엇이라 하는가?

① 최대 인상 높이
② 등판 능력
③ 최대 작업 높이
④ 자유 인상 높이

54 건식 공기청정기의 효율저하를 방지하기 위한 세척방법으로 가장 적합한 것은?

① 기름으로 닦는다.
② 마른걸레로 닦아야 한다.
③ 압축공기로 안에서 바깥으로 먼지 등을 털어 낸다.
④ 물로 깨끗이 세척한다.

55 다음 중 어떠한 환경에서 저압타이어를 사용해야 하는 것이 효율적인가?

① 무거운 짐을 싣고 비포장도로를 주행할 때
② 비가 오면서 10/100으로 줄여야 할 때
③ 일반도로 및 연약한 지반
④ 눈길의 노면일 때

56 건설기계운전 작업 후 탱크에 연료를 가득 채워주는 이유와 가장 관련이 적은 것은?

① 다음의 작업을 준비하기 위해서
② 연료의 기포방지를 위해서
③ 연료탱크에 수분이 생기는 것을 방지하기 위해서
④ 연료의 압력을 높이기 위해서

57 지게차 클러치의 용량은 엔진 회전력의 몇 배이며 이보다 클 때 나타나는 현상은?

① 1.5~2.5배 정도이며 클러치가 엔진 플라이휠에서 분리될 때 충격이 오기 쉽다.
② 3.5~4.5배 정도이며 압력판이 엔진 플라이휠에서 분리될 때 엔진이 정지되기 쉽다.
③ 1.5~2.5배 정도이며 클러치가 엔진 플라이휠에 접촉될 때 엔진이 정지되기 쉽다.
④ 3.5~4.5배 정도이며 압력판이 엔진 플라이휠에 접촉될 때 엔진이 정지되기 쉽다.

58 일반적으로 지게차의 장비 중량에 포함되지 않는 것은?

① 그리스　　② 운전자
③ 냉각수　　④ 연료

59 지게차의 앞바퀴 정렬 역할과 거리가 먼 것은?

① 조향핸들의 조작을 작은 힘으로 쉽게 할 수 있다.
② 타이어 마모를 최소로 한다.
③ 방향 안정성을 준다.
④ 브레이크의 수명을 길게 한다.

60 지게차에서 작동유를 한 방향으로는 흐르게 하고 반대 방향으로는 흐르지 않게 하기 위해 사용하는 밸브는?

① 릴리프 밸브　　② 감압 밸브
③ 무부하 밸브　　④ 체크 밸브

61 화물을 적재하고 주행할 때 포크와 지면과의 간격으로 가장 적당한 것은?

① 지면에 밀착　　② 20~30cm
③ 80~85cm　　④ 50~55cm

62 지게차 하역 작업 시 안전한 방법 중 틀린 것은?

① 무너질 위험이 있는 경우 화물위에 사람이 올라간다.
② 허용적재 하중을 초과하는 화물의 적재는 금한다.
③ 가벼운 것은 위로, 무거운 것은 밑으로 적재한다.
④ 굴러갈 위험이 있는 물체는 고임목으로 고인다.

63 지게차 조종석 계기판에 없는 것은?

① 엔진회전속도(rpm) 게이지
② 냉각수 온도계
③ 연료계
④ 운행거리 적산계

64 작업 전 지게차의 워밍업 운전 및 점검 사항이 아닌 것은?

① 시동 후 작동유의 유온을 정상 범위 내에 도달하도록 고속으로 전·후진주행을 2회 실시
② 리프트 레버를 사용하여 상승, 하강 운동을 전 행정으로 2~3회 실시
③ 엔진 시동 후 5분간 저속운전 실시
④ 틸트 레버를 사용하여 전 행정으로 전후 경사 운동 2~3회 실시

65 다음 유압장치에 사용되는 오일의 종류와 표시는?

① 그리스
② H.D(하이드로닉 오일)
③ SAE #30
④ API CH4

66 지게차 틸트 실린더의 형식은?

① 다단 실린더형 ② 복동 실린더형
③ 단동 실린더형 ④ 램 실린더형

67 지게차의 드럼식 브레이크 구조에서 브레이크 작동 시 조향핸들이 한쪽으로 쏠리는 원인 중 틀린 것은?

① 브레이크 라이닝간극이 불량하다.
② 타이어 공기압이 고르지 않다.
③ 한쪽 휠 실린더 작동이 불량하다.
④ 마스터 실린더 체크밸브 작용이 불량하다.

68 타이어식 건설기계 장비에서 추진축의 스플라인부가 마모되면 어떤 현장이 발생하는가?

① 가속 시 미끄럼 현상이 발생한다.
② 자동기어의 물림이 불량하다.
③ 클러치 페달의 유격이 크다.
④ 주행 중 소음이 나고 차체에 진동이 있다.

69 지게차 포크의 간격은 파레트 폭의 어느 정도로 하는 것이 가장 적당한가?

① 폭의 1/2~1/3 ② 폭의 1/2~2/3
③ 폭의 1/2~3/4 ④ 폭의 1/3~2/3

70 휠형 건설기계 타이어의 정비점검이 아닌 것은?

① 타이어와 림의 정비 및 교환 작업은 위험하므로 반드시 숙련공이 한다.
② 림 부속품의 균열이 있는 것은 재가공, 용접, 땜질, 열처리하여 사용한다.
③ 휠 너트를 풀기 전에 차체에 고임목을 고인다.
④ 적정한 공구를 이용하여 절차에 맞춰 수행한다.

71 자동변속기의 메인압력이 떨어지는 이유 중 틀린 것은?

① 오일 필터 막힘
② 오일펌프 내 공기 생성
③ 오일 부족
④ 클러치판 마모

72 지게차를 난기운전 할 때 포크를 올려다 내렸다하고, 틸트레버를 작동시키는데 이것의 목적으로 가장 적합한 것은?

① 오일 여과기의 오물이나 금속분말을 제거하기 위해
② 유압 작동유의 온도를 높이기 위해
③ 오일탱크 내의 공기빼기를 위해
④ 유압 실린더 내부의 녹을 제거하기 위해

73 작업용도에 따른 지게차의 종류 중 틀린 것은?

① 로테이팅 클램프(rotating clamp)
② 로드 스태빌라이저(load stabilizer)
③ 힌지드 버킷(hinged bucket)
④ 곡면 포크(curved fork)

74 지게차의 포크 양쪽 중 한쪽이 낮아졌을 경우에 해당되는 원인으로 볼 수 있는 것은?

① 체인의 늘어짐
② 실린더의 마모
③ 윤활유 불충분
④ 사이드 롤러의 과다한 마모

75 다음 중 지게차에 들어가는 엔진윤활유의 기능 중 틀린 것은?

① 방청작용 ② 윤활작용
③ 연소작용 ④ 냉각작용

76 자유 인상높이(free lift)는 지게차를 조종할 때 어느 것과 관계가 있는가?

① 경사면에서 화물을 운반할 때 필요한 마스트의 높이이다.
② 화물을 높이 들수록 안전성이 떨어지므로 전도를 방지하는 척도이다.
③ 포크로 화물을 들고 낮은 공장 문을 들어갈 수 있는지를 검토할 때 필요한 사양이다.
④ 화물을 자체중량보다 더 많이 실을 때 필요한 사양이다.

77 지게차의 구동은?

① 전·후 구동식이다.
② 앞바퀴로 구동한다.
③ 뒷바퀴로 구동한다.
④ 중간 액슬에 의한 구동식이다.

78 지게차의 작업 장치 중 석탄, 소금, 비료 등의 비교적 흘러내리기 쉬운 물건 운반에 이용되는 장치는?

① 블록 클램프　② 힌지드 버킷
③ 사이드 시프트　④ 로테이팅 포크

79 다음 중 지게차의 운전자 보호 장비 중 틀린 것은?

① 헤드가드　② 백레스트
③ 안전벨트　④ 안전모

80 다음 지게차의 유압탱크 유량을 점검하는 방법 중 올바른 것은?

① 포크를 최대로 높인다.
② 포크를 지면에 내려놓고 점검한다.
③ 엔진을 저속으로 주행하면서 점검한다.
④ 포크를 중간 위치에 놓는다.

81 지게차로 짐을 운송하는 방법을 설명한 것 중 가장 적당한 것은?

① 짐을 싣지 않고 비탈길을 내려갈 때에는 카운터웨이터가 내려가는 쪽에 있다.
② 내리막길을 내려갈 때에는 적하물이 위로 가게 하고 후진으로 내려간다.
③ 지게차는 운전 중에는 조향이 무거워진다.
④ 적하물을 위로가게 하고 후진하면 매우 위험하다.

82 지게차의 작업 방법 중 부적당한 것은?

① 옆 좌석에 타인을 태울 수 없으며, 포크는 엘리베이터용으로 사용 할 수 있다.
② 젖은 손·기름 묻은 구두를 신고서 운전할 수 없다.
③ 화물을 2단으로 적재 시 안전에 신경을 써야한다.
④ 마스트를 전방으로 기울이고 화물을 이동 할 수 없다.

83 지게차를 운전할 때 준수하여야 할 사항이다. 아닌 것은?

① 짐이 없을 때에는 가속시키지 말 것
② 엔진을 시동한 후 반드시 브레이크 페달을 밟아 볼 것
③ 엔진이 작동온도가 되기까지는 가속시키지 말 것
④ 급가속, 급제동, 급회전 등을 피할 것

84 지게차 포크를 적하물에 따라 간격을 늘리고 줄이는데 사용되는 것은?

① 핑거보드 고정 핀
② 마스터 고정 핀
③ 틸트 실린더 고정 핀
④ 리프트 실린더 고정 핀

85 지게차의 최소회전반경 측정 시 조건은?

① 중부하상태에서
② 최소의 포크간격상태에서
③ 정격 부하상태에서
④ 무부하상태에서

86 다음은 어떤 지게차를 말하는가?

> 좁은 공간에서 이동하면서 적재 및 물품을 픽업하기 용이하며 높은 곳의 물건을 쉽게 옮길 수 있다. 일명 삼방향 지게차라고도 한다. 좁은 공간에서 이동하면서 적재 및 물품을 픽업하기 용이하며 높은 곳의 물건을 쉽게 옮길 수 있다. 일명 삼방향 지게차라고도 한다.

① 로드스테빌라이져 지게차
② 블록클램프 지게차
③ 롤클램프 지게차
④ 3웨이(way)지게차

87 지게차의 리프트 레버를 올리는 방법으로 맞는 것은?

① 인칭페달과 가속 페달을 밟지 않고 리프트 레버를 몸쪽으로 당긴다.
② 인칭페달과 가속 페달을 밟고 리프트 레버를 몸쪽으로 당긴다.
③ 인칭페달과 가속 페달을 밟지 않고 리프트 레버를 앞쪽으로 민다.
④ 인칭페달과 가속 페달을 밟고 리프트 레버를 앞쪽으로 민다.

88 지게차 조향 핸들이 무거울 때 원인으로 맞는 것은?

① 앞바퀴 타이어 공기압이 낮다.
② 뒷바퀴 타이어 공기압이 높다.
③ 앞바퀴 타이어 공기압이 높다.
④ 뒷바퀴 타이어 공기압이 낮다.

89 다음 중 현장에서 사용되는 특수지게차의 종류에 해당되는 것은?

① 덤프 지게차
② 텔레스코픽 지게차
③ 기중지게차
④ 트럭지게차

90 지게차의 마스트를 구성하고 있는 구성품이 틀린 것은?

① 핑거보드　② 롤러서포트
③ 블게이드　④ 백레스트

91 지게차로 틸트 레버를 당겼을 때 마스트의 후경각도는?

① $7 \sim 9°$　② $5 \sim 6°$
③ $8 \sim 10°$　④ $10 \sim 12°$

92 지게차에서 현가장치가 없는 이유를 설명한 것 중 맞는 것은?

① 많은 하중을 받기 때문이다.
② 앞차축이 구동축이기 때문이다.
③ 롤링이 생기면 적하물이 떨어지기 때문이다.
④ 현가장치가 있으면 조향이 어렵기 때문이다.

93 지게차의 작업을 설명한 것 중 맞지 않는 것은?

① 틸팅　② 덤핑
③ 리프팅　④ 로워링

94 지게차로 차체앞쪽에 화물을 실었을 때 안전성 및 균형을 잡아주기 위해 지게차 장비 뒤쪽에 설치되어 있는 것은?

① 변속기　② 클러치
③ 기관　④ 평형추

95 지게차로 화물을 운반할 때 포크의 높이는 얼마 정도가 안전하고 적합한가?

① 높이에는 관계없이 편리하게 한다.
② 지면으로부터 100cm 이상 높이를 유지한다.
③ 지면으로부터 60~80cm 정도 높이를 유지한다.
④ 지면으로부터 20~30cm 정도 높이를 유지한다.

96 일반적인 지게차로 작업하기 힘든 원추형의 화물을 좌·우로 조이거나 회전시켜 운반하거나 적재하는데 널리 사용되고 있으며 고무판이 설치되어 화물이 미끄러지는 방지하여 주며 화물의 손상을 막는 지게차의 종류는?

① 로테이팅 포크
② 로드스테빌라이져
③ 스키드 포크
④ 힌지드 포크

97 포크를 들어 올릴 때 내측마스트가 돌출되는 시점에 있어서 지면으로부터 포크 윗면까지의 높이를 무엇이라 하는가?

① 전고   ② 자유인상높이
③ 포크인상높이   ④ 최대인상높이

98 지게차에 대한 설명으로 아닌 것은?

① 암페어 메타의 지침이 방전되면(−)쪽을 가리킨다.
② 연료탱크의 연료가 비어있으면 연료게이지는 "E"를 가리킨다.
③ 오일 압력 경고등은 시동 후 워밍업 되기 전에 점등되어진다.
④ 히터시그널은 연소실 그로우 플러그의 가열상태를 표시한다.

99 다음 중 지게차의 명판의 일련번호는 무엇을 뜻하는가?

		제조년도	2011				
모델	gts30	타이어코드					
일련 번호	GTS232D−D492−9819						
어태지먼트	NONE						
하중	3000kg		D	500mm	H	3195mm	

① 등록(차대)번호
② 엔진번호
③ 바퀴번호형식
④ 번호

100 지게차 리프트 체인의 최소 파단 하중은 얼마인가?

① 3   ② 5
③ 10   ④ 20

101 작업 중 벼락이 떨어질 때 어떻게 하여야 하는가?

① 마스트를 세운다.
② 엔진을 끄고 가만히 있는다.
③ 즉시 차에서 내려 안전한곳으로 간다.
④ 작업을 계속 한다.

102 지게차의 시험(안전)운행 시 맞지 않는 것은?

① 경사지에서 내려올 때에는 중립상태로 주행하지 않는다.
② 포크를 지면에서 15~20cm 정도로 들어 올려서 주행을 하면서 긴급 시 브레이크 역할을 할 수 있도록 한다.
③ 화물 적재 여부에 관계없이 경사지에서는 선회하지 않는다.
④ 후진으로 최고속도가 얼마인가를 알아본다.

103 지게차의 포크가 기울어져 있거나 체인이 늘어났을 시 고쳐야할 부분은?

① 포크 길이를 조절한다.
② 리프트체인의 상부조정너트로 조절한다.
③ 리프트 실린더를 조정한다.
④ 리프트체인의 하부조정너트로 조절한다.

104 지게차 작업 장치의 포크가 한쪽으로 기울어지는 가장 큰 원인은?

① 한쪽 체인(chain)이 늘어짐
② 한쪽 실린더(cylinder)의 작동유가 부족
③ 한쪽 롤러(side roller)가 마모
④ 한쪽 리프트 실린더(lift cylinder)가 마모

105 지게차가 작업하기에 이상적인 공간은?

① 63m   ② 83m
③ 93m   ④ 73m

106 사이드 시프트 지게차에 대하여 잘못 설명한 것은?

① 부피가 큰 중화물을 쉽게 이동할 수 있다.
② 화물에 손상을 주지 않고 신속하게 이동할 수 있다.
③ 움직이지 않는 상태에서 물건을 적재, 하역할 수 있다.
④ 좌, 우측에 설치한 포크를 좌, 우측으로 이동할 수 있다.

107 지게차의 포크와 함께 적재물의 무게를 지지하는 것은?

① 마스트   ② 롤러
③ 리프트체인   ④ 핑거보드

108 지게차의 앞바퀴 좌측 타이어 중앙지점에서 우측타이어의 중앙지점까지의 거리를 말하며, 양쪽바퀴의 중심사이의 거리 통상 전륜과 후륜의 거리는 다르게 설계되는 것의 명칭은?

① 전장   ② 윤간 거리
③ 축간 거리   ④ 최소회전반경

109 비교적 가벼운 화물을 단거리 운반을 하거나 적재 및 적하에 사용되는 것은?

① 기중기   ② 지게차
③ 사다리차   ④ 3톤미만 굴삭기

110 지게차의 포크가이드에 대한 설명으로 옳은 것은?

① 포크를 이용하여 다른 짐을 이동할 목적으로 사용
② 파레트를 이동할 때 사용
③ 포크와 같이 엔진을 이동할 때 사용
④ 물건의 뒤를 받칠 때 사용

111 천장이 높은 장소, 출입구가 제한되어 있는 장소에 짐을 적재하는데 적합한 지게차는?

① 로테이팅 클램프
② 트리플 스테이지 마스트
③ 프리리프트
④ 하이마스트

112 다음 중 지게차에서 카운터 발란스가 없는 것은?

① 카운터 지게차 ② 삼단 마스트 지게차
③ 리치형 지게차 ④ 힌지드 지게차

113 하중상태로 100cm 이상 들었을 때 전경 각이 5°이하인 마스트의 경우 엔진이 정지된 상태에서 최초 5분간 전경이 몇도 이상 떨어지면 안되는가?(단, 유온은 50°인 상태이다.)

① 7°   ② 5°
③ 3°   ④ 2.5°

114 지게차의 기준 무부하상태에서 마스트를 수직으로 하고 지면과 수평상태로 쇠스랑을 가장 높이 올렸을 때 지면에서 쇠스랑 윗면까지의 높이를 무엇이라 하는가?

① 최대 인상 높이
② 기준 무부하 높이
③ 기준 부하 높이
④ 자유 인상 높이

115 다음은 어떤 지게차를 말하는가?

좁은 공간에서 이동이 용이하고 적재 및 물품의 옆에서도 작업이 가능하며 높은 곳의 물건을 통로의 양측에 가이드레일을 설치하여 랙을 통하여 쉽게 옮길 수 있고 작업자가 포크 부위에 작업공간에 위치하여 물품과 같이 승, 하강할 수 있는 맨업방식, 작업자가 차량본체에서 남아서 조작하는 맨다운방식이 있다 일명, 고소지게차라고도 한다.

① 오더피커 지게차
② 3웨이(way)지게차
③ 삼단지게차
④ 하이마스트 지게차

116 지면에 묻어야 할 전기케이블의 깊이가 차량의 중량을 받을 때 적정한 깊이는?

① 0.3m   ② 0.6m
③ 1.2m   ④ 2m

117 리프트체인이 느슨할 때에 조종하는 부위는?

① 실린더로드 윗부분 조절볼트
② 실린더로드아래부분 조절볼트
③ 체인 아래부분 조절볼트
④ 체인 윗부분 조절볼트

118 지게차의 작업방법을 설명한 것으로 맞는 것은?

① 화물을 싣고 평지에서 주행할 때에는 브레이크를 급격히 밟아도 된다.
② 짐을 싣고 비탈길을 내려올 때에는 후진하여 천천히 내려온다.
③ 유체식 클러치는 전진 주행 중 브레이크를 밟지 않고 후진시켜도 된다.
④ 비탈길을 오르내릴 때에는 마스트를 전면으로 기울인 상태에서 전진 한다.

119 트럭에 지게차로 짐을 실을 때 지게차 리프트의 높이는?

① 앞트럭적재함 상단 30cm이상
② 스키드의 10~20cm
③ 트럭적재함 상단 5~10cm
④ 트럭 적재함 상단 100cm

120 다음 중 지게차 운전자를 보호하는 것이 아닌 것은?

① 백레스트   ② 오버헤드가드
③ 안전벨트   ④ 안전모

121 지게차의 그림 중 A, B 페달의 명칭은?

① 틸트, 리프트
② 브레이크, 인칭
③ 인칭, 브레이크
④ 엑셀레이터, 브레이크

122 지게차를 시동 후 리프트를 상, 하로 조작 하는 이유는?

① 정기검사　　　② 공기빼기
③ 물품조작　　　④ 난기운전

123 모래, 톱밥 등을 운반 시 지게차로 맞는 것은?

① 삼단마스트　　② 하이마스트
③ 힌지드 포크　　④ 힌지드버켓

124 다음 중 지게차의 축간거리는?

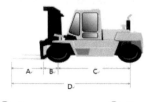

① A　　　　　② B
③ C　　　　　④ D

125 다음 중 지게차의 종류가 아닌 것은?

① 프리 리프트마스트
② 힌지드 버켓
③ 버켓 사이드
④ 로테이팅 클램프

126 다음 실린더의 유형은 무엇인가?

① 복동실린더
② 단동실린더
③ 단동실린더 단로드형
④ 복동실린더 양로드형

127 뒤집기용도의 지게차로 맞는 것은?

① 로드 스테빌라이져
② 클램프지게차
③ 로테이팅 클램프 지게차
④ 3단 마스트

128 다음의 지게차의 계기판에서 나타내는 것 으로 맞는 것은?

① 유온계
② 연료계
③ 냉각수온도계
④ 트랜스미션온도계

129 지게차의 우측으로부터 달려져있는 레버 의 명칭이 다른 것은?

① 브레이크레버
② 틸트레버
③ 사이드시프트레버
④ 리프트레버

130 다음 중 브레이크(인칭페달) 사용하는 시점은?

① 전진 ② 후진
③ 정지 ④ 작업 중

131 지게차에서 그리스를 주입하는 곳이 아닌 것은?

① 리프트 니플 ② 틸트 니플
③ 공기배출 니플 ④ 조향바퀴 니플

132 지게차 작업 전 점검사항으로 맞는 것을 모두 고르시오.

> ㄱ. 포크의 균열 유무
> ㄴ. 유압호스의 누유 여부
> ㄷ. 유압 오일량
> ㄹ. 냉각수점검

① ㄷㄹㄱ ② ㄱㄴㄷ
③ ㄴㄷㄹ ④ ㄱㄴㄷㄹ

133 지게차 관련 용어 중 잘못 된 것은?

① 길이란 포크 앞에서부터 지게차 끝까지이다.
② 마스트의 전경각은 5~6°도이다
③ 적재능력은 자유인상 높이에서 포크로 들어 올릴 수 있는 화물의 능력이며 표시방법은 표준하중 몇 mm 에서 몇 kg으로 표시 한다.
④ 하중중심은 포크의 수직면에서 화물의 중심까지의 거리다.

134 건설기계 장비의 축전지 케이블 탈거에 대한 설명으로 적합한 것은?

① [+]케이블을 먼저 탈거한다.
② 아무케이블이나 먼저 탈거한다.
③ 절연되어 있는 케이블을 먼저 탈거한다.
④ 접지되어 있는 케이블을 먼저 탈거한다.

135 다음의 유압 실린더의 명칭은?

① 이중 실린더 ② 복동 실린더
③ 단동 실린더 ④ 양동 실린더

136 지게차의 구조에서 물건이 뒤쪽으로 쏠리지 않게 하여주는 것은?

① 포크 ② 마스트
③ 백레스트 ④ 틸트 실린더

137 지게차를 경사면에서 운전할 때 적당한 짐의 방향은?

① 짐의 크기에 따라 방향이 정해진다.
② 짐이 언덕 아래쪽으로 가도록 한다.
③ 운전에 편리하도록 짐의 방향을 정한다.
④ 짐이 언덕 위쪽으로 가도록 한다.

138 2 줄 걸이로 하물을 인양 시 인양 각도가 커지면 로프에 걸리는 장력은?

① 감소한다.
② 증가한다.
③ 변화가 없다.
④ 장소에 따라 다르다.

139 지게차로 짐을 적재 시 마스트가 수직으로 받는 하중의 각도로 옳은 것은?

① 60° ② 45°
③ 30° ④ 90°

140 지게차로 틸트 레버를 밀었을 때 마스트의 전경각도는?

① 5~6° ② 7~9°
③ 8~10° ④ 10~12°

141 다음 중 건설기계의 중량에서 제외되는 부분은?

① 사람　　　　② 그리스
③ 냉각수　　　④ 타이어

142 축전지와 전동기를 동력원으로 하는 지게차는?

① 전동지게차　　② 수동지게차
③ 엔진지게차　　④ 유압지게차

143 다음 장비중량 표시의 내용으로 옳은 것은?

		제조년도	2011
모델	gts30	타이어코드	
일련 번호	GTS232D-D492-9819		
어태지먼트	NONE		
장비중량	4,270kg	D　500mm	H　3195mm

① 적재중량이다.
② 공차무게이다.
③ 공차무게, 적재중량이다.
④ 공차무게, 운전자, 적재중량이다.

144 화물의 운행이나 하역작업 중 화물상부를 지지할 수 있는 클램프가 설치되어 있는 지게차는?

① 하이마스트
② 로드스테빌라이저
③ 램형지게차
④ 스키드 포크

145 지게차의 유압펌프 오일의 온도가 섭씨 50℃ 인 상태에서 지게차가 최대하중을 싣고 엔진을 정지한 경우 쇠스랑이 자중 및 하중에 의하여 내려가는 거리는 10 분당 얼마 이어야 하는가?

① 50mm　　　　② 150mm
③ 100mm　　　④ 3,000mm

146 겨울철 연료탱크 내에 연료를 가득 채워두는 이유는?

① 연료가 적으면 출렁거리므로
② 연료가 적으면 휘발하여 손실되므로
③ 연료 게이지가 고장 날 수 있으므로
④ 공기 중의 수증기가 응축되어 물이 생기므로

147 건설기계를 운행 중에 점검이 가능하지 않은 경우는?

① 오일의 양　　② 연료의 양
③ 오일의 압력　④ 냉각수 온도

148 건설기계 점검사항 중 설명이 가리키는 것은?

> 분해·정비를 하는 것이 아니라, 눈으로 관찰하거나 작동음을 들어보고 손의 감촉 등 점검사항을 기록하여 전날까지의 상태를 비교하여 이상 유무를 판단한다.

① 검사 점검　　② 정기 점검
③ 분기 점검　　④ 일상 점검

149 지게차 적재물을 최대로 들었을 때 리프트 실린더가 10 분당 몇 mm 이하로 떨어지면 안 되는가?

① 30mm　　　　② 50mm
③ 100mm　　　④ 200mm

150 지게차의 물건을 내릴 때 운전자의 자세로 옳지 않은 것은?

① 포크의 전경각을 5~6°도 전경시킨다.
② 틸트레버를 작동 한다.
③ 리프트실린더를 하강 시킨다.
④ 운전자의 시선은 마스트를 주시한다.

151 다음 보기에 맞는 것은?

> L자형으로 2개이며, 횡거보드에 체결되어 적재 화물을 떠받쳐 운반한다.

① 리프트 체인　② 포크(쇠스랑)
③ 리프트실린더　④ 마스트

152 지게차에서 라디에이터의 설치 위치는 어느 곳인가?

① 우　　　　　② 좌
③ 뒤　　　　　④ 앞

153 다음 중 경고등이 아닌 표시등은?

① 연료등　　　② 충전등
③ 계기등　　　④ 유압등

154 지게차를 정지 후 빠르게 화물을 적재하려 한다. 작업방법으로 옳은 것은?

① 인칭페달, 브레이크, 엑셀
② 인칭페달, 리프트레버, 엑셀
③ 인칭페달, 틸트레버, 엑셀
④ 전후진레버, 틸트레버, 브레이크

155 운전 중 좁은 장소에서 지게차를 방향 전환 시킬 때 가장 주의할 점으로 아닌 것은?

① 팔과 다리를 내밀어 확인하여 지나간다.
② 뒷바퀴 회전에 주의하여 방향전환한다.
③ 파레트를 후경하여 운행 한다.
④ 포크높이를 20~30cm로 하여 운행 한다.

156 전자제품, 제과공장, 박스로 된 제품 등 충격이나 압력에 취약한 화물을 취급할 때 효과적인 지게차의 종류는?

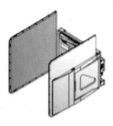

① 카톤 클램프　② 로드스테빌라이져
③ 로테이팅 클램프④ 베일클램프

157 지게차에서 먼지나 분진 등을 걸러내는 장치는?

① 엔진오일 필터　② 유압오일 필터
③ 미션오일 필터　④ 에어필터

158 장비가 고장 나는 원인으로 거리가 먼 것은?

① 작업 후 점검을 하지 않았다.
② 작업 전 점검을 하지 않았다.
③ 예방 정비를 하지 않았다.
④ 장비가 넓은 장소에 위치하고 있다.

159 지게차의 차륜 양쪽에 전부 연결되어 있는 것은?

① 라디에이터　　② 틸트 실린더
③ 조향실린더　　④ 리프트실린더

160 화물의 운행이나 하역작업 중 화물상부를 지지할 수 있는 압력판이 부착 되어 있는 지게차는?

① 로드스테빌라이저
② 스키드 포크
③ 램형지게차
④ 하이마스트

161 운전 전에 해야 할 가장 일반적인 점검 사항은?

① 충전장치
② 유압계의 지침
③ 실린더의 오염도
④ 엔진 오일량과 냉각수량

162 지게차를 운전하여 화물운반 시 주의사항으로 적합하지 않은 것은?

① 노면에서 약 20~30cm 상승 후 이동한다.
② 노면이 좋지 않을 때는 저속으로 운행한다.
③ 화물운반 거리는 5m 이내로 한다.
④ 경사지를 운전 시 화물을 위쪽으로 한다.

163 다음 중 윤간거리에 대한 설명으로 옳은 것은?

① 지게차의 앞축의 중심부로부터 뒤축의 중심부까지의 수평거리
② 지게차의 양쪽바퀴의 중심사이의 거리
③ 포크의 앞부분에서부터 지게차의 제일 끝부분까지의 길이
④ 지면으로부터 지게차의 가장 낮은 부위까지의 높이

164 지게차의 리프트체인에 주유하는 오일의 종류는 무엇인가?

① 그리스
② 엔진오일
③ 기어오일
④ 방청유

165 다음 중 현장에서 사용되는 지게차의 포크의 폭은 파레트의 몇 지점인가?

① 1/2~3/4
② 4/2~5/1
③ 3/1~4/1
④ 4/2~4/1

166 지게차의 조향 방법으로 맞는 것은?

① 전자 조향
② 후륜조향
③ 전륜 조향
④ 배력식 조향

167 아래의 보기와 같은 지게차의 명칭은?

> 입식타입 전동 지게차가 갖는 모든 기능 외에 포크와 함께 상승하는 운전석에서 작업자가 직접 화물을 랙에 적재 하거나 피킹하는 기능을 추가한 지게차임. 공간의 최적 활용을 위한 고층의 랙창고 또는 자동창고에서 화물의 입고, 적재, 주문 처리를 위한 피킹, 반출 등에 효율이 높다.

① 로드스테빌라이져
② 리치형
③ 오더피커
④ 스키드 포크

168 유압식 지게차의 주행동력으로 이용되는 것은?

① 변속기 동력
② 전기모터
③ 차동장치
④ 유압모터

169 사이드클램프 지게차에 대한 설명으로 맞는 것은?

① 마스트 상승이 불가능한 장소인 선내, 천장이 낮은 장소 등에서 사용된다.
② 각종 드럼통을 안전하고 신속하게 운반·적재하는 작업을 할 때 사용된다.
③ 받침이 없어 솜, 양모, 펄프, 종이 등 경량, 대형 단위의 화물을 운반하거나 적재하는데 적합하다.
④ 힌지드 포크에 버킷을 끼운 것으로 흘러내리기 쉬운 석탄, 소금, 비료, 기타 화학제품을 대량으로 취급하거나 운반할 때 많이 사용된다.

170 지게차에서 다음의 표시가 나타내는 의미는?

① 수온계　　　② 유온계
③ 아워메타　　④ 오일압력지시등

171 다음 중 파이프, 원목 등 화물을 운반하기에 가장 적합한 지게차는?

① 사이드 시프트
② 힌지드 포크
③ 프리마스트
④ 로드스테빌라이져

172 다음 중 지게차 현장에서 일반정비사항이 아닌 것은?

① 엔진부품 교환　② 유리창 교환
③ 부동액 교환　　④ 엔진오일 교환

173 작업 시 작업을 빨리하고자 할 때 포크를 내리는 방법으로 맞는 것은?

① 인칭페달과 가속 페달을 밟지 않고 리프트 레버를 몸쪽으로 당긴다.
② 인칭페달과 가속 페달을 밟고 리프트 레버를 몸쪽으로 당긴다.
③ 인칭페달과 가속 페달을 밟고 리프트 레버를 앞쪽으로 민다.
④ 인칭페달과 가속 페달을 밟지 않고 리프트 레버를 앞쪽으로 민다.

174 지게차의 마스트가 움직이지 않을 때 점검해야하는 것은?

① 그리스 주입상태　② 엔진오일 점검
③ 유압오일량 점검　④ 연료 점검

175 지게차 작업 시 경고등을 점검하기 좋은 때는?

① 시동중일 때　　② 시동키고 주행 시작 전
③ 주행중일 때　　④ 정지했을 때

176 지게차에서 카운터밸런스 밸브가 설치되어 있는 곳은?

① 리프트실린더　② 조향실린더
③ 틸트실린더　　④ 평형추

177 지게차의 틸트실린더의 역할은?

① 차체 수평유지
② 차체 좌·우 회전
③ 마스트 앞·뒤 경사각 조정
④ 포크의 상·하 이동

178 유압 실린더 중 피스톤의 양쪽에 유압유를 교대로 공급하여 양방향의 운동을 유압으로 작동시키는 형식은?

① 단동식　　　② 복동식
③ 다동식　　　④ 편동식

179 주행 중 한쪽브레이크가 고장 시 다른 한쪽을 사용할 수 있는 장치로 옳은 것은?

① 풋브레이크　　② 감속브레이크
③ 한손브레이크　④ 인칭브레이크

180 다음 중 지게차에 관한 설명이 아닌 것은?

① 지게차는 주로 경량물을 운반하거나 적재 및 하역작업을 한다.
② 지게차는 주로 뒷바퀴 구동방식을 사용한다.
③ 조향은 뒷바퀴로 한다.
④ 주로 디젤엔진을 사용한다.

181 아래의 보기에서 지게차의 역할구조가 다른 것은?

① 체인 ② 백레스트
③ 포크 ④ 오버헤드가드

182 정격하중이 10 톤 이하인 리치형 지게차의 경우 전경각은?

① 1.2도 ② 2.4도
③ 3.5도 ④ 4.3도

183 지게차 체인관리 중 거리가 먼 것?

① 엔진오일을 바른다.
② 제작사 확인
③ 늘어진 것 확인
④ 녹이 슨 것을 확인

184 지게차 차량 중량에서 제외 되는 것은?

① 냉각수 ② 연료
③ 예비타이어 ④ 휴대용공구

185 다음 중 아래 보기가 설명하는 부분은?

> 지게차의 작업 부분 중 기둥부분으로 백레스트가 가이드 롤러를 통하여 상하로 미끄럼 운동할 수 있는 레일이다.

① 리프트 체인 ② 마스트
③ 포크 ④ 틸트 실린더

186 지게차의 포크를 내리는 역할을 하는 부품은?

① 틸트실린더
② 리프트실린더
③ 보올실린더
④ 조향실린더

187 지게차의 운전장치를 조작하는 동작의 설명 중 아닌 것은?

① 전, 후진 레버를 앞으로 밀면 후진이 된다.
② 전, 후진 레버를 잡아당기면 후진이 된다.
③ 리프트 레버를 밀면 포크가 내려간다.
④ 틸트 레버를 뒤로 당기면 마스트는 뒤로 기운다.

188 지게차의 마스트에 부착되어 있는 주요 부품은?

① 가이드 롤러 ② 차동기
③ 리치 실린더 ④ 타이어

189 지게차의 적재 방법으로 아닌 것은?

① 화물을 올릴 때에는 포크를 수평으로 한다.
② 화물을 올릴 때에는 가속페달을 밟는 동시에 레버를 조작한다.
③ 포크로 물건을 찌르거나 물건을 끌어서 올리지 않는다.
④ 화물이 무거우면 사람이나 중량물로 밸런스 웨이트를 삼는다.

190 지게차의 운전을 종료했을 때 취해야 할 안전사항이 아닌 것은?

① 각종 레버는 중립에 둔다.
② 연료를 빼낸다.
③ 주차 브레이크를 작동시킨다.
④ 전원 스위치를 차단시킨다.

191 지게차에 짐을 싣고 창고나 공장을 출입할 때의 주의사항 중 아닌 것은?

① 짐이 출입구 높이에 닿지 않도록 주의한다.
② 팔이나 몸을 차체 밖으로 내밀지 않는다.
③ 주위 장애물 상태를 확인 후 이상이 없을 때 출입한다.
④ 차폭과 출입구의 폭은 확인할 필요가 없다.

192 지게차로 적재작업을 할 때 유의사항으로 아닌 것은?

① 운반하려고 하는 화물 가까이가면 속도를 줄인다.
② 화물 앞에서 일단 정지한다.
③ 화물이 무너지거나 파손 등의 위험성 여부를 확인한다.
④ 화물을 높이 들어 올려 아랫부분을 확인하며 천천히 출발한다.

193 지게차의 리프트 체인에 주유하는 가장 적합한 오일은?

① 자동변속기 오일
② 작동유
③ 엔진오일(기관오일)
④ 그리스

194 지게차의 작업부분 중 기둥부분으로 핑거보드와 백레스트가 있으며 포크가 미끄럼 상하운동을 하는 레일부분의 명칭으로 맞는 것은?

① 리프트체인   ② 마스트
③ 리프트실린더   ④ 틸트실린더

195 지게차의 작업장치가 아닌 것은?

① 사이드 시프트
② 로테이팅 클램프
③ 힌지드 버킷
④ 브레이커

196 지게차의 토인 조정은 무엇으로 하는가?

① 드래그 링크   ② 스티어링 휠
③ 타이로드   ④ 조향기어

197 지게차에서 적재 상태의 마스트 경사로 적합한 것은?

① 뒤로 기울어지도록 한다.
② 앞으로 기울어지도록 한다.
③ 진행 좌측으로 기울어지도록 한다.
④ 진행 우측으로 기울어지도록 한다.

198 지게차에서 틸트 실린더의 역할은?

① 차체 수평유지
② 포크의 상하 이동
③ 마스트 앞 뒤 경사 조정
④ 차체 좌우 회전

199 지게차의 좌측 레버를 당기면 포크가 상승, 하강하는 장치는?

① 리프트 레버   ② 고저속 레버
③ 틸트 레버   ④ 전후진 레버

200 지게차의 리프트 실린더의 주된 역할은?

① 포크를 앞뒤로 기울게 한다.
② 마스터를 틸트시킨다.
③ 포크를 상승, 하강 시킨다.
④ 마스터를 이동시킨다.

201 평탄한 노면에서의 지게차를 운전하여 하역작업 시 올바른 방법이 아닌 것은?

① 파렛트에 실은 짐이 안정되고 확실하게 실려 있는가를 확인한다.
② 포크를 삽입하고자 하는 곳과 평행하게 한다.
③ 불안정한 적재의 경우에는 빠르게 작업을 진행시킨다.
④ 화물 앞에서 정지한 후 마스트가 수직이 되도록 기울여야 한다.

202 지게차의 유압 탱크 유량을 점검하기 전 포크의 적절한 위치는?

① 포크를 지면에 내려놓고 점검한다.
② 최대적재량의 하중으로 포크는 지상에서 떨어진 높이에서 점검한다.
③ 포크를 최대로 높여 점검한다.
④ 포크를 중간 높이에서 점검한다.

203 지게차를 운행할 때 주의사항으로 틀린 것은?

① 급유 중은 물론 운전 중에도 화기를 가까이 하지 않는다.
② 적재 시 급제동을 하지 않는다.
③ 내리막길에서는 브레이크를 밟으면서 서서히 주행한다.
④ 적재 시에는 최고속도로 주행한다.

204 지게차 화물취급 작업 시 준수하여야 할 사항으로 틀린 것은?

① 화물 앞에서 일단 정지해야 한다.
② 화물의 근처에 왔을 때에는 가속페달을 살짝 밟는다.
③ 파렛트에 실려 있는 물체의 안전한 적재 여부를 확인한다.
④ 지게차를 화물 쪽으로 반듯하게 향하고 포크가 파렛트를 마찰하지 않도록 주의한다.

205 지게차로 화물을 싣고 경사지에서 주행할 때 안전상 올바른 운전방법은?

① 포크를 높이 들고 주행한다.
② 내려갈 때에는 저속 후진한다.
③ 내려갈 때에는 변속레버를 중립에 놓고 주행한다.
④ 내려갈 때에는 시동을 끄고 타력으로 주행한다.

206 다음 중 지게차 운전 작업 관련 사항으로 틀린 것은?

① 운전시 급정지, 급선회를 하지 않는다.
② 화물을 적재 후 포크를 될 수 있는 한 높이 들고 운행한다.
③ 화물 운반시 포크의 높이는 지면으로부터 20cm~30cm를 유지한다.
④ 포크를 상승시에는 액셀러레이터를 밟으면서 상승시킨다.

207 지게차의 리프트 실린더(lift cylinder) 작동회로에서 로프로텍터(벨로시티 퓨즈)를 사용하는 주된 목적은?

① 컨트롤 밸브와 리프터 실린더 사이에서 배관파손 시 적재물 급강하를 방지한다.
② 포크의 정상 하강 시 천천히 내려올 수 있도록 작용한다.
③ 짐을 하강할 때 신속하게 내려올 수 있도록 작용한다.
④ 포크를 상승시에는 엑셀러레이터를 밟으면서 상승시킨다.

208 지게차에서 엔진이 정지되었을 때 레버를 밀어도 마스트가 경사되지 않도록 하는 것은?

① 벨 크랭크 기구   ② 틸트 록 장치
③ 체크 밸브   ④ 스태빌라이저

209 다음 중 지게차의 특징으로 틀린 것은?

① 틸트 장치가 있다.
② 완충장치가 없다.
③ 전륜 조향 방식이다.
④ 엔진은 뒤쪽에 위치한다.

210 토크 컨버터가 설치된 지게차의 출발 방법은?

① 저·고속 레버를 저속위치로 하고 클러치 페달을 밟는다.
② 클러치 페달에서 서서히 발을 떼면서 가속페달을 밟는다.
③ 저·고속 레버를 저속위치로 하고 브레이크 페달을 밟는다.
④ 클러치 페달을 조작할 필요 없이 가속페달을 서서히 밟는다.

211 지게차의 작업 후 점검사항으로 맞지 않는 것은?

① 연료 탱크에 연료를 가득 채운다.
② 파이프나 유압 실린더의 누유를 점검한다.
③ 타이어의 공기압 및 손상 여부를 점검한다.
④ 다음 날 작업이 계속되므로 지게차의 내, 외부를 그대로 둔다.

212 지게차로 창고 또는 공장에 출입할 때 안전사항이 아닌 것은?

① 차폭과 입구 폭을 확인한다.
② 얼굴을 차체 밖으로 내밀어 주위환경을 관찰하며 출입한다.
③ 반드시 주위 안전 상태를 확인하고 나서 출입한다.
④ 부득이 포크를 올려서 출입하는 경우에는 출입구 높이에 주의한다.

213 무부하상태에서 지게차의 최저속도로 가능한 최소의 회전을 할 때 지게차후단부가 그리는 원의 반경을 무엇이라 하는가?

① 전장
② 축간거리
③ 최소회전 반지름
④ 최소회전반경

214 지게차에서 지켜야 할 안전수칙이 아닌 것은?

① 후진 시에는 반드시 뒤를 살필 것
② 전진에서 후진 변속 시는 장비가 정지된 상태에서 행할 것
③ 주정차시는 반드시 주차 브레이크를 작동시킬 것
④ 이동시에는 포크를 반드시 지상에서 높이 들고 이동할 것

215 지게차를 운행할 때 주의할 점으로 틀린 것은?

① 한눈을 팔면서 운행하지 말 것
② 포크 끝단으로 화물을 들어 올리지 않는다.
③ 큰 화물로 인해 전면 시야가 방해를 받을 때는 후진으로 운행한다.
④ 높은 장소에서 작업을 할 경우에는 포크에 사람을 승차시켜 작업한다.

216 전동 지게차의 동력전달 순서로 맞는 것은?

① 축전지 → 제어기구 → 구동모터 → 변속기 → 종감속 및 차동기어장치 → 앞바퀴
② 축전지 → 구동모터 → 제어기구 → 변속기 → 종감속 및 차동기어장치 → 앞바퀴
③ 축전지 → 제어기구 → 구동모터 → 변속기 → 종감속 및 차동기어장치 → 뒷바퀴
④ 축전지 → 구동모터 → 제어기구 → 변속기 → 종감속 및 차동기어장치 → 뒷바퀴

217 지게차 인칭조절 장치에 대한 설명으로 맞는 것은?

① 트랜스미션 내부에 있다.
② 디셀러레이터 페달이다.
③ 브레이크 드럼 내부에 있다.
④ 작업장치의 유압상승을 억제한다.

218 물품적재 시 정지한 후 조작해야 하는 지게차의 작업장치는?

① 인칭페달　　② 틸트레버
③ 리프트레버　④ 브레이크 페달

219 레버를 조작 시 유압유가 들어가서 작동하는 것과 다른 것은?

① 리프트레버를 당길 때
② 틸트레버를 당길 때
③ 틸트레버를 밀 때
④ 리프트레버를 밀 때

220 이너마스트가 갑자기 내려오는 것을 방지하고자 할 때 사용되는 유압밸브는?

① CPR밸브　　② 안전밸브
③ 릴리프밸브　④ 카운터밸런스밸브

221 리프트 실린더와 틸트 실린더 동작으로 맞지 않는 것은?

① 리프트실린더를 당기면 리프트가 올라간다.
② 리프트실린더를 밀면 리프트가 내려간다.
③ 틸트 레버를 밀면 티트 실린더가 팽창된다.
④ 틸트 레버를 당기면 틸트 실린더가 팽창된다.

222 지게차에서 체인과 가이드롤러가 달려 있는 장치는?

① 틸트실린더　　② 마스트
③ 리프트 실린더　④ 오버헤드가드

223 사이드 포크형 지게차 마스트의 전경각 기준으로 알맞은 것은?

① 7도 이하일 것　② 5도 이하일 것
③ 4도 이하일 것　④ 6도 이하일 것

224 다음 중 지게차 주행 시 안전수칙이 아닌 것은?

① 운전 시야 불량 시 유도자의 지시에 따라 전후·좌우를 충분히 관찰 수 운행한다.
② 진입로, 교차로 등 시야가 제한되는 장소에서는 주행속도를 줄이고 운행한다.
③ 다른 차량과 안전 차간 거리를 유지한다.
④ 경사로 및 좁은 통로등에서 급주행, 급정지, 급선회를 한다.

225 다음 중 수동식 지게차의 동력전달순서로 맞는 것은?

① 엔진 – 변속기 – 클러치 – 종감속기어 및 차동장치 – 최종감속기 – 앞구동축 – 차륜
② 엔진 – 클러치 – 변속기 – 종감속기어 및 차동장치 – 앞구동축 – 앞바퀴
③ 엔진 – 토크컨버터 – 변속기 – 앞구동축 – 종감속기어 및 차동장치 – 최종감속기 – 차륜
④ 엔진 – 토크컨버터 – 변속기 – 종감소기어 및 차동장치 – 앞구동축 – 최종감속기 – 앞바퀴

226 지게차에 대한 설명이 아닌 것은?

① 화물을 싣기 위해 마스트를 약간 전경시키고 포크를 끼워 화물을 싣는다.
② 목적지에 도착 후 화물을 내리기 위해 틸트실린더를 후경 시켜 전진한다.
③ 틸트레버는 앞으로 밀면 마스트가 앞으로 기울고 따라서 포크가 앞으로 기운다.
④ 포크를 상승 시킬 때는 리프트레버를 뒤쪽으로 하강시킬 때는 앞쪽으로 민다.

227 지게차의 주된 구동방식은?

① 전후 구동　　② 뒷바퀴 구동
③ 앞바퀴 구동　④ 중간 차축구동

228 지게차 주행 중 조향핸들이 떨리는 원인으로 맞지 않는 것은?

① 타이어 밸런스가 맞지 않을 때
② 스티어링기어의 마모가 심할 때
③ 휠이 휘었을 때
④ 포크가 휘었을 때

229 지게차의 좌우높이가 다를 경우 조정하는 부위는?

① 리프트밸브로 조정
② 틸트레버로 조정
③ 틸트실린더로 조정
④ 리프트체인의 길이 조정

230 지게차 리프트 체인의 장력 점검 및 조정 방법이 아닌 것은?

① 포크에 지게차의 정격 하중에 해당하는 화물을 올린다.
② 포크를 지면에 완전히 내려놓고 체인을 양손으로 밀어 점검한다.
③ 지게차를 평평한 장소에 세우고 마스트를 수직으로 세운다.
④ 큰 화물로 인해 전면 시야가 방해 받을 때는 후진 운행한다.

231 지게차의 구성품 중 메인 프레임의 맨 뒤 끝에 설치된 것으로 화물 적재 및 적하 시 균형을 유지하게 하는 장치는?

① 평형추   ② 핑거보드
③ 포크   ④ 마스트

232 지게차의 작업일과를 마치고 지면에 안착시켜 놓아야 할 것은?

① 프레임   ② 포크
③ 차축   ④ 카운터 웨이트

233 지게차 틸트 레버를 당길 때 좌, 우 마스트의 한쪽이 늦게까지 작동하는 주 이유는?

① 유압탱크의 유량이 많다.
② 유압탱크의 유량이 적다.
③ 좌·우 틸트 실린더의 작동거리(행정)가 다르다.
④ 좌·우 틸트 실린더의 작동거리(행정)가 같다.

234 내연기관을 사용하는 지게차의 구동과 관련한 설명으로 옳은 것은?

① 뒷바퀴로 구동한다.
② 앞바퀴로 구동한다.
③ 볼륨식은 앞바퀴 좌우 각각 1개인 구동륜을 말한다.
④ 기동성 위주로 사용되는 지게차는 복동륜을 사용한다.

235 지게차의 틸트 실린더에 대한 설명 중 옳은 것은?

① 틸트 레버를 뒤로 당기면 피스톤 로드가 팽창되어 마스트가 뒤로 기울어진다.
② 틸트 레버를 앞으로 밀면 피스톤 로드가 수축되어 마스트가 뒤로 기울어진다.
③ 틸트 레버를 앞으로 밀면 피스톤 로드가 팽창되어 마스트가 앞으로 기울어진다.
④ 틸트 레버를 뒤로 당기면 피스톤 로드가 수축되어 마스트가 앞으로 기울어진다.

236 L 자형으로서 2 개이며 핑거보드에 체결되어 화물을 떠받쳐 운반하는데 사용하는 것은?

① 파레트   ② 마스트
③ 체인   ④ 포크

237 지게차에서 틸트 레버를 운전자쪽으로 당기면 마스트는 어떻게 기울어지는가? (단, 방향은 지게차의 진행방향 기준임)

① 뒤쪽으로　　② 위쪽으로
③ 앞쪽으로　　④ 아래쪽으로

238 유압식 지게차의 동력 전달 순서는?

① 엔진 → 변속기 → 토크변환기 → 차동장치 → 차축 → 앞바퀴
② 엔진 → 변속기 → 토크변환기 → 차축 → 차동장치 → 앞바퀴
③ 엔진 → 토크변환기 → 변속기 → 차축 → 차동장치 → 앞바퀴
④ 엔진 → 토크변환기 → 변속기 → 차동장치 → 차축 → 앞바퀴

239 지게차 운행 전 안전작업을 위한 점검사항으로 가장 적절하지 않은 것은?

① 작업 장소의 노면 상태를 확인한다.
② 시동 전에 전·후진 레버를 중립 위치에 둔다.
③ 방향지시등과 같은 신호장치의 작동상태를 점검한다.
④ 화물 이동을 위해 마스트를 앞으로 기우려 둔다.

240 지게차를 이용한 작업 중에서 위에서 떨어지는 화물에 의한 위험을 방지하기 위해 조종수의 머리 위에 설치하는 덮개는?

① 헤드가드　　② 핑거보드
③ 리프트 실린더　④ 백레스트

241 지게차의 규격표시 방법으로 옳은 것은?

① 지게차의 자체중량(ton)
② 지게차의 원동기출력(ps)
③ 지게차의 최대적재중량(ton)
④ 지게차의 총중량(ton)

242 지게차의 포크에 버킷을 끼워 흘러내리기 쉬운 물건이나 흐트러진 물건을 운반 또는 트럭에 상차하는데 쓰는 작업 장치는?

① 로테이팅 포크
② 힌지드 버킷
③ 로드 스태빌라이저
④ 사이드 시프트 클램프

243 지게차 조향핸들의 조작이 무겁게 되는 원인으로 적절하지 않은 것은?

① 윤활유가 부족 또는 불량하다.
② 조향기어 백래시가 작다.
③ 타이어 공기압이 낮다.
④ 앞바퀴 정렬이 적절하다.

244 지게차에 대한 설명으로 옳지 않은 것은?

① 포크는 상하좌우 뿐만 아니라 기울임이 가능한 것도 있다.
② 평형추는 지게차 앞쪽에 설치되어 있다.
③ 지게차 방호장치로 백레스트, 오버헤드 가드 등이 있다.
④ 엔진식 지게차는 보통전륜구동, 후륜조향이다.

245 지게차의 기준 무부하상태에서 수직으로 하되 마스트의 높이를 변화시키지 않은 상태에서 포크의 높이를 최저위치에서 최고 위치로 올릴 수 있는 경우의 높이는?

① 기준부하 높이
② 프리리프트 높이
③ 프리 틸팅 높이
④ 기준 틸팅 높이

246 지게차로 들어 올릴 화물의 너비를 좌우로 조정하는 장치는?

① 리프트 상하간격 조정레버
② 포크간격 조정장치
③ 브레이크
④ 포크틸트 간격조정장치

247 보기의 지게차 작업장치 중 사이드쉬프트 클램프의 특징에 해당되는 것을 모두 고르시오.

> a. 화물의 손상이 적고 작업이 매우 신속하다.
> b. 부피가 큰 경화물의 운반 및 적재가 용이하다.
> c. 차체를 이동시키지 않고 적재 및 하역작업을 할 수 있다.
> d. 좌우측에 설치된 클램프를 좌, 우로 이동시킬 수 있다.

① a, b, c, d   ② a, b, d
③ a, b   ④ a, c

248 지게차에서 다음의 표시가 나타내는 의미는?

① 아워메타   ② 오일압력지시등
③ 유온계   ④ 수온계

249 다음 계기판은 무엇인가?

① 유량계
② 수온계
③ 오일압력지시등
④ 미션오일온도계

250 솜, 양모, 펄프 등 가벼우면서 부피가 큰 화물의 운반에 적합한 지게차는?

① 사이드 클램프
② 힌지드 포크
③ 힌지드 버켓
④ 로드 스테빌라이저

251 지게차 리프트체인의 길이는 무엇으로 조정하는가?

① 캐리지레일의 길이
② 리프트실린더의 길이
③ 틸트실린더의 길이
④ 체인 아이 볼트의 길이

252 지게차에서 내리막길 주차 방법으로 잘못된 것은?

① 포크를 지면에 닿게 내려놓는다.
② 변속 레버를 후진위치에 놓는다.
③ 주차브레이크를 작동 시킨다.
④ 안전 고임목을 설치한다.

253 지게차가 주행 시 차체가 흔들리는 원인이 아닌 것은?

① 타이어 휠 밸런스가 맞지 않을 경우
② 포크가 휘었을 때
③ 킹핀 경사각이 맞지 않을 때
④ 타이어 림이 휘었을 때

254 지게차가 무부하 상태에서 최대 조향각으로 운행 시 가장 바깥쪽 바퀴의 접지자국 중심점이 그리는 원의 반경을 무엇이라고 하는가?

① 윤간거리
② 최소 회전반지름
③ 최소회전반경
④ 최소 직각 통로 폭

255 지게차에서 포크 최대 상승 높이 설명으로 적당한 것은?

① 내측 마스트가 올라가기 시작할 때의 내측 마스트와 지면과의 높이
② 리프트를 최대로 올렸을 때 지면과 적재물의 높이
③ 리프트를 최대로 올렸을 때 지면과 마스트 상단의 높이
④ 리프트를 최대로 올렸을 때 지면과 포크의 높이

256 지게차 엔진을 가동시키기 위한 장치는?

① 충전장치　　② 연료분사장치
③ 시동장치　　④ 등화장치

257 힌지드 포크에 설치하여 흘러내리기 쉬운 석탄, 소금, 비료, 모래 등을 운반 하는데 적합한 장치는?

① 로드 마스트　　② 힌지드 버킷
③ 버킷 마스트　　④ 포크

258 조종사를 보호하기 위해 설치한 지게차의 안전장치는?

① 헤드가드　　② 인젝터
③ 유압펌프　　④ 틸트실린더

259 지게차를 주차할 때 주의 사항으로 옳지 않은 것은?

① 전후진 레버의 위치는 N위치에 놓는다.
② 포크를 지면에 내려놓는다.
③ 핸드 브레이크 레버를 당겨 놓는다.
④ 주 브레이크를 고정시켜 놓는다.

260 지게차에 사용되는 부속 장치가 아닌 것은?

① 사이드 롤러　　② 리프트 실린더
③ 현가장치　　④ 틸트 실린더

261 트랜스미션에서 잡음이 심할 경우 운전자가 가장 먼저 확인해야 할 사항은?

① 치합 상태
② 기어오일의 질
③ 기어 잇면의 마모
④ 기어오일의 양

262 작업 중 충전계에 빨간불이 들어오는 경우는?

① 충전계통에 이상이 없음을 나타낸다.
② 정상적으로 충전이 되고 있음을 나타낸다.
③ 충전이 잘 되지 않고 있음을 나타낸다.
④ 충전계통에 이상이 있는지 알 수 없다.

지·게·차·운·전·기·능·사

안전관리

- 작업안전
- 산업안전

작업안전

1 동력기계 안전수칙

(1) 작업장에서의 복장

① 작업복은 몸에 맞는 것을 입는다.
② 상의의 옷자락이 밖으로 나오지 않도록 한다.
③ 기름이 밴 작업복은 될 수 있는 한 입지 않는다.
④ 몸에 맞을 것.
⑤ 작업에 따라 보호구 및 기타 물건을 착용할 수 있을 것.
⑥ 소매나 바지자락이 조여질 수 있을 것.
⑦ 작업장에서 작업복을 착용하는 이유는 재해로부터 작업자의 몸을 지키기 위함이다.

(2) 일반기기 사용할 때 주의사항

① 원동기의 기동 및 정지는 서로 신호에 의거한다.
② 고장중인 기기에는 반드시 표식을 한다.
③ 정전이 된 경우에는 반드시 표식을 한다.

(3) 기중기로 물건을 운반할 때 주의할 점

① 규정 무게보다 초과하여 사용해서는 안된다.
② 적재물이 떨어지지 않도록 한다.
③ 로프 등의 안전여부를 항상 점검한다.
④ 선회 작업을 할 때에는 사람이 다치지 않도록 한다.

2 ▶ 수공구 사용 안전수칙

(1) 줄 작업의 안전수칙

① 줄 작업을 할 때 절삭 분(가루)는 반드시 솔로 몸 밖으로 쓸어내어 처리한다.
② 작업물체를 바이스에 고정할 때에는 단단히 고정할 것
③ 균열 여부를 확인할 것
④ 줄 작업을 할 때 높이는 작업자의 팔꿈치 높이로 하거나 조금 낮춘다.
⑤ 작업 자세는 허리를 낮추고 전신을 이용한다.
⑥ 줄을 잡을 때에는 한 손으로 줄을 확실히 잡고, 다른 한 손으로 끝을 가볍게 쥐고 앞으로 민다.

(2) 해머작업의 안전수칙

① 녹이 슨 재료를 작업할 때 보호안경을 착용한다.
② 기름이 묻은 손이나 장갑을 끼고 작업하지 않는다.
③ 열처리된 부품은 처음부터 큰힘을 주지 말고 처음에는 서서히 타격한다.
④ 좁은 곳이나 발판이 불안한 곳에서는 해머작업을 하지 않는다.
⑤ 해머를 사용할 때 자루부분을 확인 한다.
⑥ 공동으로 작업시는 호흡을 맞추어야 한다.
⑦ 마주보고 타격하지 않는다.

(3) 조정렌치 사용상의 안전수칙

① 볼트 또는 너트를 조이거나 풀 때에는 렌치를 잡아당기며 작업한다.
② 조정조에 잡아당기는 힘이 가해져서는 안된다.
③ 렌치는 볼트·너트를 풀거나 조일 때에는 볼트 머리나 너트에 꼭 끼워져야 한다.

(4) 가스 용접 작업을 할 때의 안전수칙

① 봄베 주둥이 쇠나 몸통에 녹이 슬지 않도록 오일이나 그리스를 바르면 폭발한다.
② 토치는 반드시 작업대 위에 놓고 기름이나 그리스가 묻지 않도록 한다.
③ 가스를 완전히 멈추지 않거나 점화된 상태로 방치해 두지 말 것.
④ 봄베는 던지거나 넘어뜨리지 말 것
⑤ 산소 용기의 보관 온도는 40℃이하로 하여야 한다.
⑥ 반드시 소화기를 준비할 것
⑦ 아세틸렌 밸브를 먼저 열고 점화한 후 산소 밸브를 연다.

⑧ 점화는 성냥불로 직접 하지 않는다.

⑨ 산소 용접할 때 역류·역화가 일어나면 빨리 산소 밸브부터 잠궈야 한다.

⑩ 운반할 때에는 운반용으로 된 전용 운반차량을 사용한다.

(5) 용기의 색상

① 산소 – 녹색

② 아세틸렌 – 황색

③ 수소 – 주황색

④ 이산화탄소 – 파랑색

(6) 호이스트, 체인블록 – 중량물을 들어 올릴 때 사용

(7) 연삭기 안전수칙

① 연삭숫돌 교체 시는 3분 이상, 작업시작 전 1분 이상 시운전후 작업 한다

② 교체하기 전에 연삭숫돌을 점검하여 균열이 있는 것은 사용하지 않는다.

③ 연삭숫돌과 받침대(워크레스트)의 간격은 3mm이내를 유지한다.

④ 가공 시 연삭숫돌의 측면을 사용하지 않는다.

⑤ 연삭숫돌의 정면으로부터 150° 정도 비켜서 작업한다.

⑥ 투명한 칩비산 방지판을 설치하거나 보안경을 착용한다.

▲ 연삭기

출처 : 안전보건공단

(7) 드릴 작업 시 안전 수칙

① 가공물은 회전하지 않도록 장치 할 것. (작은 가공물이라도 손으로 누르지 말 것)

② 머리카락이나 작업복 등이 회전중인 드릴에 감겨 들지 않도록 주의할 것.

③ 드릴이 회전 중에 칩을 치우는 것은 엄금 할 것. (칩 제거 시 손으로 하지 말고 브러쉬를 사용)

④ 면장갑 등을 착용 후 작업하지 말 것.

⑤ 철가루가 날리기 쉬운 작업은 방진안경을 착용.

⑥ 전기 드릴은 반드시 접지 후 작업을 한다.

⑦ 작업 중에는 특히 회전부에 주의 한다.

⑧ 작업종료 후 드릴날을 드릴척에서 빼어 놓는다.

소화기 및 화재의 분류

(1) 화재의 분류

① A급화재 (일반화재) – 일반 가연물의 화재를 말하며, 타고 나면 재가 남는 화재. 소화기에 백색의 원형(圓形)으로 표시를 한다.

② B급화재 (유류화재) – 포말소화기를 사용하며, 소화기에 황색의 원형(圓形)으로 표시한다.

③ C급화재 (전기화재) – 이산화탄소 소화기를 사용하며, 소화기에 청색의 원형(圓形)으로 표시를 한다.

④ D급화재 (금속화재) – 마그네슘 등의 가연성 금속화재이며, 화학약품 등으로 인한 화재. (연구소, 화학약품 다루는 공장)

(2) 화재별 소화의 방법

① 포말 소화기 (유류화재에 적당, 전기화재 부적당) – 약재의 혼합으로 포말을 발생시켜 공기의 공급을 차단해서 소화한다. 사용되는 약재는 탄산수소나트륨이며, 목재·섬유 등 일반화재에도 사용되지만 유류화재나 화학약품화재에 적당하며, 전기화재에는 감전의 우려가 있어 부적당하다.

② 이산화탄소. 하론 소화기 (전기화재에 적당) – 고압가스용기를 사용하기 때문에 중량이 무겁고, 고압가스의 취급이 어려움, 전기 절연성도 크기 때문에 전기화재에 사용하며 하론소화기는 사람, 동물에게 사용 시 질식의 우려가 있으므로 조심하여야 한다.

③ 분말 소화기 (유류, 전기, 화학약품 화재 시 적당) – 특수 가공한 탄산수소나트륨 분말을 사용하여 이산화탄소 등 불연성 고압가스에 의해 약제 방사한다. 현재 국내에서 가장 널리 보급되어 있는 소화기로 ABC급 소화기와 BC급 소화기로 구분한다.

④ 건조사(모래) – 금속화재에 사용

1 교통사고시 사상자가 발생하였을 때, 도로교통법 상 운전자가 즉시 취하여야 할 조치사항 중 가장 옳은 것은?

① 즉시 정차 – 신고 – 위해방지
② 증인확보 – 정차 – 사상자 구호
③ 즉시 정차 – 위해방지 – 신고
④ 즉시 정차 – 사상자 구호 – 신고

2 동력기계 장치의 표준 방호덮개 설치 목적으로 틀린 것은?

① 주유나 검사의 편리성
② 방음이나 집진
③ 동력전달장치와 신체의 접촉방지
④ 가공물 등의 낙하에 의한 위험방지

3 해머작업의 안전 수칙으로 가장 거리가 먼 것은?

① 장갑을 끼고 해머작업을 하지 말 것
② 공동으로 해머 작업 시에는 호흡을 맞출 것
③ 열처리 된 장비의 부품은 강하므로 힘껏 때릴 것
④ 해머를 사용할 때 자루 부분을 확인할 것

4 작업안전 상 보호안경을 사용하지 않아도 되는 작업은?

① 전기용접 작업
② 용접 작업
③ 연마 작업
④ 타이어 교환 작업

5 스크루 또는 머리에 홈이 있는 볼트를 박거나 뺄 때 사용하는 스크루 드라이버의 크기는 무엇으로 표시하는가?

① 손잡이를 포함한 전체 길이
② 포인트(tip)의 너비
③ 생크(shank)의 두께
④ 손잡이를 제외한 길이

6 중량물 운반에 대한 설명이 아닌 것은?

① 규정 용량을 초과해서 운반하지 않는다.
② 무거운 물건을 운반할 경우 주위사람에게 인지하게 한다.
③ 무거운 물건을 상승시킨 채 오랫동안 방치하지 않는다.
④ 흔들리는 중량물은 사람이 붙잡아서 이동한다.

7 전기용접 시 주의사항에 대한 설명이 아닌 것은?

① 용접기의 내부에 함부로 손을 대지 않는다.
② 홀더나 용접봉은 절대로 맨손으로 취급하지 않는다.
③ 땀, 물 등에 의해 습기 찬 작업복, 장갑, 구두 등을 착용하여도 이상 없다.
④ 가죽장갑, 앞치마, 발덮개 등 규정된 보호구를 반드시 착용한다.

8 수공구 사용 방법으로 옳지 않은 것은?

① 사용한 공구는 지정된 장소에 보관한다.
② 사용 후에는 손잡이 부분에 오일을 발라둔다.
③ 공구는 올바른 방법으로 사용한다.
④ 공구는 크기별로 구별하여 보관한다.

9 안전작업은 복장의 착용상태에 따라 달라진다. 다음에서 권장사항으로 틀린 것은?

① 물체 추락의 우려가 있는 작업장에서는 작업모를 착용해야 한다.
② 옷소매 폭이 너무 넓지 않은 것이 좋고, 단추가 달린 것은 되도록 피한다.
③ 복장을 단정하게 하기 위해 넥타이를 꼭 매야 한다.
④ 땀을 닦기 위한 수건이나 손수건을 허리나 목에 걸고 작업해서는 안된다.

10 안전적인 측면에서 병속에 들어있는 약품의 냄새를 알아보고자 할 때 가장 좋은 방법은?

① 조금씩 쏟아서 확인
② 손바람을 이용하여 확인
③ 숟가락으로 떠내어 확인
④ 종이로 적셔서 알아본다.

11 정 작업 시 안전수칙으로 부적합한 것은?

① 담금질한 재료를 정으로 쳐서는 안된다.
② 기름을 깨끗이 닦은 후에 사용한다.
③ 차광안경을 착용한다.
④ 머리가 벗겨진 것은 사용하지 않는다.

12 해머 작업이 아닌 것은?

① 해머는 처음부터 힘차게 때린다.
② 작업에 알맞은 무게의 해머를 사용한다.
③ 장갑을 끼지 않는다.
④ 자루가 단단한 것을 사용한다.

13 정비작업 시 안전에 가장 위배되는 것은?

① 회전 부분에 옷이나 손이 닿지 않도록 한다.
② 가연성 물질을 취급 시 소화기를 준비한다.
③ 깨끗하고 먼지가 없는 작업환경을 조성한다.
④ 연료를 비운 상태에서 연료통을 용접한다.

14 일반적으로 장갑을 착용하고 작업을 하게 되는데, 안전을 위해서 오히려 장갑을 사용하지 말아야 하는 작업은?

① 해머작업
② 타이어 교환 작업
③ 전기 용접 작업
④ 오일교환 작업

15 작업장에 대한 안전관리상 설명이 아닌 것은?

① 공장바닥은 폐유를 뿌려, 먼지 등이 일어나지 않도록 한다.
② 항상 청결하게 유지한다.
③ 작업대 사이 또는 기계 사이의 통로는 안전을 위한 일정한 너비가 필요하다.
④ 전원 콘센트 및 스위치 등에 물을 뿌리지 않는다.

16 공기(air)기구 사용 작업에서 적당치 않은 것은?

① 공기기구의 반동으로 생길 수 있는 사고를 미연에 방지한다.
② 규정에 맞는 토크를 유지하며 작업한다.
③ 공기 기구의 섭동 부위 에 윤활유를 주유하면 안 된다.
④ 공기를 공급하는 고무호스가 꺾이지 않도록 한다.

17 작업복에 대한 설명으로 적합하지 않은 것은?

① 주머니가 너무 많지 않고, 소매가 단정한 것이 좋다.
② 착용자의 연령, 성별 등에 관계없이 일률적인 스타일을 선정해야 한다.
③ 작업복은 몸에 알맞고 동작이 편해야 한다.
④ 작업복은 항상 깨끗한 상태로 입어야 한다.

18 드릴 작업 시 주의사항이 아닌 것은?

① 칩을 털어낼 때는 칩털이를 사용한다.
② 공작물은 움직이지 않게 고정한다.
③ 드릴이 움직일 때는 칩을 손으로 치운다.
④ 작업이 끝나면 드릴을 척에서 빼놓는다.

19 볼트 너트를 가장 안전하게 조이거나 풀 수 있는 공구는?

① 조정렌치   ② 6각 소켓렌치
③ 파이프렌치   ④ 스패너

20 기계의 회전부분(기어, 밸트, 체인)에 덮개를 설치하는 이유는?

① 회전부분의 속도를 높이기 위하여
② 좋은 품질의 제품을 얻기 위하여
③ 제품의 제작과정을 숨기기 위하여
④ 회전부분과 신체의 접촉을 방지하기 위하여

21 가스 용접의 안전사항으로 적합하지 않은 것은?

① 토치에 점화시킬 때에는 산소 밸브를 먼저 열고 다음에 아세틸렌 밸브를 연다.
② 토치 끝으로 용접물의 위치를 바꾸면 안된다.
③ 용접 가스를 들이 마시지 않도록 한다.
④ 산소누설 시험에는 비눗물을 사용한다.

22 드릴 작업 시 주의사항이 아닌 것은?

① 칩을 털어낼 때는 칩털이를 사용한다.
② 드릴이 움직일 때는 칩을 손으로 치운다.
③ 작업이 끝나면 드릴을 척에서 빼놓는다.
④ 공작물은 움직이지 않게 고정한다.

23 연삭기의 안전한 사용방법 중 틀린 것은?

① 숫돌과 받침대 간격을 가능한 넓게 유지
② 숫돌 측면 사용 제한
③ 숫돌과 덮개 설치 후 작업
④ 보안경과 방진 마스크착용

24 아크용접 시 감전이 될 작업 중 틀린 것은?

① 앞치마를 하지 않았다.
② 옷이 비에 젖었다.
③ 옷이 땀에 젖었다.
④ 바닥에 물이 있다.

25 밀폐된 공간에서 엔진을 가동할 때 가장 주의해야 할 사항은?

① 진동으로 인한 직업병
② 배출가스 중독
③ 작업 시간
④ 소음으로 인한 추락

26 벨트를 교체할 때 기관의 상태는?

① 고속상태   ② 저속상태
③ 정지상태   ④ 중속상태

27 진동 장애의 예방대책 중 틀린 것은?

① 진동업무를 자동화 한다.
② 실외작업을 한다.
③ 저진동 공구를 사용한다.
④ 방진장갑과 귀마개를 착용 한다.

28 화재 및 폭발의 우려가 있는 가스발생장치 작업장에서 지켜야 할 사항으로 맞지 않는 것은?

① 점화원이 될 수 있는 기재 사용금지
② 화기 사용금지
③ 불연성 재료 사용금지
④ 인화성 물질 사용금지

29 다음 중 드라이버 사용방법이 아닌 것은?

① 날 끝 홈의 폭과 깊이가 같은 것을 사용한다.
② 작은 공작물이라도 한손으로 잡지 않고 바이스 등으로 고정하고 사용한다.
③ 전기 작업 시 자루는 모두 금속으로 되어 있는 것을 사용한다.
④ 날 끝이 수평이어야 하며 둥글거나 빠진 것은 사용하지 않는다.

30 안전하게 공구를 취급하는 방법으로 적합하지 않은 것은?

① 숙달이 되면 옆 작업자에게 공구를 던져서 전달하여 작업능률을 올린다.
② 끝 부분이 예리한 공구 등을 주머니에 넣고 작업을 하여서는 안 된다.
③ 공구를 사용한 후 제자리에 정리하여 둔다.
④ 공구를 사용 전에 손잡이에 묻은 기름 등은 닦아내어야 한다.

31 공구 및 장비 사용에 대한 설명이 아닌 것은?

① 공구는 사용 후 공구상자에 넣어 보관한다.
② 마이크로미터를 보관할 때는 직사광선에 노출시키지 않는다.
③ 볼트와 너트는 가능한 소켓 렌치로 작업한다.
④ 토크 렌치는 볼트와 너트를 푸는데 사용한다.

32 작업 시 보안경 착용에 대한 설명 중 틀린 것은?

① 가스 용접 할 때는 보안경을 착용해야 한다.
② 아크 용접할 때는 보안경을 착용해야 한다.
③ 특수 용접할 때는 보안경을 착용해야 한다.
④ 절단하거나 깎는 작업을 할 때는 보안경을 착용해서는 안 된다.

33 연료 탱크를 수리할 때 가장 주의해야 할 사항은?

① 가솔린 및 가솔린 증기가 없도록 한다.
② 연료계의 배선을 푼다.
③ 수분을 없앤다.
④ 탱크의 찌그러짐을 편다.

34 공압 공구를 사용할 때의 주의사항으로 가장 거리가 먼 것은?

① 호스는 공기압력을 견딜 수 있는 것을 사용한다.
② 사용 중 고무호스가 꺾이지 않도록 주의한다.
③ 공기압축기의 활동부는 윤활유 상태를 점검한다.
④ 공압 공구 사용 시 차광안경을 착용한다.

35 안전작업의 중요성으로 가장 거리가 먼 것은?

① 작업의 능률 저하방지
② 관리자나 사용자의 재산보호
③ 동료나 시설 장비의 재해방지
④ 위험으로부터 보호되어 재해방지

36 6각 볼트, 너트를 조이고 풀 때 가장 적합한 공구는?

① 복스 렌치 ② 바이스
③ 플라이어 ④ 드라이버

37 세척작업 중 알칼리 또는 산성 세척유가 눈에 들어갔을 경우 가장 먼저 조치하여야 하는 응급처치는?

① 수돗물로 씻어낸다.
② 알칼리성 세척유가 눈에 들어가면 붕산수를 구입하여 중화시킨다.
③ 산성 세척유가 눈에 들어가면 병원으로 후송하여 알칼리성으로 중화시킨다.
④ 눈을 크게 뜨고 바람 부는 쪽을 향해 눈물을 흘린다.

38 작업별 안전보호구의 착용이 잘못 연결된 것은?

① 10m 높이에서 작업 – 안전벨트
② 산소 결핍장소에서의 작업 – 공기 마스크
③ 그라인딩 작업 – 보안경
④ 아크용접 작업 – 도수가 있는 렌즈 안경

39 볼트나 너트를 죄거나 푸는데 사용하는 각종 렌치에 대한 설명으로 아닌 것은?

① 복스 렌치 : 연료 파이프 피팅 작업에 사용한다.
② 멍키 렌치라고도 호칭하며, 제한된 범위 내에서 어떠한 규격의 볼트나 너트에도 사용할 수 있다.
③ 조정 렌치 : 엘 렌치 : 6각형 봉을 L자 모양으로 구부려서 만든 렌치이다.
④ 소켓 렌치 : 다양한 크기의 소켓을 바꾸어가며 작업할 수 있도록 만든 렌치이다.

40 해머작업에 대한 내용을 잘못된 것은?

① 작업자가 서로 마주보고 타격한다.
② 보안경의 헤드밴드 불량 시 교체하여야 한다.
③ 녹슨 재료 사용 시 보안경을 착용한다.
④ 처음에는 작게 휘두르고 차차 크게 휘두른다.

41 작업 중 벼락이 떨어질 때 어떻게 하여야 하는가?

① 마스트를 세운다.
② 작업을 계속한다.
③ 즉시 차에서 내려 안전한곳으로 간다.
④ 엔진을 끄고 가만히 있는다.

42 스패너 작업방법으로 안전 상 올바른 것은?

① 스패너의 입이 너트의 치수보다 조금 큰 것을 사용한다.
② 스패너로 볼트를 조일 때는 앞으로 당기고 풀 때는 뒤로 민다.
③ 스패너를 사용 시 몸의 중심을 항상 옆으로 한다.
④ 스패너로 조이거나 풀 때 항상 앞으로 당긴다.

43 공구사용 시 주의해야 할 사항으로 틀린 것은?

① 해머작업 시 보안경착용
② 주위환경에 주의해서작업
③ 강한 충격을 가하지 않을 것
④ 스패너 2개를 이어서 사용한다.

44 보기의 조정렌치 사용상 안전수칙 중 옳은 것은?

> a. 잡아당기며 작업한다.
> b. 조정 조에 당기는 힘이 많이 가해지도록 한다.
> c. 볼트 머리나 너트에 꼭 끼워서 작업을 한다.
> d. 조정렌치 자루에 파이프를 끼워서 작업을 한다.

① a, b
② a, c
③ b, c
④ a, c, d

45 연삭숫돌의 보관방법으로 맞는 것은?

① 습기가 없는 건조한 곳에 둔다.
② 상자에 넣어둔다.
③ 날을 아래로 한다.
④ 습기가 많은 곳에 둔다.

46 복스렌치가 오픈렌치보다 많이 사용되는 이유로 가장 적합한 것은?

① 가볍고 사용하는데 양손으로도 사용할 수 있다.
② 여러 가지 크기의 볼트 너트에 사용할 수 있다.
③ 값이 싸며 적은 힘으로 작업할 수 있다.
④ 볼트, 너트 주위를 완전히 감싸게 되어 있어서 사용 중에 미끄러지지 않는다.

47 작업에 필요한 수공구의 보관에 알맞지 않은 것은?

① 공구함을 준비하여 종류와 크기별로 구분한다.
② 공구는 소정의 장소에 보관한다.
③ 날이 있거나 뾰족한 물건은 위험하므로 뚜껑을 씌워 둔다.
④ 사용한 수공구는 녹슬지 않도록 손잡이 부분에 오일을 발라서 보관하도록 한다.

48 연삭기의 안전한 사용방법이 아닌 것은?

① 숫돌과 덮개 설치 후 작업
② 숫돌 측면 사용 제한
③ 보안경과 방진 마스크 사용
④ 숫돌과 받침대 간격을 가능한 넓게 유지

49 지게차에서 지켜야 할 안전수칙으로 아닌 것은?

① 후진 시는 반드시 뒤를 살필 것
② 후진 변속 시는 장비가 정지된 상태에서 행할 것
③ 주·정차시는 반드시 주차 브레이크를 작동시킬 것
④ 이동시는 포크를 반드시 지상에서 높이 들고 이동할 것

50 지게차를 경사면에서 운전할 때 안전운전 측면에서 짐의 방향으로 가장 적절한 것은?

① 짐이 언덕 위쪽으로 가도록 한다.
② 짐이 언덕 아래쪽으로 가도록 한다.
③ 운전이 편리하도록 짐의 방향을 정한다.
④ 짐의 크기에 따라 방향이 정해진다.

51 스패너 사용 시 주의사항으로 잘못된 것은?

① 스패너의 입이 폭과 맞는 것을 사용한다.
② 필요 시 두 개를 이어서 사용할 수 있다.
③ 스패너를 너트에 정확하게 장착하여 사용한다.
④ 스패너의 입이 변형된 것은 폐기한다.

52 다음 중 현장에서 작업자가 작업 안전상 꼭 알아두어야 할 사항은?

① 장비의 가격
② 종업원의 작업환경
③ 종업원의 기술점도
④ 안전규칙 및 수칙

53 동력공구 사용 시 주의사항이 아닌 것은?

① 보호구는 안 해도 무방하다.
② 에어 그라인더는 회전수에 유의한다.
③ 규정 공기압력을 유지한다.
④ 압축공기 중의 수분을 제거하여 준다.

54 망치(hammer) 작업 시 옳은 것은?

① 망치 자루의 가운데 부분을 잡아 놓치지 않도록 할 것
② 손은 다치지 않게 장갑을 착용할 것
③ 타격할 때 처음과 마지막에 힘을 많이 가하지 말 것
④ 열처리 된 재료는 반드시 해머작업을 할 것

55 벨트를 폴리(pulley)에 장착 시 기관의 상태로 옳은 것은?

① 고속으로 회전 상태
② 저속으로 회전 상태
③ 중속으로 회전 상태
④ 회전을 중지한 상태

56 그라인더 작업 시 주의사항으로 틀린 것은?

① 연삭 시 숫돌차와 받침대 간격은 항상 10mm 이상 유지할 것
② 연마 작업 시 보호안경을 착용할 것
③ 작업 전에 숫돌의 균열 유무를 확인할 것
④ 반드시 규정 속도를 유지할 것

57 귀마개가 갖추어야 할 조건으로 틀린 것은?

① 내습, 내유성을 가질 것
② 적당한 세척 및 소독에 견딜 수 있을 것
③ 가벼운 귓병이 있어도 착용할 수 있을 것
④ 안경이나 안전모와 함께 착용을 하지 못하게 할 것

58 안전모에 대한 설명으로 적합하지 않은 것은?

① 혹한기에 착용하는 것이다.
② 안전모의 상태를 점검하고 착용한다.
③ 안전모의 착용으로 불안전한 상태를 제거한다.
④ 올바른 착용으로 안전도를 증가시킬 수 있다.

59 드릴작업 시 유의사항으로 잘못된 것은?

① 작업 중 칩 제거를 금지한다.
② 작업 중 면장갑 착용을 금한다.
③ 작업 중 보안경 착용을 금한다.
④ 균열이 있는 드릴은 사용을 금한다.

60 가스용접 작업 시 안전수칙으로 바르지 못한 것은?

① 산소 용기는 화기로부터 지정된 거리를 둔다.
② 40℃이하의 온도에서 산소 용기를 보관한다.
③ 산소 용기 운반 시 충격을 주지 않도록 주의한다.
④ 토치에 점화할 때 성냥불이나 담뱃불로 직접 점화한다.

61 작업장에서 작업복을 착용하는 주된 이유는?

① 작업 속도를 높이기 위해서
② 작업자의 복장동일을 위해서
③ 작업장의 질서를 확립시키기 위해서
④ 재해로부터 작업자의 몸을 보호하기 위해서

62 일반적으로 장갑을 착용하고 작업을 하게 되는데, 안전을 위해서 오히려 장갑을 사용하지 않아야 하는 작업은?

① 전기용접 작업
② 오일교환 작업
③ 타이어 교환 작업
④ 해머 작업

63 고압전기 작업 시 사용하는 장갑으로 맞는 것은?

① 면장갑
② 고무장갑
③ 화섬장갑
④ 절연장갑

64 탁상용 연삭기 사용 시 안전수칙으로 바르지 못한 것은?

① 받침대는 숫돌차의 중심보다 낮게 하지 않는다.
② 숫돌차의 주변화 받침대는 일정 간격으로 유지해야 한다.
③ 숫돌차를 나무 해머로 가볍게 두드려 보아 맑은 음이 나는가 확인한다.
④ 숫돌차의 측면에 서서 연삭해야 하며 반드시 차광안경을 착용한다.

65 지게차 전기회로의 보호장치로 맞는 것은?

① 안전밸브　　② 캠버
③ 퓨저블 링크　④ 턴 시그널 램프

66 차체에 드릴 작업 시 주의 사항이 아닌 것은?

① 작업 시 내부에 배선이 없는지 확인한다.
② 작업 후 내부에서 드릴 날 끝으로 인해 손상된 부품이 없는지 확인한다.
③ 작업 시 내부의 파이프는 관통 시킨다.
④ 작업 후 반드시 녹의 발생을 방지하기 위해 드릴 구멍에 페인트칠을 해둔다.

67 안전, 보건표지의 종류와 형태에서 그림의 안전표지판이 사용되는 곳은?

① 폭발성의 물질이 있는 장소
② 방사능 물질이 있는 장소
③ 발전소나 고전압이 흐르는 장소
④ 레이저광선에 노출될 우려가 있는 장소

68 납산 배터리액체를 취급하기에 가장 적합한 복장은?

① 고무로 만든 옷
② 가죽으로 만든 옷
③ 무명으로 만든 옷
④ 화학섬유로 만든 옷

69 건설기계 조종사가 장비 확인 및 점검을 위하여 갖추어야 할 작업복에 대한 설명으로 가장 적절하지 않은 것은?

① 작업복은 몸에 맞는 것을 착용한다.
② 기름이 밴 작업복은 입지 않도록 한다.
③ 소매나 바지 자락은 조여지도록 한다.
④ 상의의 옷자락이 밖으로 나오도록 입는다.

70 건설기계 조종사로서 장비 안전 점검 및 확인을 위하여 해머작업 시 안전 수칙으로 거리가 가장 먼 것은?

① 공동으로 해머 작업 시 호흡을 맞출 것
② 면장갑을 끼고 해머작업을 하지 말 것
③ 해머를 사용할 때 자루 부분을 확인할 것
④ 강한 타격력이 요구될 때에는 연결대에 끼워서 작업할 것

71 작업장 안전 관리에 대한 설명으로 옳지 않은 것은?

① 항상 청결을 유지한다.
② 바닥에 폐유를 뿌려, 먼지 등이 일어나지 않도록 한다.
③ 전원 콘센트 및 스위치 등에 물을 뿌리지 않는다.
④ 작업대, 기계 사이의 통로는 안전을 위한 일정한 너비가 필요하다.

72 위험성이 적은 렌치는?

① 조정 렌치
② 복스 렌치
③ 파이프 렌치
④ 오픈 엔드 렌치

73 건설기계 조종사가 장비 점검 및 확인을 위하여 렌치를 사용할 때 안전수칙으로 옳은 것은?

① 스패너에 파이프 등 연장대를 끼워서 사용한다.
② 스패너는 충격이 약하게 가해지는 부위에는 해머대신 사용 할 수 있다.
③ 너트보다 약간 큰 것을 사용하여 여유를 가지고 사용한다.
④ 파이프렌치는 정지장치를 확인하고 사용한다.

74 장비 점검 및 확인을 위하여 사용하는 공구 중 볼트 머리나 너트 주위를 완전히 감싸기 때문에 사용 중에 미끄러질 위험성이 적은 렌치는?

① 오픈 엔드 렌치   ② 파이프 렌치
③ 복스 렌치   ④ 조정 렌치

75 렌치 사용 시 안전 및 주의사항으로 옳은 것은?

① 렌치를 사용 할 때는 반드시 연결대를 사용한다.
② 렌치를 사용 할 때는 규정보다 큰 공구를 사용한다.
③ 파이프렌치는 조종조의 가운데에 파이프를 물리고 힘을 준다.
④ 렌치를 당길 때 힘을 준다.

76 벨트를 풀리에 장착 시 기관이 어느 상태일 때 작업 하는 것이 안전한가?

① 고속 상태   ② 정지 상태
③ 중속 상태   ④ 저속 상태

77 전기 감전 사고 예방으로 제일 적당한 장갑은?

① 고무 장갑   ② 면 장갑
③ 수술 장갑   ④ 일회용 장갑

78 작업장에서의 복장에 대하여 유의할 사항으로 틀린 것은?

① 상의의 옷자락이 밖으로 나오지 않도록 한다.
② 작업복은 몸에 맞는 것을 입는다.
③ 기름이 묻은 작업복은 될 수 있는 한 입지 않는다.
④ 수건은 허리춤에 끼거나 목에 감는다.

79 렌치 작업시의 주의사항 설명 중 틀린 것은?

① 렌치를 해머로 두드려서는 안 된다.
② 높거나 좁은 장소에서는 몸을 안전하게 하고 작업한다.
③ 너트보다 큰 치수를 사용한다.
④ 너트에 렌치를 깊이 물린다.

80 작업 중 기계장치에서 이상한 소리가 날 경우 가장 적절한 작업자의 행위는?

① 작업종료 후 조치한다.
② 즉시, 작동을 멈추고 점검한다.
③ 속도가 너무 빠르지 않나 살핀다.
④ 장비를 멈추고 열을 식힌 후 계속 작업한다.

81 연삭기의 안전한 사용방법이 아닌 것은?

① 숫돌측면 사용제한
② 보안경과 방진마스크 착용
③ 숫돌덮개 설치 후 작업
④ 숫돌과 받침대 간격 6mm이상 유지

82 인체에 전류가 흐를 때 위험정도의 결정요인 중 가장 관계가 작은 것은?

① 인체에 전류가 흐른 시간
② 전류가 인체에 통과한 경로
③ 인체의 연령
④ 인체에 흐른 전류크기

1 산업재해

(1) 산업재해의 통상적인 분류

통계적 분류 : 재해예방의 방침을 결정하기 위해 포괄적으로 재해를 통계내기 위하여 사용하는 방법

① 사망 : 업무상 목숨을 잃게 되는 경우
② 중상해 : 부상으로 인하여 8일 이상으로 노동손실을 가져온 상해 정도
③ 경상해 : 부상으로 1일 이상 7일 미만의 노동손실을 가져온 상해 정도
④ 무상해 : 응급처치 이하의 상처로 작업에 종사하면서 치료를 받는 상해 정도

(2) 안전관리

1) 재해예방의 4원칙

① 예방가능의 원칙 : 천재지변을 제외를 한 모든 인위적인 재난은 원칙적으로 보아 예방이 가능하다.
② 손실우연의 법칙 : 사고의 결과로서 생기게 된 재해손실은 사고 당시의 조건에 따라서 우연적으로 발생을 하게 된다. 이에 따라서 재해방지의 대상은 우연성에 좌우가 되는 손실의 방지보다는 사고의 발생 그 자체가 방지가 되어야만 한다.
③ 원인계기(연계)의 원칙 : 사고의 발생에는 반드시 원인이 있고, 대부분 복합적으로 연계가 되므로 모든 원인은 종합적으로 검토가 되어야 한다.
④ 대책선정의 원칙 : 사고의 원인이나 불안전한 요소가 발견이 되면서 반드시 그 대책을 선정을 하고 실시를 하여야 하며, 사고의 예방을 위한 가능한 한 안전대책은 반드시 존재를 한다.

2) 재해율의 계산

① 연천인률 : 연간 근로자 1,000명당 1년간 발생하는 재해자 수

$$연천인률 = \frac{재해자 수}{평균 근로자 수} \times 1,000$$

② 도수율(빈도율) : 도수율은 연 100만 근로 시간당 몇 건의 재해가 발생했는가를 나타낸다.

$$도수율 = \frac{재해건 수}{연근로 시간 수} \times 1,000,000$$

③ 강도율 : 산업재해의 경중의 정도를 알기 위해 많이 사용되며, 근로시간 1,000시간당 발생한 근로손실일수를 뜻한다.

$$강도율 = \frac{근로\,손실일\,수}{연근로\,시간\,수} \times 1,000$$

(3) 하인리히의 법칙(1 : 29 : 300의 법칙)

산업현장에서 불안전 행동이나 불안전 상태를 300회 동안 가볍게 보아 넘겨 그 때 무상해 사고가 일어났다고 해서 그대로 방치하면 결국 그 다음 29건의 경상 상해가 발생하고, 1건의 중대 재해가 발생한다.

1) 하인리히 안전의 3요소

① 관리적 요소
② 기술적 요소
③ 교육적 요소

2) 하인리히 사고 예방 원리 5단계

① 1단계 : 안전관리 조직 – 안전관리 조직과 책임부여, 안전관리 규정의 제정, 안전관리 계획수립
② 2단계 : 사실의 발견 – 자료수집, 작업공정의 분석 및 점검, 위험의 확인 검사 및 조사 실시
③ 3단계 : 평가분석 – 재해 조사의 분석, 안전성의 진단 및 평가, 작업 환경의 측정
④ 4단계 : 시정책의 선정 – 기술적인 개선안, 관리적인 개선안, 제도적인 개선안
⑤ 5단계 : 시정책의 적용 – 목표의 설정 및 실시, 재평가의 실시

(4) 재해의 원인분석

일반적으로 재해를 천재와 인재로 구분하며, 그 구성비율은 천재(불가항력적인 재해)가 전체 재해의 2%, 인재가 98%이며, 인재의 경우에는 불안전 상태의 재해가 10%, 불안전한 행동에 의한 재해가 88% 차지한다.

(5) 위험점의 안전방호 방법

① **격리형 방호장치**
  – 완전차단형 방호장치 : 체인 또는 벨트 등의 동력장치
  – 덮개형 방호 장치 : V벨트나 평벨트 또는 기어가 회전하는 접선방향
  – 안전 방책 : 전기설비 주위의 울타리
② **위치 제한형 방호장치** : 프레스의 양수 조작식 방호
③ **접근 거부형 방호장치** : 책 제본기의 손을 쳐내는 장치
④ **접근 반응형 방호 장치** : 위험 범위 내 감지 동작정지. 프레스, 절단기
⑤ **포집형 방호 장치** : 연삭숫돌 덮개가 조각을 포집

(6) 안전점검의 종류

① **수시점검(일상점검)** : 안전성 유지를 위해 작업 전후 또는 도중에 실시하는 점검
② **정기점검(계획점검)** : 이상의 조기 발견
③ **특별점검(정밀점검)** : 신설, 이전, 변경 및 고장 시에 실시하는 점검
④ **임시점검(이상 발견 시 점검)** : 정기점검 실시 후 다음 정기점검 기일 이전에 임시로 실시하는 부정기 특별점검

(7) 산업재해의 원인

1) 직접적인 원인

• **불안전한 상태적 원인** : 재해, 사고를 일으킬 수 있는 물리적 상태 혹은 환경

물자체 결함	안전 방호장치 결함	복장, 보호구의 결함	물의 배치 및 작업 장소 결함
작업환경의 결함	생산 공정의 결함	경계표시, 설비의 결함	기타

• **불안전한 행동** : 재해, 사고를 일으킬 수 있는 근로자의 행동

위험장소 접근	안전장치의 기능 제거	복장, 보호구의 잘못된 사용	기계, 기구 잘못 사용
운전 중인 기계장치의 손질	불안전한 속도 조작	위험물 취급 부주의	불안전한 상태로 방치
불안전한 자세, 동작	감독 및 연락 불충분		

2) 간접적인 원인

기술적 요인	건물, 기계장치의 설계 불량, 구조, 재료의 부적합, 생산방법의 부적합, 점검, 정비, 보존불량
교육적 원인	안전지식의 부족, 안전수칙의 오해, 경험, 훈련의 미숙, 작업방법의 교육 불충분, 유해, 위험작업의 교육 불충분
신체적 요인	신체적인 결함, 이를테면 두통, 현기증, 간질 등의 병, 근시, 난청 등의 불구, 수면부족 등으로 인한 피로, 술에 취한 것
정신적 원인	태만, 반항, 불만 등의 태도불량, 초조, 긴장, 불화, 마음이 들뜸 등의 정신적인 동요, 편협, 외고집 등의 성격상 결함, 백치 등과 같은 지능적 결함
관리적 원인	최고 관리자의 안전에 대한 책임감의 부족으로 인하여 작업기준의 불명확, 점검보전 제도의 결함, 인사적성 배치의 불비, 근로의욕 침체 등
학교 교육적 원인	초등학교, 중학교, 고등학교, 대학교 등의 조직적인 교육기관에서 안전교육이 철저하지 못한 점에 기인
사회적 또는 역사적 원인	안전에 관한 법규 또는 행정기구의 미비, 사회사상의 미발달, 산업발달의 역사적 경과 등

금지 표지	출입금지	보행금지	차량통행금지	사용금지	탑승금지	금연	화기금지	물체이동금지

경고 표지	인화성물질 경고	산화성물질 경고	폭발성물질 경고	급성독성물 질경고	부식성물질 경고	방사성물질 경고	고압전기 경고	매달린물체 경고
	낙하물 경고	고온 경고	저온 경고	몸균형 상실경고	레이저광선 경고	위험장소 경고	발암성·변이원성· 생식독성·전신독성· 호흡기과민성물질경고	

지시 표지	보안경 착용	방독마스크 착용	방진마스크 착용	보안면 착용	안전모 착용	귀마개 착용	안전화 착용	안전장갑 착용	안전복 착용

안내 표지	녹십자표지	응급구호 표지	들것	세안장치	비상용기구	비상구	좌측비상구	우측비상구

안전·보건표지의 색채, 용도 및 사용례							
색채	색도기준	용도	사용례	색채	색도기준	용도	사용례
빨강	7.5R 4/14	금지	정지신호, 소화설비 및 그 장소, 유해행위의 금지	녹색	2.5G 4/10	안내	비상구 및 피난소, 사람 또는 차의 통행표지
노랑	5Y 8.5/12	경고	위험, 주의표지 또는 기계 방호물	흰색	N9.5	–	파란색 또는 녹색에 대한 보조색
파랑	2.5PB 4/10	지시	특정행위의 지시 및 사실의 고지	검정색	N0.5	–	문자 및 빨간색 또는 노란색에 대한 보조색

1 방호장치의 일반원칙으로 옳지 않은 것은?

① 작업방해의 제거
② 작업점의 방호
③ 외관상의 안전화
④ 기계특성에의 부적합성

2 사고의 직접원인으로 가장 옳은 것은?

① 성격결함
② 불완전한 행동 및 상태
③ 사회적 환경요인
④ 유전적인 요소

3 재해 발생원인 중 직접원인이 아닌 것은?

① 불량 공구 사용
② 교육 훈련 미숙
③ 기계 배치의 결함
④ 작업 조명의 불량

4 화재에 대한 설명이 아닌 것은?

① 화재는 어떤 물질이 산소와 결합하여 연소하면서 열을 방출시키는 산화반응을 말한다.
② 화재가 발생하기 위해서는 가연성 물질, 산소, 발화원이 반드시 필요하다.
③ 전기 에너지가 발화원이 되는 화재를 C급 화재라 한다.
④ 가연성 가스에 의한 화재를 D급 화재라 한다.

5 안전관리 상 인력운반으로 중량물을 운반하거나 들어 올릴 때 발생할 수 있는 재해와 가장 거리가 먼 것은?

① 단전(정전)　　② 협착(압상)
③ 충돌　　　　　④ 낙하

6 유류, 전기화재에 사용되나 실내 사용 시 질식 위험이 있는 소화기는?

① 분말소화기
② 하론소화기
③ 포말소화기
④ C급 소화기

7 전기화재에 적합하며 화점에 분사하는 소화기로 산소를 차단하는 소화기는?

① 분말 소화기
② 이산화탄소 소화기
③ 증발 소화기
④ 포말 소화기

8 다음은 재해발생시 조치요령이다. 조치순서로 가장 적합한 것은?

> 1. 운전정지
> 2. 관련된 또다른 재해방지
> 3. 피해자 구조
> 4. 응급조치

① 1-2-3-4　　② 1-3-4-2
③ 3-2-4-1　　④ 3-4-1-2

9 산업안전보건표지에서 안내표지의 바탕색상은?

① 청색   ② 황색
③ 녹색   ④ 적색

10 밀폐된 공간에서 엔진을 가동할 때 가장 주의해야 할 사항은?

① 진동으로 인한 직업병
② 배출가스 중독
③ 작업 시간
④ 소음으로 인한 추락

11 진동 장애의 예방대책으로 틀린 것은?

① 방진장갑과 귀마개를 착용한다.
② 저진동 공구를 사용한다.
③ 실외작업을 한다.
④ 진동업무를 자동화 한다.

12 화재 및 폭발의 우려가 있는 가스발생장치 작업장에서 지켜야 할 사항으로 맞지 않는 것은?

① 점화원이 될 수 있는 기재 사용금지
② 화기 사용금지
③ 불연성 재료 사용금지
④ 인화성 물질 사용금지

13 점검주기에 따른 안전점검의 종류에 해당되지 않는 것은?

① 특별점검   ② 구조점검
③ 수시점검   ④ 정기점검

14 사고 원인으로서 작업자의 불안전한 행위는?

① 기계의 결함상태
② 작업장 환경 불량
③ 물적 위험상태
④ 안전 조치의 불이행

15 산업공장에서 재해의 발생을 줄이기 위한 방법이 아닌 것은?

① 공구는 소정의 장소에 보관한다.
② 소화기 근처에 물건을 적재한다.
③ 폐기물은 정해진 위치에 모아둔다.
④ 농로나 창문 등에 물건을 세워 놓아서는 안 된다.

16 산소 가스 용기의 도색으로 맞는 것은?

① 녹색   ② 노란색
③ 흰색   ④ 간색

17 생산활동 중 신체장애와 유해물질에 의한 중독 등 직업성 질환에 걸려 나타난 장애를 무엇이라 하는가?

① 안전관리   ② 산업안전
③ 안전사고   ④ 산업재해

18 화재의 분류기준에서 휘발유로 인해 발생한 화재는?

① B급 화재   ② C급 화재
③ A급 화재   ④ D급 화재

19 산소결핍의 우려가 있는 장소에서 착용하는 마스크는?

① 방독마스크
② 가스마스크
③ 송기마스크
④ 방진마스크

20 왕복운동이나, 벨트, 풀리 등 일어나는 사고로 기계의 부분사이에 신체가 끼는 사고는?

① 충격   ② 얽힘
③ 협착   ④ 전도

21 연삭기, 해머 작업 시 해당되지 않는 보호장구는?

① 보안경
② 안전화
③ 안전모
④ 차광안경

22 작업장에서 방진마스크를 착용해야 할 경우는?

① 소음이 심한 작업장
② 산소가 결핍되기 쉬운 작업장
③ 분진이 많은 작업장
④ 온도가 낮은 작업장

23 가스접합 용접장치의 용기 색깔 중 산소용기는?

① 청색
② 황색
③ 적색
④ 녹색

24 다음의 표시가 나타내는 의미는?

① 어름조각
② 폭발물, 인화
③ 독성위험
④ 방사능

25 건설현장의 이동식 전기기계. 기구에 감전 사고 방지를 위한 설비로 맞는 것은?

① 접지 설비(Earth leakage)
② 시건 장치
③ 피뢰기 설비
④ 대지전위상승장치

26 안전교육의 목적으로 맞지 않는 것은?

① 작업에 대한 주의심을 파악할 수 있게 한다.
② 능률적인 표준작업을 숙달시킨다.
③ 소비절약 능력을 배양한다.
④ 위험에 대처하는 능력을 기른다.

27 전기 기기에 의한 감전 사고를 막기 위하여 필요한 설비로 가장 중요한 것은?

① 고압계 설비
② 방폭등 설비
③ 접지설비
④ 대지 전위 상승 설비

28 유류 화재 시 소화방법으로 부적절한 것은?

① ABC소화기를 사용한다.
② 다량의 물을 부어 끈다.
③ B급 화재 소화기를 사용한다.
④ 모래를 뿌린다.

29 소화 작업의 기본요소 중 틀린 것은?

① 연료를 기화시키면 된다.
② 산소를 차단하면 된다.
③ 가연물질을 제거하면 된다.
④ 점화원을 제거시키면 된다.

30 소화 설비를 설명한 내용으로 맞지 않는 것은?

① 포말 소화 설비는 저온 압축한 질소가스를 방사시켜 화재를 진화한다.
② 이산화탄소 소화 설비는 질식 작용에 의해 화염을 진화 시킨다.
③ 분말 소화 설비는 미세한 분말 소화재를 화염에 방사시켜 화재를 진화 시킨다.
④ 물 분무 소화 설비는 연소물의 온도를 인화점 이하로 냉각 시키는 효과가 있다.

31 질식사 유발 가능성에 주의하면서 밀폐된 공간에서 사용 하는 소화기는?

① 이산화탄소 소화기
② 일산화탄소 소화기
③ 포말소화기
④ 모래

32 안전모에 대한 설명으로 바르지 못한 것은?

① 각종 위험으로부터 보호할 수 있는 종류의 안전모를 선택해야 한다.
② 구멍을 뚫어서 통풍이 잘되게 하여 착용한다.
③ 가볍고 성능이 우수하며 머리에 꼭 맞고 충격흡수성이 좋아야 한다.
④ 알맞은 규격으로 성능시험에 합격품이어야 한다.

33 작업장에서 작업복을 착용하는 이유로 가장 옳은 것은?

① 재해로부터 작업자의 몸을 보호하기 위해서
② 작업자의 직책과 직급을 알리기 위해서
③ 작업자의 복장 통일을 위해서
④ 작업장의 질서를 확립시키기 위해서

34 중량물 운반 작업 시 착용하여야 할 안전화로 가장 적절한 것은?

① 중 작업용
② 경 작업용
③ 절연용
④ 보통 작업용

35 사고를 일으킬 수 있는 직접적인 재해의 원인은?

① 불안전한 행동의 원인
② 교육적 원인
③ 기술적 원인
④ 작업관리의 원인

36 안전수칙을 지킴으로 발생될 수 있는 효과로 거리가 가장 먼 것은?

① 기업의 투자경비가 늘어난다.
② 기업의 이직률이 감소된다.
③ 상하 동료 간의 인간관계가 개선된다.
④ 기업의 신뢰도를 높여준다.

37 안전 관리의 목적으로 가장 거리가 먼 것은?

① 인적 재산손실 예방(인명의 존중)
② 작업환경 개선
③ 사회복지의 증진
④ 생산성, 경제성의 향상

38 인화성 물질 중 틀린 것은?

① 아세틸렌가스
② 프로판가스
③ 질소가스
④ 메탄가스

39 산업안전 업무의 중요성과 가장 거리가 먼 것은?

① 생산 작업 능률을 향상 시킨다.
② 기업경영의 이득에 이바지 한다.
③ 경비를 절약할 수 있다.
④ 작업자의 안전에는 큰 영향이 없다.

40 감전사고로 의식불명의 환자에게 적절한 응급조치는 어느 것인가?

① 전원을 차단하고, 온수를 준다.
② 전원을 차단하고, 찬물을 준다.
③ 전기충격을 가한다.
④ 전원을 차단하고, 인공호흡을 시킨다.

41 호흡용 보호구의 종류 중 틀린 것은?

① 방진 마스크
② 방독 마스크
③ 흡입 마스크
④ 송기 마스크

42 다음 중 재해조사의 주된 목적은?

① 같은 종류의 사고가 반복되지 않도록 하기 위해
② 예산을 증액시키기 위해
③ 벌을 주기 위해
④ 인원을 충원하기 위해

43 운반기계의 안전을 위한 주의사항 중 틀린 것은?

① 여러 가지 물건을 적재할 때 가벼운 것을 밑에, 무거운 것을 위에 쌓는다.
② 운반기계의 동요로 파괴의 우려가 있는 짐은 반드시 로프로 묶는다.
③ 규정 중량 이상은 적재하지 않는다.
④ 부피가 큰 것을 쌓아 올릴 때 시야확보에 주의하여야 한다.

44 안전교육의 기본 원칙 중 틀린 것은?

① 어려운 것에서 쉬운 것으로
② 반복식 교육
③ 동기 부여
④ 피교육자 위주의 교육

45 재해 방지의 3 단계에 해당하지 않는 것은?

① 강요실행 혹은 독려
② 기술개선
③ 교육훈련
④ 불안전한 행위

46 그라인더의 숫돌에 커버를 설치하는 주된 목적은?

① 숫돌의 떨림을 방지하기 위해서
② 분진이 나는 것을 방지하기 위해서
③ 그라인더 숫돌의 보호를 위해서
④ 숫돌의 파괴 시 그 조각이 튀어 나오는 방지하기 위해서

47 안전보건관리책임자가 총괄 관리해야 할 사항으로 가장 거리가 먼 것은?

① 작업에서 발생한 산업재해에 관한 응급조치
② 근로자의 안전·보건 교육
③ 산업재해의 원인 조사 및 재발 방지대책
④ 수립작업환경의 점검 및 개선

48 산업재해로 인한 작업능력의 손실을 나타내는 척도를 무엇이라 하는가?

① 연천인율   ② 천인율
③ 도수율   ④ 강도율

49 보안경의 구비조건이 아닌 것은?

① 가격이 고가일 것
② 내구성이 있을 것
③ 착용할 때 편안할 것
④ 유해·위험요소에 대한 방호가 완전할 것

50 다음 중 반드시 앞치마를 사용하여야 하는 작업은?

① 전기용접작업   ② 선반작업
③ 목공작업   ④ 드릴작업

51 다음 중 일반적인 재해 조사방법으로 적절하지 않은 것은?

① 재해현장은 사진 등으로 촬영하여 보관하고 기록한다.
② 현장의 물리적 흔적을 수집한다.
③ 재해조사는 사고 종결 후에 실시한다.
④ 목격자, 현장 책임자 등 많은 사람들에게 사고 시의 상황을 듣는다.

52 화재 발생 시 초기 진화를 위해 소화기를 사용하고자 할 때, 다음 보기에서 소화기 사용방법에 따른 순서로 맞는 것은?

[보기]
a. 안전핀을 뽑는다.
b. 안전핀 걸림 장치를 제거한다.
c. 손잡이를 움켜잡아 분사한다.
d. 노즐을 불이 있는 곳으로 향하게 한다.

① c → a → b → d
② a → b → c → d
③ d → b → c → a
④ b → a → d → c

53 다음은 화재 발생상태의 소화방법이다. 잘못된 것은?

① C급 화재 : 이산화탄소, 하론 가스, 분말소화기를 사용하여 소화
② B급 화재 : 포말, 이산화탄소, 분말소화기를 사용하여 소화
③ D급 화재 : 물을 사용하여 소화
④ A급 화재 : 초기에는 포말, 감화액, 분말소화기를 사용하여 진화, 불길이 확산되면 물을 사용하여 소화

54 교류아크용접기의 감전방지용 방호장치에 해당하는 것은?

① 전자계전기
② 자동전격방지기
③ 2차 권선장치
④ 전류조정장치

55 소화설비 선택 시 고려하여야 할 사항으로 틀린 것은?

① 작업의 성질   ② 작업장의 환경
③ 작업자의 성격   ④ 화재의 성질

56 사고의 직접적인 원인으로 가장 옳은 것은?

① 유전적인 요소
② 불안전한 행동 및 상태
③ 성격결함
④ 사회적 환경요인

57 화재의 분류기준이 아닌 것은?

① A급 화재: 고체 연료성 화재
② B급 화재: 액상 또는 기체상의 연료성 화재
③ D급 화재: 금속화재
④ C급 화재: 가스화재

58 사고의 원인 중 가장 많은 부분을 차지하는 것은?

① 불가항력   ② 불완전한 지시
③ 불완전한 환경   ④ 불완전한 행동

59 중량물 운반에 대한 설명이 아닌 것은?

① 무거운 물건을 운반할 경우 주위사람에게 인지하게 한다.
② 흔들리는 중량물은 사람이 붙잡아서 이동한다.
③ 무거운 물건을 상승시킨 채 오랫동안 방치하지 않는다.
④ 규정 용량을 초과해서 운반하지 않는다.

60 수소가스와 이산화탄소 용기의 색은?

① 녹색, 황색   ② 주황색, 파랑색
③ 파랑색, 녹색   ④ 파랑색, 황색

61 안전 보건표지에서 안내 표지의 바탕색은?

① 흑색   ② 백색
③ 녹색   ④ 적색

62 금속화재의 소화기로 적당한 것은?

① ABC소화기
② 건조사
③ 포말 소화기
④ 이산화 탄소 소화기

63 다음 중 자연발화성 및 금속물질이 아닌 것은?

① 칼슘　　② 나트륨
③ 탄소　　④ 알미늄

64 산업안전보건법상 안전보건표지에서 색채와 용도가 틀리게 짝지어진 것은?

① 빨간색 : 금지
② 노란색 : 위험
③ 녹 색 : 안내
④ 파란색 : 지시

65 안전표지의 종류 중 바르게 연결된 것은?

① 지시 – 방진마스크 착용
② 금지 – 녹십자표지
③ 경고 – 비상구
④ 경고 – 응급구호표지

66 선풍기 회전날개로 인한 안전장치는?

① 과부하방지 장치
② 역회전 보디
③ 로터
④ 덮개 및 그물망

67 아크용접기에서 감전방지 장치는?

① 전류보호기
② 자동전격감지기
③ 2차권선코일
④ 퓨저블링크

68 다음 그림과 같이 고압 가동전선로 설치하는데 B 의 명칭은?

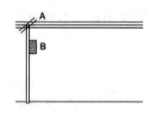

① 현수애자
② 주상 변압기
③ 피뢰기
④ 라인포스트 애자

69 하인리히 안전의 3 요소가 아닌 것은?

① 관리적 요소　　② 교육적 요소
③ 기술적 요소　　④ 자본적 요소

70 체인의 부하를 조절할 수 있는 것은?

① 체인조정볼트 위
② 체인조정볼트 아래
③ 롤러 서포트
④ 마스트

71 작업별 안전보호구의 착용이 잘못 연결된 것은?

① 아크용접 작업 – 도수가 있는 렌즈 안경
② 그라인딩 작업 – 보안경
③ 산소 결핍장소에서의 작업 – 공기 마스크
④ 10m 높이에서 작업 – 안전벨트

72 작업장에서 휘발유화재가 일어났을 경우 가장 적합한 소화방법은?

① 불의확대를 막는 덮개의 사용
② 물 호스의 사용
③ 소다소화기의 사용
④ 탄산가스 소화기의 사용

73 안전·보건표지의 종류와 형태에서 그림의 안전표지판이 나타내는 것은?

① 보행금지   ② 사용금지
③ 출입금지   ④ 작업금지

74 폭발의 우려가 있는 가스 또는 분진이 발생하는 장소에서 지켜야 할 사항에 속하지 않는 것은?

① 화기의 사용금지
② 불연성 재료의 사용금지
③ 인화성 물질 사용금지
④ 점화의 원인이 될 수 있는 기계 사용금지

75 구급처치 중에서 환자의 상태를 확인하는 사항과 가장 거리가 먼 것은?

① 상처   ② 격리
③ 의식   ④ 출혈

76 다음 중 화재진압의 사용 물품이 아닌 것은?

① 스프링클러   ② 스위치
③ 건조사   ④ 소화기

77 사고의 원인 중 불안전한 행동이 아닌 것은?

① 부적당한 속도로 기계장치
② 허가 없이 기계장치 운전
③ 사용 중인 공구에 결함 발생
④ 운전작업 중에 안전장치 기능 제거

78 일반가연성 물질의 화재로서 물질이 연소된 후 재를 남기는 화재는?

① C급화재   ② B급화재
③ D급화재   ④ A급화재

79 산업안전보건표지의 응급구호판의 색상은?

① 황색   ② 보라색
③ 적색   ④ 녹색

80 다음 중 인화성이 없는 물질은?

① 산소   ② 가솔린
③ 아세틸렌   ④ 프로판가스

81 다음 중 불가항력에 해당되지 않는 것은?

① 전쟁 또는 사변
② 악천후 전염병, 폭동
③ 지진, 화재
④ 불안전 작업장

82 벨트 전동장치에 내제된 위험적 요소로 의미가 다른 것은?

① 충격(impact)
② 트랩(trap)
③ 접촉(contact)
④ 말림(entanglement)

83 수소가스와 이산화탄소 용기의 색상으로 맞는 것은?

① 파랑색 녹색
② 주황색 파랑색
③ 녹색 황색
④ 파랑색 황색

84 가스용접의 안전사항으로 적합하지 않은 것은?

① 용접가스를 들이마시지 않도록 한다.
② 산소누설 시험에는 비눗물을 사용한다.
③ 토치 끝으로 용접물의 위치를 바꾸면 안된다.
④ 토치에 점화시킬 때에는 산소밸브를 먼저 열고 다음에 아세틸렌 밸브를 연다.

85 그라인더 작업 시 주의사항으로 틀린 것은?

① 연마 작업 시 보호안경을 착용할 것
② 반드시 규정 속도를 유지할 것
③ 작업 전에 숫돌의 균열 유무를 확인할 것
④ 연삭 시 숫돌차와 받침대 간격은 항상 10mm 이상 유지할 것.

86 사고의 원인 중 불안전한 행동이 아닌 것은?

① 허가 없이 기계장치 운전
② 장갑을 착용하지 않고 해머작업
③ 작업 중에 안전장치 기능 제거
④ 부적당한 속도로 기계장치 운전

87 자동차에서 팔을 차체 밖으로 내어 45°밑으로 펴서 상하로 흔들고 있을 때의 신호는?

① 주의 신호
② 정지 신호
③ 서행 신호
④ 앞지르기 신호

88 안전사고와 부상의 종류에서 재해의 분류상 중상해는?

① 부상으로 1주 이상의 노동손실을 가져온 상해 정도
② 부상으로 2주 이상의 노동손실을 가져온 상해 정도
③ 부상으로 3주 이상의 노동손실을 가져온 상해 정도
④ 부상으로 4주 이상의 노동손실을 가져온 상해 정도

89 화재현장에서 산소를 차단하는 소화기는?

① 분말소화기
② 포말 소화기
③ 증발소화기
④ 이산화탄소 소화기

90 외부에 도시가스 배관을 설치 시 표시할 내용은?

① 가스배관의 깊이
② 가스배관의 방향
③ 가스배관의 높이
④ 가스

91 감전 사고가 일어날 수 있는 작업장에서 사고 예방을 위해 할 수 있는 일과 거리가 먼 것은?

① 누전차단기 대신 배선용 차단기를 설치한다.
② 모든 이상 유무를 확인한 후 전기기기 등의 전원을 투입한다.
③ 모든 작업자가 작업이 완료된 전기기기 등에서 떨어져 있는지를 확인한다.
④ 작업기구, 단락 접지기구 등을 제거하고 전기기기 등이 안전하게 통전될 수 있는지를 확인한다.

92 유류화재 시 소화용으로 가장 거리가 먼 것은?

① 모래   ② ABC소화기
③ B급 소화기   ④ 물

93 먼지가 많이 나는 장소에서 사용하는 마스크는?

① 산소마스크   ② 방독면
③ 송기마스크   ④ 방진 마스크

94 작업장에서 안전모를 쓰는 이유는?

① 작업원의 사기 진작을 위해
② 작업원의 안전을 위해
③ 작업원의 멋을 위해
④ 작업원의 합심을 위해

95 안전, 보건표지의 종류와 형태에서 그림의 안전 표지판이 나타내는 것은?

① 병원 표지　　② 녹십자 표지
③ 비상구 표지　④ 안전제일 표지

96 지면에 묻어야 할 전기케이블의 깊이가 차량의 중량을 받을 때 적정한 깊이는?

① 0.6m　　② 0.3m
③ 2m　　　④ 1.2m

97 작업장에서 안전모, 작업화, 작업복을 착용하도록 하는 이유로 가장 적합한 것은?

① 작업자의 복장을 통일하기 위하여
② 작업자의 정신 통일을 위하여
③ 작업자의 안전을 위하여
④ 공장의 미관을 위하여

98 고압전기 작업 시 사용하는 장갑으로 옳은 것은?

① 화섬장갑　② 면장갑
③ 고무장갑　④ 절연장갑

99 산업안전 보건표지에서 없는 것은?

① 모양　　② 색상
③ 재질　　④ 용도

100 재해조사 목적을 가장 옳게 설명한 것은?

① 재해발생에 대한 통계를 작성하기 위하여
② 작업능률 향상과 근로기강 확립을 위하여
③ 적절한 예방대책을 수립하기 위하여
④ 재해를 발생케 한 자의 책임을 추궁하기 위하여

101 전기설비에서 차단기의 종류 중 ELB (Earth Leakage Circuit Breaker)는 어떤 차단기인가?

① 유입차단기　　② 진공차단기
③ 누전차단기　　④ 가스차단기

102 근로자가 작업 중 평면 또는 경사면, 층계 등에서 미끄러지거나 넘어져서 발생하는 재해를 무엇이라 하는가?

① 전도　　② 협착
③ 비래　　④ 낙하

103 작업장에서 지킬 안전사항 중 아닌 것은?

① 안전모는 반드시 착용한다.
② 고압전기, 유해가스
③ 해머작업을 할 때는 장갑을 착용한다.
④ 기계의 주유 시는 동력을 차단한다.

104 다음 중 보호구를 선택할 때의 유의사항으로 아닌 것은?

① 작업행동에 방해되지 않을 것
② 사용목적에 구애받지 않을 것
③ 보호구 성능기준에 적합하고 보호성능이 보장될 것
④ 착용이 용이하고 크기 등 사용자에게 편리할 것

105 산업안전보건법령상 안전 보건 표지의 종류 중 다음 그림에 해당하는 것은?

① 산화성 물질 경고
② 인화성 물질 경고
③ 폭발성 물질 경고
④ 급성독성 물질 경고

106 B급 화재에 대한 설명으로 옳은 것은?

① 목재, 섬유류 등의 화재로서 일반적으로 냉각소화를 한다.
② 유류 등의 화재로서 일반적으로 질식효과 (공기 차단)로 소화한다.
③ 전기기기의 화재로서 일반적으로 전기절연성을 갖는 소화제로 소화한다.
④ 금속나트륨 등의 화재로서 일반적으로 건조사를 이용한 질식효과로 소화한다.

107 촉발의 우려가 있는 가스 또는 분진이 발생하는 장소에서 지켜야 할 사항에 속하지 않는 것은?

① 화기 사용금지
② 인화성 물질 사용금지
③ 불연성 재료의 사용금지
④ 점화의 원인이 될 수 있는 기계 사용금지

108 안전 보건표지의 종류와 형태에서 그림의 표지로 맞는 것은?

① 비상구
② 안전제일
③ 응급 구호 표지
④ 들것 표지

109 산업재해 원인은 직접원인과 간접원인으로 구분되는데 다음 직접원인 중에서 불안전한 행동에 해당되지 않는 것은?

① 허가 없이 장치를 운전
② 불충분한 경보 시스템
③ 결함 있는 장치를 사용
④ 개인 보호구 미사용

110 물체의 낙하, 비래, 추락, 감전에 의한 근로자의 머리를 보호하기 위해 선택하여야 하는 안전모는?

① A형   ② ABE형
③ AB형   ④ AE형

111 시력을 교정하고 비산물로부터 눈을 보호하기 위한 보안경은?

① 고글형 보안경
② 유리 보안경
③ 도수 렌즈 보안경
④ 플라스틱 보안경

112 산업안전 보건표지에서 그림이 나타내는 것은?

① 비상구 없음 표지   ② 방사선위험 표지
③ 탑승금지 표지   ④ 보행금지 표지

113 위의 산업안전표시의 명칭으로 맞는 것은?

① 안전제일   ② 임산부
③ 비상구   ④ 안전복 착용

114 안전·보건표시의 종류와 형태에서 그림의 안전표시판이 나타내는 것은?

① 보행금지   ② 탑승금지
③ 사용금지   ④ 물체이동금지

115 화재발생시 연소조건으로 틀린 것은?

① 산소　　　　② 점화원
③ 발화시기　　④ 가연성물질

116 산업안전보건에서 안전표지의 종류로 틀린 것은?

① 위험표지　　② 안내표지
③ 경고표지　　④ 금지표지

117 아세틸렌 용접장지의 방호장치는?

① 덮개
② 안전기
③ 제동장치
④ 자동전격방지기

118 선반작업, 드릴작업, 목공기계작업, 연삭작업, 해머작업 등을 할 때 착용하면 불안전한 보호구는?

① 장갑　　　　② 귀마개
③ 안전복　　　④ 방진안경

119 일반 화재 발생장소에서 화염이 있는 곳으로부터 대피하기 위한 요령이다. 보기 항에서 맞는 것을 모두 고른 것은?

> a. 머리카락, 얼굴, 발, 손 등을 불과 닿지 않게 한다.
> b. 수건에 물을 적셔 코와 입을 막고 탈출한다.
> c. 몸을 낮게 엎드려서 통과한다.
> d. 옷을 물로 적시고 통과한다.

① a　　　　　　② a, b, c
③ a, c　　　　 ④ a, b, c, d

120 연삭기에서 연삭칩의 비산을 막기 위한 안전 방호장치는?

① 양수 조작식 방호장치
② 광전식 안전 방호장치
③ 안전 덮개
④ 급정지 장치

121 가동하고 있는 엔진에서 화재가 발생하였다. 불을 끄기 위한 조치 방법으로 가장 올바른 것은?

① 포말 소화기를 사용 후 엔진 시동스위치를 끈다.
② 원인분석을 하고 모래를 뿌린다.
③ 엔진 시동스위치를 끄고 ABC 소화기를 사용한다.
④ 엔진을 급가속하여 팬의 강한 바람을 일으켜 불을 끈다.

122 동력 전달장치에서 가장 재해가 많이 발생하는 것은?

① 차축　　　　② 기어
③ 피스톤　　　④ 벨트

123 작업장에서 전기가 예고 없이 정전 되었을 경우 전기로 작동하던 기계기구의 조치방법이 아닌 것은?

① 즉시 스위치를 끈다.
② 퓨즈의 단선 유, 무를 검사한다.
③ 안전을 위해 작업장을 정리해 놓는다.
④ 전기가 들어오는 것을 알기 위해 스위치를 켜둔다.

124 경고표지로 사용되지 않는 것은?

① 방진마스크 경고
② 급성독성물질 경고
③ 낙하물 경고
④ 인화성 물질경고

125 소화기 종류가 잘못된 것은?

① A급 : 일반 화재
② C급 : 섬유 화재
③ D급 : 금속 화재
④ B급 : 유류 화재

126 스크루 또는 머리에 홈이 있는 볼트를 박거나 뺄 때 사용하는 스크루 드라이버의 크기는 무엇으로 표시하는가?

① 손잡이를 제외한 길이
② 섕그(shank)의 두께
③ 포인트(tip)의 너비
④ 손잡이를 포함한 전체 길이

127 폭발의 우려가 있는 가스 또는 분진을 발생하는 장소에서 지켜야 할 일에 속하지 않는 것은?

① 불연성 재료의 사용금지
② 화기의 사용금지
③ 인화성 물질 사용금지
④ 점화의 원인이 될 수 있는 기계 사용금지

128 소화 작업에 대한 설명 중 틀린 것은?

① 가열물질의 공급을 차단시킨다.
② 유류화재시 표면에 물을 붓는다.
③ 산소의 공급을 차단한다.
④ 점화원을 발화점 이하의 온도로 낮춘다.

129 다음 그림은 안전표지의 어떠한 내용을 나타내는가?

① 지시표지   ② 금지표지
③ 경고표지   ④ 안내표지

130 인양 물체의 중심을 측정하여 인양하여야 한다. 다음 중 잘못된 것은?

① 와이어로프나 매달기용 체인이 벗겨질 우려가 있으면 되도록 높이 인양한다.
② 인양 물체를 서서히 올려 지상 약 30cm지점에서 정지 확인한다.
③ 인양 물체의 중심이 높으면 물체가 기울 수 있다.
④ 형상이 복잡한 물체의 무게 중심을 목측한다.

지·게·차·운·전·기·능·사

도로주행

- 건설기계관리법
- 도로교통법

03

건설기계관리법

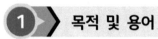 목적 및 용어

(1) 목적

건설기계의 등록, 검사, 형식승인 및 건설기계 사업과 건설기계조종사 면허 등에 관한 사항을 정하여 건설기계를 효율적으로 관리하고 건설기계의 안전도를 확보함으로써 건설공사의 기계화를 촉진한다.

(2) 용어

건설기계		건설공사에 사용할 수 있는 기계
건설기계 사 업	건설기계 대여업	건설기계를 대여함을 업으로 하는 것
	건설기계 정비업	건설기계를 분해, 조립 또는 수리하고 그 부품을 가공제작, 교체하는 등 건설기계의 원활한 사용을 위한 일체의 행위를 함을 업으로 하는 것
	건설기계 매매업	중고건설기계의 매매 또는 매매의 알선과 그에 따른 등록사항에 관한 변경신고의 대행을 업으로 하는 것
	건설기계 폐기업	건설기계의 장치를 그 성능을 유지할 수 없도록 해체하거나 압축, 파쇄, 절단 또는 용해하는 것을 업으로 하는 것
중고건설기계		건설기계를 제작, 조립 또는 수입한 자로부터 법률행위 또는 법률의 규정에 의해 건설기계를 취득한 때부터 사실상 그 성능을 유지 할 수 없을 때까지의 건설기계
건설기계형식		건설기계의 구조, 규격 및 성능 등에 관하여 일정하게 정한 것

(3) 건설기계의 범위 - 27종(26종 외 특수건설기계)

번호	건설기계명	범 위
01	불도저	무한궤도 또는 타이어식인 것
02	굴착기	무한궤도 또는 타이어식으로 굴삭장치를 가진 자체중량 1톤 이상인 것
03	로더	무한궤도 또는 타이어식으로 적재장치를 가진 자체중량 2톤 이상인 것
04	지게차	타이어식으로 들어올림장치와 조종석을 가진 것. 다만, 전동식으로 솔리드타이어를 부착한 것 중 도로(「도로교통법」 제2조제1호에 따른 도로를 말하며, 이하 같다)가 아닌 장소에서만 운행하는 것은 제외한다.
05	스크레이퍼	흙. 모래의 굴삭 및 운반장치를 가진 자주식인 것
06	덤프트럭	적재용량 12톤 이상인 것(단 적재용량 12톤 이상 20톤 미만의 것으로 화물운송에 사용하기 위해 자동차관리법에 의한 자동차로 등록 된 것 제외)
07	기중기	무한궤도 또는 타이어식으로 강재의 지주 및 선회장치 가진 것(단. 궤도(레일)식인 것은 제외)
08	모터그레이더	정지장치를 가진 자주식인 것
09	롤러	조종석과 전압장치를 가진 자주식인 것. 피견인 진동식인 것
10	노상안정기	노상안정장치를 가진 자주식인 것
11	콘크리트 뱃칭플렌트	골재저장통. 계량장치 및 혼합장치를 가진 것으로서 원동기를 가진 이동식인 것
12	콘크리트 피니셔	정리 및 사상장치를 가진 것으로 원동기를 가진 것
13	콘크리트 살포기	정리장치를 가진 것으로 원동기를 가진 것
14	콘크리트 믹서트럭	혼합장치를 가진 자주식인 것(재료의 투입. 배출을 위한 보조장치가 부착된 것 포함)
15	콘크리트 펌프	콘크리트배송능력이 매시간당 5㎥이상으로 원동기를 가진 이동식과 트럭적재식인 것
16	아스팔트 믹싱플랜트	골재공급장치, 건조가열장치, 혼합장치, 아스팔트공급장치를 가진 것으로 원동기를 가진 이동식인 것
17	아스팔트피니셔	정리 및 사상장치를 가진 것으로 원동기를 가진 것
18	아스팔트살포기	아스팔트살포장치를 가진 자주식인 것
19	골재살포기	골재살포장치를 가진 자주식인 것
20	쇄석기	20kw이상의 원동기를 가진 이동식인 것
21	공기압축기	공기토출량이 매분당 2.83㎥(매cm²당 7kg기준) 이상의 이동식인 것
22	천공기	천공장치를 가진 자주식인 것
23	항타 및 항발기	원동기를 가진 것으로 해머 또는 뽑는 장치의 중량이 0.5톤 이상인 것
24	사리채취기	사리채취 장치를 가진 것으로 원동기를 가진 것
25	준설선	펌프식, 버킷식, 디퍼식 또는 그래브식으로 비자항식인 것
26	특수건설기계	건설기계와 유사한 구조 및 기능을 가진 기계류로서 국토교통부장관이 따로 정하는 것
27	타워크레인	수직타워의 상부에 위치한 지브를 선회시켜 중량물을 상하, 전후 또는 좌우로 이동시킬 수 있는 것으로 원동기 또는 전동기를 가진 것

(1) 건설기계의 등록

등록의 신청	건설기계의 소유자는 건설기계등록신청서를 건설기계소유자의 주소지 또는 건설기계의 사용본 거지를 관할하는 특별시장, 광역시장, 특별자치시장, 도지사 또는 특별자치도지사에게 제출하여야 한다.
등 록 신청기간	– 건설기계를 취득한 날(판매를 목적으로 수입된 건설기계는 판매한 날)부터 2월 이내 – 전시. 사변 기타 이에 준하는 국가비상사태하에 있어서는 5일 이내

(2) 미등록 건설기계의 사용 금지

건설기계는 등록을 한 후가 아니면 이를 사용하거나 운행하지 못하고 일시적으로 운행하는 경우에는 임시번호표를 부착하여야 한다.

임시운행사유	임시운행 기간
– 등록신청을 하기 위해 건설기계를 등록지로 운행 시 – 신규등록검사 및 확인검사를 받기 위해 건설기계를 검사장소로 운행 시 – 수출을 하기 위해 건설기계를 선적지로 운행 시 – 판매 또는 전시를 위해 건설기계를 일시적으로 운행 시	15일 이내
신개발 건설기계를 시험. 연구의 목적으로 운행 시	3년

(3) 등록사항의 변경신고 및 이전

변경신고자 (매도 및 매수시)	– 건설기계의 소유자 또는 점유자 – 건설기계매매업자(매수인이 직접 변경신고 하는 경우 제외) – 변경신고 당시 건설기계등록원부에 기재된 소유자
변경신고기간	– 건설기계등록사항에 변경(주소지. 사용본거지 변경된 경우 제외)이 있는 날부터 30일 (상속의 경우에는 상속개시일부터 3개월)이내 – 전시. 사변 기타 이에 준하는 국가비상사태하에 있어서는 5일
변경신고 시 첨부 서류	– 변경내용을 증명하는 서류, 건설기계등록증, 건설기계검사증 (정기검사를 받아야 하는 건설기계)
등록의 이전	– 건설기계의 소유자는 등록한 주소지 또는 사용본거지가 변경된 경우(특별시. 광역시 및 도간의 변경 있는 경우)에는 그 변경이 있는 날부터 30일(상속의 경우에는 상속개시 일 부터 3개월) 이내에 건설기계등록이전신고서에 소유자의 주소 또는 건설기계의 사용 본 거지의 변경사실을 증명하는 서류와 건설기계등록증 및 건설기계검사증을 첨부하여 새로운 등록지를 관할하는 시·도지사에게 제출

(4) 등록의 말소

1) 등록말소 사유

그 소유자의 신청이나 직권으로 등록 말소	– 건설기계가 천재지변 또는 이에 준하는 사고 등으로 사용할 수 없게 되거나 멸실 된 때 　(등록말소신청기한 : 30일 이내) – 건설기계의 차대가 등록 시의 차대와 다른 때 – 건설기계의 안전기준에 적합하지 않은 때 – 최고를 받고 지정된 기한까지 정기검사를 받지 않을 때 – 건설기계를 수출하는 때(등록말소신청기한 : 수출 전) – 건설기계를 도난당한 때(등록말소신청기한 : 2월 이내) – 구조적 제작결함 등으로 건설기계를 제작. 판매자에게 반품한 때(등록말소신청기한 : 30일 이내) – 건설기계를 교육. 연구목적으로 사용하는 때(등록말소신청기한 : 30일 이내)
시·도지사의 직권으로 등록말소	– 거짓 그 밖의 부정한 방법으로 등록을 한때 – 건설기계를 폐기한 때(등록말소신청기한 : 30일 이내)

2) 등록말소서류

건설기계등록말소신청서, 건설기계등록증, 건설기계검사증, 멸실·도난·수출·폐기· 반품 및 교육·연구목적 사용 등 등록말소사유를 확인할 수 있는 서류

3) 시·도지사는 등록을 말소하고자 할 때에는 미리 그 뜻을 건설기계의 소유자 및 이해관계인에게 통지하여야 하며 통지 후 1개월(저당권이 등록된 경우에는 3개월)이 경과한 후가 아니면 이를 말소할 수 없다.

> 제39조의3 (건설기계 등록 등의 신청에 관한 특례) 건설기계의 소유자는 제3조·제5조·제6조에도 불구하고 건설기계의 등록, 등록사항의 변경신고, 등록말소를 할 때에는 건설기계 소유자의 주소지 또는 건설 기계의 사용본거지를 관할하지 아니하는 시·도지사에게도 신청할 수 있다.

(5) 등록의 표시 및 등록번호표

1) 등록의 표식

등록된 건설기계에는 등록번호표를 부착 및 봉인하고 등록번호를 새겨야 하고, 건설기계소유자 는 등록번호표 또는 그 봉인이 떨어지거나 알아보기 어렵게 된 때에는 시·도지사에게 등록번호표 의 부착 및 봉인을 신청하여야 한다. 누구든지 등록번호표를 가리거나 훼손하여 알아보기 곤란하 게 하면 않되며 그러한 건설기계를 운행하면 안된다.

건설기계 용도	등록번호표 색상	등 록 번 호
관 용	흰색 판에 검은색 문자	0001~0999
자가용	흰색 판에 검은색 문자	1000~5999
대여업용	주황색 판에 검은색 문자	6000~9999

2) 등록 번호표

등록번호의 표시	– 건설기계등록번호표에는 등록관청. 용도. 기종 및 등록번호를 표시할 것 – 등록번호표는 압형으로 제작 – 재질 : 철판 또는 알루미늄판
등록번호표 제작자 지정	– 등록번호표의 제작과 등록번호의 새김을 업으로 하고자 하는 자는 시·도지사의 지정을 받을 것 – 시·도지사가 등록번호표 제작자 지정을 취소할 수 있는 경우 • 사위 기타 부정한 방법으로 등록번호표를 제작하거나 등록번호를 새긴 때 • 정당한 사유 없이 등록번호표의 제작 또는 등록번호의 새김을 거부한 때
등록번호표 제작자 지정사항 변경신고	– 등록번호표 제작자는 지정받은 사항의 변경신고를 하고자 하는 때에는 등록번호표제작자 지정사항변경신고서에 그 변경하고자 하는 내용을 기재한 서류를 첨부하여 사업장소재지를 관할하는 시·도지사에게 제출
등록번호표 제작 등의 통지	– 시·도지사가 건설기계소유자에게 등록번호표 제작 등을 할 것을 통지. 명령하는 경우 : 건설기계의 등록을 한때, 등록이전 신고를 받은 때, 등록번호표의 재부착 등의 신청을 받은 때, 건설기계의 등록번호를 식별하기 곤란한 때, 등록사항의 변경신고를 받아 등록번호표 의 용도구분을 변경 한 때 – 통지서 또는 명령서를 받은 건설기계소유자는 그 받은 날부터 3일 이내에 등록 번호표 제작자에게 그 통지서(명령)서를 제출하고 등록번호표제작 등을 신청 – 등록번호표 제작자는 등록번호표 제작 등의 신청을 받은 때에는 7일 이내에 등록번호표제작 등을 하고 등록번호표제작 등 통지(명령)서는 이를 3년간 보존
등록번호표 반납	– 건설기계의 등록이 말소되거나 건설기계의 등록사항 중 등록된 건설기계의 소유자의 주소 지 또는 사용본거지의 변경(특별시, 광역시 및 도간의 변경에 한함)과 등록번호의 변경이 있거나 등록번호표의 부착 및 봉인을 신청하는 때에는 10일 이내에 등록번호표의 봉인을 떼어 낸 후 그 등록번호표를 시·도지사에게 반납 (천재지변 또는 이에 준하는 사고 등으로 사용할 수 없게 되거나 멸실, 도난, 폐기 시는 제외) – 건설기계소유자가 등록번호표를 반납하고자 하는 때에는 등록지의 시·도지사에게 이를 반납하고 시·도지사는 반납받은 등록번호표를 절단하여 폐기할 것
등록번호표의 재부착	– 건설기계소유자가 등록번호표나 봉인이 없어지거나 헐어 못쓰게 되어 이를 다시 부착하거 나 봉인하고자 하는 때에는 건설기계등록번호표 제작 등 신청서에 등록번호표 (헐어 못쓰게 된 경우)를 첨부하여 등록지의 시·도지사에게 제출 – 시·도지사는 반납 받은 등록번호표를 절단하여 폐기할 것

(1) 검사의 종류

신규등록검사	– 건설기계를 신규로 등록 할 때 실시하는 검사 – 신규등록검사를 받으려는 자는 신규등록검사 신청서에 건설기계등록신청서 사본과 안전도검사증명서(수상작업용건설기계)를 첨부하여 등록지의 시·도지사에게 제출(검사대행을 하게 한 경우에는 검사대행자에게 제출)
정기검사	– 건설공사용 건설기계로서 3년의 범위 내에서 국토교통부령으로 정하는 검사유효기간의 만료 후에 계속하여 운행하고자 할 때 실시하는 검사 및 운행자의 정기검사 – 정기검사를 받으려는 자는 검사유효기간의 만료일 전후 각각 31일 이내의 기간(정기검사신청기간)에 정기검사신청서에 보험 또는 공제의 가입을 증명하는 서류를 첨부하여 시·도지사에게 제출(검사대행을 하게 한 경우에는 검사대행자에게 제출—대한건설기계 안전관리원) 6개월 : 타워크레인 1년 : 기중기(타이어식, 트럭적재식), 아스팔트 살포기, 콘크리트 믹서트럭, 덤프트럭, 굴착기(타이어식), 콘크리트 펌프(트럭적재식), 천공기 2년 : 모터그레이더, 로더(타이어식), 지게차(1톤 이상), 3년 : 그 외 건설기계 * 신규등록 후의 최초유효기간의 산정은 등록일 부터 기산 * 신규등록일로부터 20년 이상 경과한 경우 검사유효기간은 1년(타워크레인, 덤프트럭, 콘크리트믹서트럭, 펌프, 도로보수트럭, 트럭지게차는 6개월) * 타워크레인을 이동설치하는 경우에는 이동설치할 때마다 정기검사를 받아야 한다.
구조변경검사	– 건설기계의 주요구조를 변경 또는 개조한 때 실시하는 검사구조변경검사를 받고자 하는 자는 주요구조를 변경 또는 개조한 날부터 20일 이내에 구조변경 사실을 증명하는 서류를 첨부하여 시·도지사에게 제출 (검사대행을 하게 한 경우에는 검사대행자에게 제출) – 건설기계의 기종변경, 육상작업용 건설기계규격의 증가 또는 적재함의 용량증가를 위한 구조변경은 할 수 없다.
수시검사	– 성능이 불량하거나 사고가 빈발하는 건설기계의 안전성 등을 점검하기 위해 수시로 실시하는 검사와 건설기계소유자의 신청에 의해 실시하는 검사
형식승인 확인 검사	– 건설기계의 형식에 관한 승인을 얻거나 형식승인을 얻은 건설기계와 동일한 형식의 건설기계를 수입하거나, 형식신고를 한 자가 건설기계의 제작 등을 한 때에는 대통령령이 정하는 바에 따라 검사 (외국에서 사용하던 건설기계의 수입 시는 제외)

(2) 검사의 연기

1) 건설기계소유자는 천재지변, 건설기계의 도난, 사고발생, 압류, 1월 이상에 걸친 정비 그 밖의 검사연기신청서에 연기사유를 증명할 수 있는 서류를 첨부하여 시·도지사에게 제출 (단, 검사대행을 하게 한 경우에는 검사대행자(대한건설기계안전관리원에게 제출)

2) 검사연기신청을 받은 시·도지사 또는 검사대행자는 그 신청일 부터 5일 이내에 검사연기여부를 결정하여 신청인에게 통지하고, 이 경우 검사연기 불허통지를 받은 자는 검사신청기간 만료일 부터 10일 이내에 검사신청을 할 것

3) 검사를 연기하는 경우에는 그 연기기간을 6월 이내(남북경제협력 등으로 북한지역의 건설공사에 사용되는 건설기계와 해외임대를 위해 일시 반출되는 건설기계의 경우에는 반출기간 이내, 압류된 건설기계의 경우에는 그 압류기간 이내)로 하고, 이 경우 그 연기기간 동안 검사유효기간이 연장된 것으로 봄

4) 건설기계소유자가 해당 건설기계를 사용하는 사업을 영위하는 경우로서 해당 사업의 휴지를 신고한 경우에는 해당 사업의 개시신고를 하는 때까지 검사유효기간이 연장된 것으로 봄

(3) 위반 시 과태료

정기검사 신청기간만료일부터 30일 이내 : 10만원

(30일을 초과한 경우에는 3일 초과시마다 10만원, *최고 300만원)

(4) 정비명령

1) 시·도지사는 검사에 불합격된 건설기계에 대하여는 1개월 이내의 기간을 정하여 해당 건설기계의 소유자에게 검사를 완료한 날(검사를 대행하게 한 경우에는 검사결과를 보고받은 날)부터 10일 이내에 정비명령을 할 것(검사대행을 하게 한 경우에는 검사대행자에게 그 사실을 통지)

2) 정기검사에서 불합격한 건설기계로서 재검사를 신청하는 건설기계의 소유자에 대하여는 1)의 규정을 적용하지 않음(단, 재검사기간 내에 검사를 받지 않거나 재검사에 불합격한 건설기계에 대하여는 1개월 이내의 기간을 정하여 해당 건설기계의 소유자에게 정비명령을 할 수 있음)

3) 정비명령을 받은 건설기계소유자는 지정된 기간 내에 건설기계를 정비한 후 다시 검사신청을 할 것

(5) 검사대행

1) 검사대행자의 지정

국토교통부장관은 건설기계의 검사에 관한 시설 및 기술능력을 갖춘 자를 지정하여 검사의 전부 또는 일부를 대행하게 할 수 있음.(현, 대한건설기계 안전관리원)

2) 검사대행자 지정 취소 및 정지 사유

지정 취소 및 6월 이내 정지	- 국토교통부령이 정하는 기준에 적합하지 않은 때 - 부정한 방법으로 건설기계를 검사한 때 - 경영부실 등의 사유로 검사대행 업무를 계속하게 함이 적합하지 않다고 인정될 때 - 벌금 이상의 형의 선고를 받은 때
지정 취소	사위, 기타 부정한 방법으로 지정을 받은 때

(6) 검사장소

1) 검사소에서의 검사

덤프트럭, 콘크리트믹서트럭, 콘크리트펌프(트럭적재식), 아스팔트살포기, 트럭지게차는 규정에 의한 시설을 갖춘 검사 장소에서 검사를 할 것

2) 건설기계가 위치한 장소에서 검사(출장검사)

1)의 건설기계가 다음의 경우일 때
- 도서지역에 있는 경우
- 자체중량이 40톤을 초과하거나 축중이 10톤을 초과하는 경우
- 너비가 2.5m를 초과하는 경우
- 최고속도가 시간당 35km 미만인 경우

3) 1)의 건설기계 외의 건설기계에 대하여는 건설기계가 위치한 장소에서 검사를 할 수 있다. (굴착기, 지게차, 로더 등 트럭식이 아닌 건설기계) : 출장검사 실시

(7) 검사결과의 보고

1) 검사대행자는 건설기계의 검사를 한 때에는 건설기계명, 건설기계등록번호, 건설기계 및 원동기의 형식과 규격, 차대일련번호, 검사의 종류 및 검사일자, 검사기준에의 적합여부, 예상정비소요기간(검사에 불합격한 건설기계)을 포함한 검사 결과를 검사 후 5일 이내에 등록지의 시·도지사에게 보고할 것(단, 그 사실을 국토교통부장관이 건설기계의 관리에 관하여 운영하는 정보통신망에 입력하는 경우에는 그 입력으로 보고를 대신할 수 있음)
2) 시·도지사는 검사결과를 보고 받은 때에는 건설기계등록원부에 검사의 종류, 검사일자, 검사유효기간 등을 기재할 것

(8) 대형건설기계 「특별표지판」부착대상 건설기계

① 길이가 16.7m 초과하는 경우
② 너비가 2.5m 초과하는 경우
③ 최소회전 반경이 12m 초과하는 경우
④ 높이가 4m 초과하는 경우
⑤ 총중량이 40톤 초과하는 경우
⑥ 축하중이 10톤 초과하는 경우

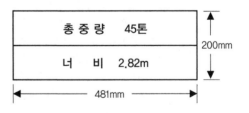

(9) 건설기계관리법 시행규칙 170조 「경고표지판」

대형건설기계에는 조종실 내부의 조종사가 보기 쉬운 곳에 기준에 적합한 경고표지판을 부착하여야 한다.

(10) 특별표지부착대상 건설기계

특별표지부착대상 건설기계는 건설기계의 식별이 쉽도록 특별도장을 하여야 한다. 다만, 35km/h 미만은 제외한다.

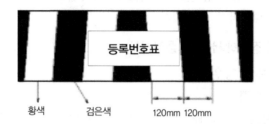

황색   검은색   120mm 120mm

 건설기계 사업

(1) 등록

건설기계 사업	– 건설기계사업을 영위하고자 하는 자(지방자치단체제외)는 사업의 종류별로 시장·군수 또는 구청장(자치구의 구청장)에게 등록
건설기계 정비업	– 건설기계정비업의 등록을 하려는 자는 사무소의 소재지를 관할하는 시장·군수 또는 구청장에게 건설기계정비업등록신청서를 제출
건설기계 대여업	– 건설기계대여업을 등록하려는 자는 건설기계대여업을 영위하는 사무소의 소재지를 관할하는 시장, 군수, 구청장에게 건설기계 대여업등록신청서 제출 – 첨부서류 : 건설기계 소유 사실을 증명하는 서류, 사무실의 소유권 또는 사용권이 있음을 증명하는 서류, 주기장 소재지를 관할하는 시장, 군수, 구청장이 발급한 주기장시설보유확인서, 계약서 사본(단, 2 이상의 법인 또는 개인이 공동으로 건설기계대여업을 영위하기 위해 등록하는 경우에는 연명등록자의 건설기계 소유 사실을 증명하는 서류를 각각 첨부)
건설기계 매매업	– 건설기계매매업을 등록하려는 자는 사무소의 소재지를 관할하는 시장, 군수, 구청장에게 건설기계매매업등록신청서를 제출 • 첨부서류 : 사무실의 소유권 또는 사용권이 있음을 증명하는 서류, 주기장소재지를 관할하는 시장, 군수, 구청장이 발급한 주기장시설보유(확인 신청. 확인)서, 5천만원 이상의 하자 보증금 예치증서 또는 보증보험증서 – 등록 신청을 받은 시장, 군수, 구청장은 등록기준에의 적합여부를 확인한 후 건설기계매매업등록증을 교부
건설기계 폐기업	– 건설기계폐기업등록신청서의 첨부서류 : 건설기계폐기장의 소유권 또는 사용권이 있음을 증명할 수 있는 서류, 건설기계폐기시설의 보유사실을 증명할 수 있는 서류 – 등록을 받은 시장,군수,구청장은 등록기준에 적합한지의 여부를 확인한 후 건설기계폐기업등록증을 교부

(2) 건설기계사업자의 변경신고 등

건설기계사업자의 변경신고	– 건설기계사업자가 변경신고를 하고자 하는 경우에는 변경신고 사유가 발생한 날부터 30일 이내에 건설기계사업자 변경신고서에 변경사실을 증명하는 서류와 등록증을 첨부하여 건설기계사업의 등록을 한 시장, 군수, 구청장에게 제출
건설기계 사업의 휴지. 폐지 등의 신고	– 건설기계사업자는 그 사업의 전부 또는 일부는 휴지 또는 폐지하고자 하는 때에는 건설기계사업휴지(폐지)신고서를 시장, 군수, 구청장에게 제출

(3) 건설기계매매업자의 매매용건설기계의 운행금지

① 건설기계매매업자는 팔(매도)목적으로 산 건설기계를 그 사업장에 제시하여야 하며 제시된 때부터 팔 때까지 시험운행, 정비 등 이를 운행하거나 사용하지 못한다.

② 매매용건설기계의 운행허용
  ㉠ 매수인의 요구에 의해 2km 이내의 거리를 시험운행 하고자 하는 경우 (타이어식 중고건설기계)
  ㉡ 정기검사 또는 정비를 받고자 하는 경우
  ㉢ 사업장의 이전에 따라 새로운 사업장으로 이동하고자 하는 경우

---

5 ▶ **건설기계조종사면허**

(1) 건설기계조종사면허의 취득

① 건설기계를 조종하고자 하는 자는 시장·군수 또는 구청장에게 건설기계조종사면허를 받아야 한다.
  ㉠ 건설기계조종사면허를 받고자 하는 자는 건설기계조종사면허 발급신청서에 신체검사서(1종보통자동차운전면허 소지자 면제), 국가기술자격수첩 또는 소형건설기계조종교육 이수증, 수수료, 건설기계조종사면허증(건설기계조종사면허를 받은자가 면허의 종류를 추가하고자 하는 때)를 첨부하여 시장·군수 또는 구청장에게 제출
  ㉡ 시장·군수 또는 구청장은 건설기계조종사 면허증발급신청서를 받은 경우 적성검사기준에 적합한 자에 대하여는 건설기계조종사면허증을 교부

② 덤프트럭, 아스팔트살포기, 노상안정기, 콘크리트믹서트럭, 콘크리트펌프, 천공기와 특수건설기계 중 국토교통부장관이 지정하는 건설기계를 조종하고자 하는 자는 도로교통법 제80조의 규정에 따른 제1종대형 운전면허를 받아야 한다.

③ 5톤 미만의 불도저, 5톤 미만의 로더, 5톤 미만의 천공기(트럭 적재식은 제외), 3톤 미만의 지게차(제1종 보통 자동차운전면허 소지), 3톤 미만의 굴착기, 3톤미만의 로더, 3톤 미만의 타워크레인, 공기압축기, 콘크리트펌프(이동식), 쇄석기, 준설선은 시·도지사가 지정한 교육기관에서 당해 건설기계 조종에 관한 교육과정을 이수한 경우에는 건설기계조종사면허를 받은 것으로 본다.

④ 건설기계조종사면허를 받고자 하는 자는 국가기술자격법에 의한 해당 분야의 기술자격을 취득하고 적성검사에 합격하여야 한다.

⑤ 건설기계조종사면허는 건설기계의 종류별로 이를 받아야 한다.

(2) 관계법령

① 사업주는 유해하거나 위험한 작업으로서 고용노동부령으로 정하는 작업의 경우 그 작업에 필요한 자격·면허·경험 또는 기능을 가진 근로자가 아닌 자에게 그 작업을 하게 하여서는 아니 된다.

② 지게차를 사용하는 작업 (전동식으로 솔리드타이어를 부착한 것 중 도로가 아닌 장소에서만 운행 하는 것을 말한다)

   1) 「국가기술자격법」 에 따른 지게차운전기능사의 자격

   2) 「건설기계관리법」 따라 실시하는 소형 건설기계의 조종에 관한 교육과정을 이수한 사람

(3) 건설기계조종사면허의 결격사유

① 18세 미만인 사람

② 정신병자, 정신 미약자, 간질병자

③ 앞을 보지 못하는 사람, 듣지 못하는 사람 그 밖에 국토교통부령이 정하는 장애인

④ 마약. 대마. 향정신성의약품 또는 알콜 중독자

⑤ 건설기계조종사면허가 취소된 날부터 1년(거짓 그 밖의 부정한 방법으로 건설기계조종사면허를 받았거나 건설기계조종사면허의 효력 정지 기간 중 건설기계를 조종하여 취소된 경우에는 2년)이 지나지 않았거나 건설기계조종사면허의 효력정지처분을 받고 있는 자

(4) 건설기계조종사면허의 종류

면허의 종류	조종할 수 있는 건설기계
1. 불도저	불도저
2. 5톤의 미만의 불도저	5톤 미만의 불도저
3. 굴삭기	굴착기
4. 3톤 미만의 굴삭기	3톤 미만의 굴착기
5. 로더	로더
6. 3톤 미만의 로더	3톤 미만의 로더
7. 5톤 미만의 로더	5톤 미만의 로더
8. 지게차	지게차
9. 3톤 미만의 지게차	3톤 미만의 지게차
10. 기중기	기중기
11. 롤러	롤러, 모터그레이더, 스크레이퍼, 아스팔트피니셔, 콘크리트피니셔, 콘크리트살포기 및 골재살포기
12. 이동식 콘크리트펌프	이동식 콘크리트펌프
13. 쇄석기	쇄석기, 아스팔트믹싱플랜트 및 콘크리트뱃칭플랜트
14. 공기압축기	공기압축기
15. 천공기	천공기(타이어식, 무한궤도식 및 굴진식을 포함한다. 다만, 트럭적재식은 제외한다), 항타 및 항발기
16. 5톤 미만의 천공기	5톤 미만의 천공기(트럭적재식은 제외한다)
17. 준설선	준설선 및 자갈채취기
18. 타워크레인	타워크레인
19. 3톤 미만의 타워크레인	3톤 미만의 타워크레인

〈비 고〉 특수건설기계에 대한 조종사면허의 종류는 제73조에 따라 운전면허를 받아 조종하여야 하는 특수건설기계를 제외하고는 위 면허 중에서 국토교통부장관이 지정하는 것으로 한다. 3톤 미만의 지게차의 경우에는 "도로교통법시행규칙" 제53조에 적합한 자동차운전면허가 있는 사람으로 한정한다.

(5) 건설기계조종사면허의 취소·정지

시장·군수 또는 구청장은 건설기계조종사가 다음 각 호의 어느 하나에 해당하는 경우에는 국토교통부령으로 정하는 바에 따라 건설기계조종사면허를 취소하거나 1년 이내의 기간을 정하여 건설기계조종사면허의 효력을 정지시킬 수 있다. 다만, 제1호, 제2호, 제8호 또는 제9호에 해당하는 경우에는 건설기계조종사면허를 취소하여야 한다.

1. 거짓이나 그 밖의 부정한 방법으로 건설기계조종사면허를 받은 경우
2. 건설기계조종사면허의 효력정지기간 중 건설기계를 조종한 경우
3. 제27조제2호부터 제4호까지의 규정 중 어느 하나에 해당하게 된 경우

2호 : 건설기계 조종상의 위험과 장해를 일으킬 수 있는 정신질환자 또는 뇌전증환자로서 국토교통
부령으로 정하는 사람

3호 : 앞을 보지 못하는 사람, 듣지 못하는 사람, 그 밖에 국토교통부령으로 정하는 장애인

4호 : 건설기계 조종상의 위험과 장해를 일으킬 수 있는 마약·대마·향정신성의약품 또는 알코올
중독자로서 국토교통부령으로 정하는 사람

4. 건설기계의 조종 중 고의 또는 과실로 중대한 사고를 일으킨 경우

5. 「국가기술자격법」에 따른 해당 분야의 기술자격이 취소되거나 정지된 경우

6. 건설기계조종사면허증을 다른 사람에게 빌려 준 경우

7. 제27조의2제1항(술에 취하거나 마약 등 약물을 투여한 상태)을 위반하여 술에 취하거나 마약
등 약물을 투여한 상태 또는 과로·질병의 영향이나 그 밖의 사유로 정상적으로 조종하지
못할 우려가 있는 상태에서 건설기계를 조종한 경우

8. 제29조에 따른 정기적성검사를 받지 아니하고 1년이 지난 경우

9. 제29조 또는 제30조에 따른 정기적성검사 또는 수시적성검사에서 불합격한 경우

위반사항		처분기준
인명피해	고의로 인명피해(사망, 중상, 경상 등을 말함)	취소
	과실로 3명 이상 사망	
	과실로 7명 이상 중상	
	과실로 19명 이상 경상	
	사망 1명마다	면허효력정지 45일
	중상 1명마다(3주이상의 치료)	면허효력정지 15일
	경상 1명마다	면허효력정지 5일
재산피해	피해금액 50만원 마다	면허효력정지 1일 (90일을 넘지 못함)
건설기계의 조종 중 고의 또는 과실로 가스공급시설을 손괴하거나 가스공급시설의 기능에 장애를 입혀 가스공급을 방해한 때		면허효력정지 180일

위반사항	처분기준
술에 취한 상태(혈중알콜농도 0.03%이상 0.08% 미만)에서 건설기계 조종한 때	면허효력정지 60일
•술에 취한 상태에서 건설기계 조종하다 사고로 사람을 죽게 하거나 다치게 한 때 •술에 만취한 상태(혈중알콜농도 0.08%)에서 건설기계 조종한 때 •2회 이상 술에 취한 상태에서 건설기계를 조종하여 면허효력정지를 받은 사실이 있는 사람이 다시 술에 취한 상태에서 건설기계 조종한 때 •약물을 투여한 상태에서 건설기계 조종한 때	취소

(6) 적성검사의 기준 등

① **정기적성검사**

   ㉮ 건설기계조종사는 10년마다(65세 이상인 경우는 5년마다) 시장·군수 또는 구청장이 실시하는 정기적성검사를 받아야 한다.

   ㉯ 정기적성검사를 받으려는 사람은 해당 면허를 받은 날(건설기계조종사 면허를 2종류 이상 받은 경우에는 최종 면허를 받은 날을 말한다)의 다음 날부터 기산하여 매 10년(65세 이상인 사람은 5년)이 되는 날이 속하는 해의 1월 1일부터 12월 31일까지 건설기계조종사면허 정기(수시)적성검사신청서를 시장·군수 또는 구청장에게 제출해야 한다.

   ㉰ 미수검시 과태료(경과30일 이내 5만원,1일 초과시부터 매3일마다 5만원 추가, 최고200만원) 미수검 1년 이상 경과 시 면허취소 및 과태료 부과나 수시적성검사(제30조, 2019. 3.19 신설) 건설기계조종사는 안전한 조종에 장애가 되는 후천적 신체장애 등 대통령령으로 정하는 사유에 해당되거나 안전한 조종에 장애가 되는 신체장애등이 있는 경우에는 시장·군수 또는 구청장이 실시하는 수시적성검사를 받아야 한다.

   ㉱ 적성검사의 기준

     1. 두 눈을 동시에 뜨고 잰 시력(교정시력을 포함한다. 이하 이호에서 같다)이 0.7이상이고 두 눈의 시력이 각각 0.3이상일 것

     2. 55데시벨(보청기를 사용하는 사람은 40데시벨)의 소리를 들을 수 있고, 언어분별력이 80퍼센트 이상일 것

     3. 시각은 150도 이상일 것

② '국토교통부령으로 정하는 사람'이란 「치매관리법」 제2조제1호에 따른 치매, 정신분열병, 분열형 정동장애, 양극성 정동장애, 재발성 우울장애 등의 정신질환 또는 정신발육지연, 뇌전증(腦電症) 등으로 인하여 해당 분야 전문의가 정상적으로 건설기계를 조종할 수 없다고 인정하는 사람을 말한다.

③ '국토교통부령으로 정하는 장애인'이란 다리·머리·척추나 그 밖의 신체장애로 인하여 앉아 있을 수 없는 사람을 말한다.

④ '국토교통부령으로 정하는 사람'이란 마약·대마·향정신성의약품 또는 알코올 관련 장애 등으로 인하여 해당 분야 전문의가 정상적으로 건설기계를 조종할 수 없다고 인정하는 사람을 말한다.

⑤ 적성검사의 합격여부에 관한 판정은 국·공립병원, 시장·군수 또는 구청장이 지정하는 의료기관, 보건소 또는 보건지소에서 제1항 내지 제3항의 사항을 검사하여 발급한 신체검사서(「도로교통법」에 의한 제1종 자동차운전면허증 사본 또는 「도로교통법 시행령 제45조의 규정에 의하여 제1종운전면허-양안0.8,각안0.5)에 요구되는 신체검사서로 이에 갈음할 수 있다)에 의한다.

(7) 안전교육

1) 제31조(건설기계조종사의 안전교육 등)

① 건설기계조종사는 건설기계로 인한 인적·물적 피해를 예방하기 위하여 국토교통부장관이 실시하는 안전 및 전문성 향상을 위한 교육(이하 "안전교육 등"이라 한다)을 받아야 한다.

② 국토교통부장관은 제1항에 따른 안전교육 등을 위하여 필요한 경우에는 전문교육기관을 지정하여 안전교육 등을 실시하게 할 수 있다.

③ 제1항 및 제2항에 따른 안전교육 등의 대상·내용·방법·시기 및 전문교육기관의 지정기준·절차 등에 필요한 사항은 국토교통부령으로 정한다.

2) 제83조(안전교육 등의 대상 등)

① 법 제31조에 따른 안전 및 전문성 향상을 위한 교육(이하 "안전교육 등"이라 한다)을 받아야 하는 사람은 법 제26조제1항 본문에 따라 건설기계조종사면허를 발급받은 사람으로 한다.

② 일반건설기계 조종사 안전교육 등의 내용

가. 건설기계 관련 법령 이해	나. 건설기계의 구조	각 1시간씩 4시간	3년
다. 건설기계 작업 안전	라. 재해사례 및 예방 대책		

③ 안전 교육 등을 받아야 하는 시기는 다음 각 호의 구분과 같다.

    1. 안전 교육 등을 최초로 받는 사람: 건설기계조종사면허를 최초로 받은 날(건설기계조종사면허가 2개 이상인 경우에는 가장 최근에 취득한 건설기계조종사면허를 최초로 받은 날을 말한다)부터 3년이 되는 날이 속하는 해의 1월 1일부터 12월 31일까지

    2. 안전교육 등을 받은 적이 있는 사람: 마지막으로 안전교육 등을 받은 날(별표 22의2 비고 제6호에 따라 안전교육 등을 받은 것으로 보는 날을 포함한다)부터 3년이 되는 날이 속하는 해의 1월 1일부터 12월 31일까지

(8) 건설기계조종사면허증의 재교부 및 반납

재교부	건설기계조종사면허증을 잃어버리거나 헐어 못쓰게 되어 재교부 받고자 하는 자는 건설기계조종사면허증 재교부 신청서에 증명사진 1매를 첨부하여 시, 군, 구청장에게 제출
반납	• 건설기계조종사면허를 받은 자가 면허가 취소되거나 면허의 효력정지, 면허증의 재교부를 받은 후 잃어버린 면허증을 발견한 경우에는 그 사유가 발생한날부터 10일 이내에 시장, 군수 또는 구청장에게 그 면허증 반납 • 건설기계조종사면허를 받은 사람은 본인의 의사에 따라 해당 면허를 자진해서 시장·군수 또는 구청장에게 반납할 수 있다.

2년 이하의 징역 또는 2천만원 이하의 벌금 (건설기계관리법 40조)	1. 등록되지 아니한 건설기계를 사용하거나 운행한 자 2. 등록이 말소된 건설기계를 사용하거나 운행한 자 3. 시·도지사의 지정을 받지 아니하고 등록번호표를 제작하거나 등록번호를 새긴 자 3의2. 검사대행자 또는 그 소속 직원에게 재물이나 그 밖의 이익을 제공하거나 제공 의사를 표시하고 부정한 검사를 받은 자 3의3. 건설기계의 주요 구조나 원동기, 동력전달장치, 제동장치 등 주요 장치를 변경 또는 개조한 자 3의4. 무단 해체한 건설기계를 사용·운행하거나 타인에게 유상·무상으로 양도한 자 3의5. 시정명령을 이행하지 아니한 자 4. 등록을 하지 아니하고 건설기계사업을 하거나 거짓으로 등록을 한 자 5. 등록이 취소되거나 사업의 전부 또는 일부가 정지된 건설기계사업자로서 계속하여 건설기계사업을 한 자
1년 이하의 징역 또는 1천만원 이하의 벌금 (건설기계관리법 41조)	1. 거짓이나 그 밖의 부정한 방법으로 등록을 한 자 2. 등록번호를 지워 없애거나 그 식별을 곤란하게 한 자 3. 구조변경검사 또는 수시검사를 받지 아니한 자 4. 정비명령을 이행하지 아니한 자 4의2. 사용·운행 중지 명령을 위반하여 사용·운행한 자 4의3. 사업정지명령을 위반하여 사업정지기간 중에 검사를 한 자 5. 형식승인, 형식변경승인 또는 확인검사를 받지 아니하고 건설기계의 제작등을 한 자 6. 사후관리에 관한 명령을 이행하지 아니한 자 7. 내구연한을 초과한 건설기계 또는 건설기계 장치 및 부품을 운행하거나 사용한 자 8. 내구연한을 초과한 건설기계 또는 건설기계 장치 및 부품의 운행 또는 사용을 알고도 말리지 아니하거나 운행 또는 사용을 지시한 고용주 9. 부품인증을 받지 아니한 건설기계 장치 및 부품을 사용한 자 10. 부품인증을 받지 아니한 건설기계 장치 및 부품을 건설기계에 사용하는 것을 알고도 말리지 아니하거나 사용을 지시한 고용주 11. 매매용 건설기계를 운행하거나 사용한 자 12. 폐기인수 사실을 증명하는 서류의 발급을 거부하거나 거짓으로 발급한 자 13. 폐기요청을 받은 건설기계를 폐기하지 아니하거나 등록번호표를 폐기하지 아니한 자 14. 건설기계조종사면허를 받지 아니하고 건설기계를 조종한 자 15. 건설기계조종사면허를 거짓이나 그 밖의 부정한 방법으로 받은 자 16. 소형 건설기계의 조종에 관한 교육과정의 이수에 관한 증빙서류를 거짓으로 발급한 자 17. 술에 취하거나 마약 등 약물을 투여한 상태에서 건설기계를 조종한 자와 그러한 자가 건설기계를 조종하는 것을 알고도 말리지 아니하거나 건설기계를 조종하도록 지시한 고용주 18. 건설기계조종사면허가 취소되거나 건설기계조종사면허의 효력정지처분을 받은 후에도 건설기계를 계속하여 조종한 자 19. 건설기계를 도로나 타인의 토지에 버려둔 자

300만원 이하의 과태료 (건설기계관리 법 44조 1항)	1. 등록번호표를 부착하지 아니하거나 봉인하지 아니한 건설기계를 운행한 자 1의2. 정기검사를 받지 아니한 자 1의3. 건설기계임대차 등에 관한 계약서를 작성하지 아니한 자 1의4. 정기적성검사 또는 수시적성검사를 받지 아니한 자 2. 시설 또는 업무에 관한 보고를 하지 아니하거나 거짓으로 보고한 자 3. 소속 공무원의 검사·질문을 거부·방해·기피한 자 4. 정당한 사유 없이 직원의 출입을 거부하거나 방해한 자
100만원 이하의 과태료 (건설기계관리 법 44조 2항)	1. 수출의 이행 여부를 신고하지 아니하거나 폐기 또는 등록을 하지 아니한 자 2. 등록번호표를 부착·봉인하지 아니하거나 등록번호를 새기지 아니한 자 3. 등록번호표를 가리거나 훼손하여 알아보기 곤란하게 한 자 또는 그러한 건설기계를 운행한 자 4. 등록번호의 새김명령을 위반한 자 5. 건설기계안전기준에 적합하지 아니한 건설기계를 사용하거나 운행한 자 또는 사용하게 하거나 운행하게 한 자 5의2. 조사 또는 자료제출 요구를 거부·방해·기피한 자 5의3. 검사유효기간이 끝난 날부터 31일이 지난 건설기계를 사용하게 하거나 운행하게 한 자 또는 사용하거나 운행한 자 6. 특별한 사정 없이 건설기계임대차 등에 관한 계약과 관련된 자료를 제출하지 아니한 자 7. 건설기계사업자의 의무를 위반한 자 8. 안전 교육 등 을 받지 아니하고 건설기계를 조종한 자
50만원 이하의 과태료 (건설기계관리 법 44조 3항)	1. 임시번호표를 붙이지 아니하고 운행한 자 2. 신고를 하지 아니하거나 거짓으로 신고한 자 3. 등록의 말소를 신청하지 아니한 자 4. 변경신고를 하지 아니하거나 거짓으로 변경신고한 자 5. 등록번호표를 반납하지 아니한 자 6. 삭제 〈2022. 2. 3.〉 7. 정비시설의 종류 및 규모에 따라 국토교통부령으로 정하는 범위에서 정비조항을 위반하여 건설기계를 정비한 자 8. 제18조제2항 단서, 같은 조 제3항 또는 제4항에 따른 신고를 하지 아니한 자 9. 제24조제1항에 따른 신고를 하지 아니하거나 거짓으로 신고한 자 9의2. 제24조의2제4항에 따른 신고를 하지 아니하거나 거짓으로 신고한 자 10. 제25조제2항에 따른 신고를 하지 아니하거나 거짓으로 신고한 자 11. 등록말소사유 변경신고를 하지 아니하거나 거짓으로 신고한 자 12. 건설기계의 소유자 또는 점유자는 건설기계를 주택가 주변의 도로·공터 등에 세워 두어 교통소통을 방해하거나 소음 등으로 주민의 조용하고 평온한 생활환경을 침해하여서는 아니 됨을 위반하여 건설기계를 세워 둔 자

(1) 양벌규정 (건설기계관리법 43조)

법인의 대표자나 법인 또는 개인의 대리인, 사용인, 그 밖의 종업원이 그 법인 또는 개인의 업무에 관하여 제40조 또는 제41조의 어느 하나에 해당하는 위반행위를 하면 그 행위자를 벌하는 외에 그 법인 또는 개인에게도 해당 조문의 벌금형을 과(科)한다.

(2) 사후관리 (시행규칙 55조)

① 건설기계를 판매한 날로부터 12개월 동안 무상으로 건설기계의 정비 및 정비에 필요한 부품을 공급하여야 한다. 다만, 취급설명서에 따라 관리하지 아니함으로 인하여 발생하는 고장·하자와 정기적으로 교체하여야 하는 부품, 소모성 부품에 대해서는 유상으로 정비하거나 정비에 필요한 부품을 공급할 수 있다.

② 12개월 내 건설기계 주행거리가 20,000km를 초과하거나 가동시간 2,000시간을 초과하는 때에는 12개월이 경과되었다고 본다.

 7 건설기계조종사 면허관련 법적 근거

□ 건설기계관리법 제26조(건설기계조종사 면허)의 제3항, 제4항 및 동법 시행규칙 제74조의 규정

1. 건설기계조종사 면허를 받으려는 사람은 〈국가기술자격법〉에 따른 해당 분야의 기술자격을 취득하고 적성검사에 합격하여야 한다.
2. 소형 건설기계의 경우로서 시·도지사가 지정한 교육기관에서 그 건설기계의 조종에 관한 교육과정을 마친 경우 건설기계조종사 면허를 받은 것으로 본다.

□ 건설기계관리법 시행규칙 제71조(건설기계조종사면허)

① 법 제26조 제1항의 규정에 의하여 건설기계조종사면허를 받고자 하는 자는 별지 제36호 서식의 건설 기계조종사면허증 발급신청서에 다음 각 호의 서류를 첨부하여 시장·군수 또는 구청장에게 제출하여야 한다.

1. 제76조 제5항에 따른 신체검사서
2. 소형건설기계조종교육 이수증(소형건설기계조종사면허증을 발급신청하는 경우에 한정한다)
3. 건설기계조종사면허증(건설기계조종사면허를 받은 자가 면허의 종류를 추가하고자 하는 때에 한한다)
4. 6개월 이내에 촬영한 탈모상반신 사진 2매

② 제1항의 경우 시장·군수 또는 구청장은 「전자정부법」 제36조제1항에 따른 행정정보의 공동 이용을 통하여 다음 각 호의 정보를 확인하여야 하며, 신청인이 확인에 동의하지 아니하는

경우에는 해당 서류의 사본을 첨부하도록 하여야 한다.
  1. 국가기술자격증 정보(소형건설기계조종사면허증을 발급신청하는 경우는 제외한다)
  2. 자동차운전면허 정보(3톤 미만의 지게차를 조종하려는 경우에 한정한다)

1. 3톤 미만 지게차, 굴삭기 소형건설기계 조종사 과정 이수 과목

이수 교과목	이수시간 이론 6, 실기 6시간
건설기계기관, 전기 및 작업장치	이론 2시간
유압일반	이론 2시간
건설기계관리법, 도로교통법	이론 2시간
조종실습	실기 6시간

2. 3톤 이상 5톤 미만 로더, 불도저 소형건설기계 조종사 과정 이수 과목 (총18시간)

이수 교과목	이수시간
건설기계기관, 전기 및 작업장치	이론 2시간
유압일반	이론 2시간
건설기계관리법, 도로교통법	이론 2시간
조종실습	실기 12시간

도로교통법

chapter **02**

1 ▶ 목적과 정의

(1) 목적

이 법은 도로에서 일어나는 교통상의 모든 위험과 장해를 방지·제거하여 안전하고 원활한 교통을 확보함을 목적으로 한다.

(2) 용어의 정의

용 어	정 의
도로	• 도로법에 의한 도로 : 고속도로, 일반국도 등 • 유료도로법에 의한 도로 : 통행료(돈) 받는 도로 • 일반 교통에 사용되는 곳 : 아파트 단지 내 큰길, 유원지 공원 등 • 도로가 아닌 곳 : 운전면허시험장, 학교운동장, 운전학원의 연습장, 건물 내 주차장 등 • 농어촌로 정비법에 따른 농어촌도로
자동차 전용도로	자동차만 다닐 수 있도록 설치된 도로
고속도로	자동차의 고속통행에만 사용하기 위하여 지정된 도로('고속'이라는 글자가 붙여진 도로)
차도	연석선(차도와 보도를 구분하는 돌, 시멘트 등으로 이어진 선), 안전표지 등으로 그 경계를 표시하여 모든 차의 교통에 사용하도록 된 도로의 부분
중앙선	차마의 통행을 방향별로 구분하기 위하여 도로에 설치된 선이나 시설물
차선	차로와 차로를 구분하는 선
길가장자리 구역	보도와 차도가 구분되지 아니한 도로에서 보행자의 안전을 확보하기 위하여 안전표지 등으로 그 경계를 표시한 도로의 가장자리 부분
안전지대	횡단하는 보행자나 통행하는 차마의 안전을 위하며 표시한 도로의 부분
차마	• 차 : 자동차, 건설기계, 원동기장치자전거, 자전거 또는 사람이나 가축의 힘, 그 밖의 동력에 의하여 도로에서 운전되는 것(철길 또는 가설된 선에 의하여 운전되는 것, 유모차 및 신체장애인용의 차 제외) • 우마 : 교통, 운수에 사용되는 가축

용 어	정 의
자동차	원동기를 사용하여 운전되는 차(견인중인 차량도 포함)로서 승용차, 승합차, 화물차, 특수차, 이륜자동차(배기량이 125cc 이상인 이륜차), 일부의 기계(덤프트럭, 콘크리트믹서트럭, 노상안정기 등을 말한다.
원동기장치 자전거	이륜자동차 중 배기량 125cc이하의 이륜자동차와 50CC 미만의 원동기를 단 차
긴급자동차	소방자동차, 구급자동차, 그 밖의 대통령령으로 정하는 자동차로서 그 밖의 긴급한 용도로 사용되고 있는 중인 자동차
주차	차가 승객을 기다리거나 화물을 싣거나 고장, 그 밖의 사유로 계속 정지 또는 운전자가 그 차로부터 떠나서 즉시 운전할 수 없는 상태
정차	차가 5분을 초과하지 아니하고 정지하는 것으로서 주차 이외의 정지 상태
운전	도로에서 차를 그 본래의 사용방법에 따라 사용하는 것(조종을 포함)
서행	차가 즉시 정지할 수 있는 느린 속도로 진행하는 것
앞지르기 (추월)	차가 앞서가는 다른 차의 옆(좌측)을 지나서 앞으로 나아가는 것
일시정지	차가 일시적으로 그 바퀴를 완전 정지 시키는 것 – 즉시 출발할 수 있는 상태로서 정차나 주차 이외의 정지상태
보행자 전용도로	보행자만이 다닐 수 있도록 아전 표지 등으로 표시한 도로

2 ▶ 신호기 및 수신호 방법

(1) 신호기 및 신호등의 설치·관리

지방자치단체장(시장, 특별시장, 광역시장)은 신호기 및 안전표지를 설치하고, 이를 관리하여야 한다.

(2) 신호 및 지시에 따를 의무

차마는 신호기, 안전표지가 표시하는 신호 또는 지시와, 교통정리를 하는 경찰공무원(전투경찰, 순경포함)과 교통순시원 그 밖의 경찰공무원을 보조하는 사람의 신호나 지시에 따라야 한다. 그리고 신호기 또는 안전표지가 표시하는 신호 또는 지시와 교통정리를 하는 경찰 공무원 등의 신호 또는 지시가 다를 때에는 경찰공무원 등의 신호 또는 지시에 따라야 한다. 즉. 경찰공무원 지시가 우선적이다.

(3) 황색 등화의 점멸

차마는 다른 교통 또는 안전표지의 표시에 주의하면서 진행할 수 있다.

(4) 적색등화의 점멸

차마는 정지선이나 횡단보도가 있을 때에는 그 직전이나 교차로의 직전에 일시정지한 후 다른 교통에 주의하면서 진행할 수 있다.

 3 도로의 통행 방법

(1) 차로의 설치 등

① 시·도경찰청장은 차마의 교통을 원활하게 하기 위하여 필요한 경우에는 도로에 행정안전부령으로 정하는 차로를 설치할 수 있다. 이 경우 시·도경찰청장은 시간대에 따라 양방향의 통행량이 뚜렷하게 다른 도로에는 교통량이 많은 쪽으로 차로의 수가 확대될 수 있도록 신호기에 의하여 차로의 진행방향을 지시하는 가변차로를 설치할 수 있다.

② 차마의 운전자는 차로가 설치되어 있는 도로에서는 이 법이나 이 법에 따른 명령에 특별한 규정이 있는 경우를 제외하고는 그 차로를 따라 통행하여야 한다. 다만, 시·도경찰청장이 통행방법을 따로 지정한 경우에는 그 방법으로 통행하여야 한다.

③ 차로가 설치된 도로를 통행하려는 경우로서 차의 너비가 행정안전부령으로 정하는 차로의 너비보다 넓어 교통의 안전이나 원활한 소통에 지장을 줄 우려가 있는 경우 그 차의 운전자는 도로를 통행하여서는 아니 된다. 다만, 행정안전부령으로 정하는 바에 따라 그 차의 출발지를 관할하는 경찰서장의 허가를 받은 경우에는 그러하지 아니하다.

④ 경찰서장은 제3항 단서에 따른 허가를 받으려는 차가 「도로법」 제77조제1항 단서에 따른 운행허가를 받아야 하는 차에 해당하는 경우에는 대통령령으로 정하는 바에 따라 그 차가 통행하려는 도로의 관리청과 미리 협의하여야 하며, 이러한 협의를 거쳐 경찰서장의 허가를 받은 차는 「도로법」 제77조제1항 단서에 따른 운행허가를 받은 것으로 본다.

⑤ 차마의 운전자는 안전표지가 설치되어 특별히 진로 변경이 금지된 곳에서는 차마의 진로를 변경하여서는 아니 된다. 다만, 도로의 파손이나 도로공사 등으로 인하여 장애물이 있는 경우에는 그러하지 아니하다.

⑥ **통행우선순위**

　⑦ 긴급자동차
　　㉠ 소방 자동차
　　㉡ 구급 자동차
　　㉢ 그 밖의 대통령령이 정하는 자동차(단, 그 본래의 긴급한 용도로 사용 중인 자동차)

④ 대통령령이 정하는 긴급 자동차

　소방차, 구급차, 경찰업무자동차, 헌병차(국군 및 국제연합군용), 범죄수사용 자동차, 교도소의 자동차중 체포 또는 호송, 경비용으로 사용 중인 자동차

＊ 교통경찰관이 타고 있는 자동차가 전부 긴급자동차가 되는 것이 아니라 경찰업무수행 중 이거나 교통단속중일 경우에만 긴급자동차라고 볼 수 있다.

㉲ 신청에 의해 경찰청장이 지정하는 긴급자동차

　㉠ 전기, 가스 사업 및 공익 기관의 위험 방지를 위한 응급 작업 차

　㉡ 민방위 업무 기관의 긴급 예방·복구에 출동하는 차

　㉢ 고속도로 관리를 위해 응급 작업에 사용되는 차

　㉣ 전신·전화·우편물 운송, 전파 감시용 업무 사용 차

㉳ 긴급자동차로 보는 차

　㉠ 일반자동차나 긴급자동차로 보는 자동차

　㉡ 긴급자동차에 의해 유도되고 있는 자동차, 생명이 위급한 환자나 부상자를 운송중인 자동차

㉴ 긴급 자동차의 우선권과 특례

　㉠ 부득이한 경우에는 도로의 좌측 부분을 통행할 수 있다.

　㉡ 일시 정지하여야 할 곳에도 정지하지 아니할 수 있다.

　㉢ 도로교통법에서 정한 운행 속도 또는 제한 속도를 지키지 아니하고 통행할 수 있다.

　㉣ 앞지르기 금지의 적용을 받지 아니하고 통행할 수 있다.

㉵ 긴급 자동차 접근 시 피양 방법

　㉠ 교차로에서는 교차로를 피하여 도로의 우측 가장자리에 일시 정지한다.

　㉡ 교차로 이외의 곳에서는 도로 우측 가장자리로 피양한다.

　㉢ 일방통행로에서는 긴급 자동차의 통행에 지장이 있을 때에는 좌측가장자리로 피양한다.

㉶ 교차로 통행 방법

　㉠ 모든 차의 운전자는 교차로에서 우회전을 하려는 경우에는 미리 도로의 우측 가장자리를 서행하면서 우회전하여야 한다. 이 경우 우회전하는 차의 운전자는 신호에 따라 정지하거나 진행하는 보행자 또는 자전거 등에 주의하여야 한다.

　㉡ 모든 차의 운전자는 교차로에서 좌회전을 하려는 경우에는 미리 도로의 중앙선을 따라 서행하면서 교차로의 중심 안쪽을 이용하여 좌회전하여야 한다. 다만, 시·도경찰청장이 교차로의 상황에 따라 특히 필요하다고 인정하여 지정한 곳에서는 교차로의 중심 바깥쪽을 통과할 수 있다.

　㉢ 제2항에도 불구하고 자전거등의 운전자는 교차로에서 좌회전하려는 경우에는 미리 도로의 우측 가장자리로 붙어 서행하면서 교차로의 가장자리 부분을 이용하여 좌회전하여야 한다.

　㉣ 제1항부터 제3항까지의 규정에 따라 우회전이나 좌회전을 하기 위하여 손이나 방향지시기 또는 등화로써 신호를 하는 차가 있는 경우에 그 뒤차의 운전자는 신호를 한 앞차의

진행을 방해하여서는 아니 된다.

ⓜ 모든 차 또는 노면전차의 운전자는 신호기로 교통정리를 하고 있는 교차로에 들어가려는 경우에는 진행하려는 진로의 앞쪽에 있는 차 또는 노면전차의 상황에 따라 교차로(정지선이 설치되어 있는 경우에는 그 정지선을 넘은 부분을 말한다)에 정지하게 되어 다른 차 또는 노면전차의 통행에 방해가 될 우려가 있는 경우에는 그 교차로에 들어가서는 아니 된다.

ⓑ 모든 차의 운전자는 교통정리를 하고 있지 아니하고 일시정지나 양보를 표시하는 안전표지가 설치되어 있는 교차로에 들어가려고 할 때에는 다른 차의 진행을 방해하지 아니하도록 일시정지하거나 양보하여야 한다.

⑦ **교통정리가 없는 교차로에서의 양보 기준**

㉠ 교통정리를 하고 있지 아니하는 교차로에 들어가려고 하는 차의 운전자는 이미 교차로에 들어가 있는 다른 차가 있을 때에는 그 차에 진로를 양보하여야 한다.

㉡ 교통정리를 하고 있지 아니하는 교차로에 들어가려고 하는 차의 운전자는 그 차가 통행하고 있는 도로의 폭보다 교차하는 도로의 폭이 넓은 경우에는 서행하여야 하며, 폭이 넓은 도로로부터 교차로에 들어가려고 하는 다른 차가 있을 때에는 그 차에 진로를 양보하여야 한다.

㉢ 교통정리를 하고 있지 아니하는 교차로에 동시에 들어가려고 하는 차의 운전자는 우측도로의 차에 진로를 양보하여야 한다.

㉣ 교통정리를 하고 있지 아니하는 교차로에서 좌회전하려고 하는 차의 운전자는 그 교차로에서 직진하거나 우회전하려는 다른 차가 있을 때에는 그 차에 진로를 양보하여야 한다.

---

4 ▶ 앞지르기 및 자동차 속도

(1) 앞지르기 방법

① 앞지르고자 하는 때에는 앞차의 좌측을 통행하여야 한다.
② 앞지르고자 하는 때에는 반대 방향의 교통, 전방의 교통에 주의, 그 밖의 앞차의 속도나 진로 등을 고려하여 안전한 방법으로 앞지르기를 하여야 한다.

(2) 앞지르기 금지

① 앞차와 다른 차가 나란히 진행을 할 때.
② 앞차가 다른 차를 앞지르고 있거나 앞지르고자 할 때.
③ 교차로, 터널 안, 다리 위, 도로의 구부러진 곳, 비탈길의 고갯마루 부근, 가파른 비탈길의 내리막 또는 시·도 경찰청장이 지정한 곳.

(3) 차의 신호

손이나 방향지시기 또는 등화로서 방향전환, 횡단, 서행, 정지, 후진, 진로변경 등 행위가 끝날 때까지 신호를 하여야 한다.

(4) 자동차의 속도

① 이상 기후시의 감속
  ㉮ 최고속도의 20/100을 줄인 속도로 운행하여야 하는 경우
    ㉠ 비가 내려 노면에 습기가 있을 때
    ㉡ 눈이 20mm미만 쌓인 때
  ㉯ 최고 속도의 50/100을 줄인 속도로 운행하여야 하는 경우
    ㉠ 폭우, 폭설, 안개 등으로 가시거리가 100m이내인 때
    ㉡ 노면이 얼어붙은 때
    ㉢ 눈이 20mm이상 쌓인 때
② 차 사이의 거리 확보(안전거리)
  ㉮ 앞차가 급정지하였을 때 충돌을 피할 수 있는 필요한 거리를 확보하여야 한다.
  ㉯ 진로를 변경하고자 하는 경우 뒤차와의 충돌을 피할 수 없는 거리일 때에는 진로를 변경해서는 안된다.
  ㉰ 부득이 한 경우를 제외하고는 급정지 또는 급제동을 하여서는 안된다.
③ 철길 건널목 통과 방법
  ㉮ 모든 차의 운전자는 철길 건널목(이하 "건널목"이라 한다)을 통과하려는 경우에는 건널목 앞에서 일시 정지하여 안전한지 확인한 후에 통과하여야 한다. 다만, 신호기 등이 표시하는 신호에 따르는 경우에는 정지하지 아니하고 통과할 수 있다.
  ㉯ 모든 차의 운전자는 건널목의 차단기가 내려져 있거나 내려지려고 하는 경우 또는 건널목의 경보기가 울리고 있는 동안에는 그 건널목으로 들어가서는 아니 된다.
  ㉰ 모든 차의 운전자는 건널목을 통과하다가 고장 등의 사유로 건널목 안에서 차를 운행할 수 없게 된 경우에는 즉시 승객을 대피시키고 비상 신호기 등을 사용하거나 그 밖의 방법으로 철도공무원이나 경찰공무원에게 그 사실을 알려야 한다.

(5) 앞지르기 시 도로의 중앙이나 좌측부분 통행이 가능한 경우

① 도로가 일방통행인 경우
② 도로의 파손, 도로공사나 그 밖의 장애 등으로 도로의 우측부분을 통행할 수 없는 경우
③ 도로의 우측부분의 폭이 6m가 되지 않는 도로에서 다른 차를 앞지르려는 경우

5 ▶ 서행 및 주·정차금지

(1) 서행 및 일시 정지

1. 교통정리를 하고 있지 아니하는 교차로
2. 도로가 구부러진 부근
3. 비탈길의 고갯마루 부근
4. 가파른 비탈길의 내리막
5. 시·도 경찰청장이 도로에서의 위험을 방지하고 교통의 안전과 원활한 소통을 확보하기 위하여 필요하다고 인정하여 안전표지로 지정한 곳
6. 모든 차 또는 노면전차의 운전자는 다음 각 호의 어느 하나에 해당하는 곳에서는 일시정지하여야 한다.
    ① 교통정리를 하고 있지 아니하고 좌우를 확인할 수 없거나 교통이 빈번한 교차로
    ② 시·도 경찰청장이 도로에서의 위험을 방지하고 교통의 안전과 원활한 소통을 확보하기 위하여 필요하다고 인정하여 안전표지로 지정한 곳

(2) 정차 및 주차 금지 장소

1) 주·정차 금지 장소

1. 교차로·횡단보도·건널목이나 보도와 차도가 구분된 도로의 보도
2. 교차로의 가장자리나 도로의 모퉁이로부터 5미터 이내인 곳
3. 안전지대가 설치된 도로에서는 그 안전지대의 사방으로부터 각각 10미터 이내인 곳
4. 버스여객자동차의 정류지(停留地)임을 표시하는 기둥이나 표지판 또는 선이 설치된 곳으로부터 10미터
5. 건널목의 가장자리 또는 횡단보도로부터 10미터 이내인 곳
6. 다음 각 목의 곳으로부터 5미터 이내인 곳 단, 화재경보기 3M
    ① 「소방기본법」 제10조에 따른 소방용수시설 또는 비상소화장치가 설치된 곳
    ② 「화재예방, 소방시설 설치·유지 및 안전관리에 관한 법률」 제2조제1항제1호에 따른 소방시설로서 대통령령으로 정하는 시설이 설치된 곳
7. 시·도 경찰청장이 도로에서의 위험을 방지하고 교통의 안전과 원활한 소통을 확보하기 위하여 필요하다고 인정하여 지정한 곳
8. 시장 등이 제12조제1항에 따라 지정한 어린이 보호구역

2) 주차 금지 장소

1. 터널 안 및 다리
2. 다음 각 목의 곳으로부터 5미터 이내인 곳
    ① 도로공사를 하고 있는 경우에는 그 공사 구역의 양쪽 가장자리

② 「다중이용업소의 안전관리에 관한 특별법」에 따른 다중이용업소의 영업장이 속한 건축물로 소방본부장의 요청에 의하여 시·도경찰청장이 지정한 곳

3. 시·도경찰청장이 도로에서의 위험을 방지하고 교통의 안전과 원활한 소통을 확보하기 위하여 필요하다고 인정하여 지정한 곳

3) 주·정차 방법

① 도로에서 정차를 하고자 하는 때에는 우측 가장자리에 하여야 한다.

② 보도와 차도의 구분이 없는 도로에서는 도로의 우측 가장자리로부터 중앙으로 50cm이상의 거리를 띄어 두어야 한다.

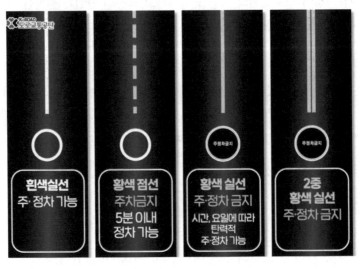

출처: 도로교통공단

6 ▶ 승차 또는 적재 제한

(1) 운행 상 안전 기준

① **인원** : 승차 정원의 110%이내(단 고속버스, 화물차는 제외하며, 고속도로이외의 도로에서)

② **적재량**

㉮ 중량 : 적재 중량의 110% 이내

㉯ 용량

㉠ 길이 : 자동차 길이의 1/10을 더한 길이

㉡ 너비 : 후사경으로 후방을 확인할 수 있는 범위

㉢ 높이 : 지상으로부터 3.5m(화물자동차)의 높이

(2) 안전 기준을 넘는 승차·적재의 허가 : 출발지를 관할하는 경찰서장의 허가 시 폭의 양 끝에 너비 30cm, 길이 50cm의 **빨간 헝겊 표지**를 부착하여야 한다.

주취 중 운전 금지

(1) 술에 취한 상태의 기준 : 혈중 알콜 농도 0.03% 이상 0.08%미만 (개정 2018.12.24.)

(2) 벌칙 (148조의2)

　　단순음주의 경우 5년 이하의 징역이나 2000만원 이하의 벌금, 음주운전으로 사람이 다치는 교통사고를 야기한 경우는 「특정범죄 가중처벌 등에 관한 법률」에 의해 부상사고인 경우 1년 이상 15년 이하의 징역 또는 1,000만원 이상 3,000만원 이하의 벌금, 사망사고인 경우 무기 또는 3년 이상의 징역형을 처벌받는다.

8　　교통사고 야기 시 벌점 기준

구　분		벌 점	내　용
인적피해 교통사고	사망 1명마다	90점	사고 발생 시부터 72시간 내에 사망한때
	중상 1명마다	15점	3주 이상의 치료를 요하는 의사의 진단이 있는 부상
	경상 1명마다	5점	5일 이상 3주 미만의 치료를 요하는 의사의 진단이 있는 부상
	부상신고 1명마다	2점	5일 미만의 치료를 요하는 의사의 진단이 있는 부상

항　목	내　용		비　고
정지처분 집행시기	처분 벌점이 40점 이상이 되어 면허증을 회수한 날부터 기산		
누산점수 초과로 인한 면허취소 기준	기　간	벌점 또는 누산점수	3년간 관리함
	1 년간	121점 이상	
	2 년간	201점 이상	
	3 년간	271점 이상	
도주 차량 검거로 인한 누산점수 공제 (특혜부여)	도주 차량을 검거하거나 신고하여 검거하게 한 때에는 기간에 관계없이 40점의 특혜점수를 부여함		취소 처분 받게 될 경우 누산 점수에서 공제
운전면허 취소 개별 기준	• 술에 취한 상태의 인명 사고 　(혈중 알콜농도 0.03%~0.08% 미만) • 술에 만취된 상태의 운전(혈중 알콜농도 0.08%이상) • 교통사고 야기 도주 • 단속 경찰공무원 등 폭행(구속)		18개 항목 중의 특히 주요 항목

차로에 따른 통행차의 기준(제16조제1항 및 제39조제1항 관련)

도로		차로 구분	통행할 수 있는 차종
고속도로외의 도로		왼쪽 차로	○ 승용자동차 및 경형·소형·중형 승합자동차
		오른쪽 차로	○ 대형승합자동차, 화물자동차, 특수자동차, 법 제2조제18호나목에 따른 건설기계, 이륜자동차, 원동기장치자전거
고속도로	편도 2차로	1차로	○ 앞지르기를 하려는 모든 자동차. 다만, 차량통행량 증가 등 도로상황으로 인하여 부득이하게 시속 80킬로미터 미만으로 통행할 수밖에 없는 경우에는 앞지르기를 하는 경우가 아니라도 통행할 수 있다.
		2차로	○ 모든 자동차
	편도 3차로 이상	1차로	○ 앞지르기를 하려는 승용자동차 및 앞지르기를 하려는 경형·소형·중형 승합자동차. 다만, 차량통행량 증가 등 도로상황으로 인하여 부득이하게 시속 80킬로미터 미만으로 통행할 수밖에 없는 경우에는 앞지르기를 하는 경우가 아니라도 통행할 수 있다.
		왼쪽 차로	○ 승용자동차 및 경형·소형·중형 승합자동차
		오른쪽 차로	○ 대형 승합자동차, 화물자동차, 특수자동차, 법 제2조제18호나목에 따른 건설기계

(1) 규제표지

통행금지표지	자동차 통행금지표지	화물자동차 통행금지표지	승합자동차 통행금지표지	2륜자동차 및 원동기장치자전거 통행금지표지	승용자동차2륜자동차 및 원동기장치자전거 통행금지 표지
통행금지					
경운가트랙터 및 손수레 통행금지표지	자전거 통행금지표지	진입금지표지	직진금지표지	우회전금지표지	좌회전금지표지
		진입금지			
유턴금지표지	앞지르기금지 표지	정차주차금지표지	주차금지표지	차중량제한표지	차높이제한표지
		주정차금지	주차금지	5.5 t	3.5m

차폭제한표지	차간거리확보표지	최고속도제한표지	최저속도제한 표지	서행표지	일시정지표지
←2.2m→	50m	50	30	천천히 SLOW	정지 STOP
양보표지	보행자보행금지 표지	위험물적재차량 통행금지표지			
양보 YIELD					

(2) 지시표지

자동차전용도로표지	자전거전용도로표지	자전거 및 보행자 겸용 도로 표지	회전교차로표지	직진표지	우회전표지
전용	자전거전용				
좌회전 표지	직진 및 우회전표지	직진 및 좌회전표지	좌회전 및 유턴표지	좌우회전표지	유턴표지
양측방통행표지	우측면통행표지	좌측면통행표지	진행방향별 통행구분표지	우회로표지	자전거 및 보행자 통행구분표지
자전거전용차로표지	주차장표지	자전거주차장표지	보행자 전용도로표지	횡단도로표지	노인보호표지 (노인보호구역안)
자전거전용	주차 P	P 자전거주차	보행자전용도로	횡단보도	노인보호
어린이보호표지 (어린이보호구역안)	장애인보호표지	자전거횡단도표지	일방통행표지	일방통행표지	일방통행표지
어린이보호	장애인보호	자전거횡단	일방통행	일방통행	일방통행
비보호좌회전표지	버스전용차로표지	다인승차량전용차로	통행우선표지	자전거 나란히 통행허용	
비보호	전용	다인승 전용			

(3) 보조표지

거리표지	거리표지	구역표지	일자표지	시간표지
100m 앞 부터	여기부터500m	시 내 전 역	일요일 · 공휴일제외	08:00~20:00
시간표지	신호 동화상태표지	전방우선도로표지	안전속도표지	기상상태표지
1시간이내 차돌수있음	적신호시	앞에 우선도로	안전속도 30	안개지역
노면상태표지	교통규제표지	통행규제표지	차량한정표지	통행주의표지
	차로엄수	건너가지마시오	승용차에 한함	속도를줄이시오
충돌주의표지	표지설명표지	구간시작표지	구간내표지	구간끝표지
충 돌 주 의	터널길이 258m	구간시작 ← 200m	구 간 내 ↔ 400m	구 간 끝 → 600m
우방향표지	좌방향표지	전방표지	중량표지	노폭표지
→	←	↑ 전방 50M	3.5t	▶ 3.5m ◀
거리표지	해제표지	견인지역표지	어린이보호구역표지	
100m	해 제	견 인 지 역	어린이보호구역 =여기부터 100M= 08:00-09:00 12:00-15:00 (휴교일제외)	

(4) 주의표지

+자형 교차로	T자형 교차로	Y자형 교차로	ㅏ자형 교차로	ㅓ자형 교차로	우선도로 표지
우합류 도로표지	좌합류 도로표지	회전형 교차로표지	철길건널목 표지	우로굽은도로표지	좌로굽은도로표지
우좌로굽은도로표지	좌우로굽은 도로표지	2방향통행표지	오르막경사표지	내리막경사표지	도로폭이좁아짐표지
우측차로없어짐표지	좌측차로없어짐표지	우측방통행표지	양측방통행표지	중앙분리대시작표지	중앙분리대끝남표지
신호기표지	미끄러운도로표지	강변도로표지	노면고르지못함표지	과속방지턱표지	낙석도로표지
횡단보도표지	어린이보호표지	자전거표지	도로공사중표지	비행기 표지	횡풍표지
터널표지	교량표지	야생동물보호표지	위험 표지	상습정체구간표지	

(5) 표시판

주의	규제	지시	보조
100~210	100~210	100이상	100이상

(6) 노면표시

중앙선				유턴구역선	차선	버스전용차로	길가장자리구역선

진로변경제한선	진로변경제한선	진로변경제한선	노상장애물		우회전금지

좌회전금지	직진금지	좌우회전금지	유턴금지	주차금지	정차주차금지

속도제한	속도제한 (어린이보호구역안)	서행	일시정지	양보	평행주차

직각주차	경사주차	정차금지지대	유도선	유도	유도

유도	횡단보도예고	서행	정지선	안전지대	횡단보도

고원식 횡단보도	자전거횡단도	자전거전용도로	어린이보호구역	진행방향	진행방향

진행방향	진행방향 및 방면	진행방향 및 방면	비보호좌회전	차로변경	오르막경사면

① **도로명 주소**란 부여된 도로명, 기초번호, 건물번호, 상세주소에 의하여 건물의주소를 표기하는 방식으로, 도로에는 도로명을 부여하고, 건물에는 도로에 따라 규칙적으로 건물번호를 부여하여 도로명과 건물번호 및 상세주소(동·층·호)로 표기하는 주소제도이다.

② **도로명과 건물번호**

㉮ 도로명 : 도로 구간마다 부여한 이름으로, 주된 명사에 도로별 구분기준인 대로(8차로 이상), 로(2차로에서 7차로까지), 길('로'보다 좁은 도로)을 붙여서 부여

㉯ 건물번호 : 도로시작점에서 20m 간격으로 왼쪽은 홀수, 오른쪽은 짝수를 부여

㉰ 도로구간 설정 : 직진성· 연속성을 고려, 서→동, 남→북 방향으로 설정

㉱ 건물번호 부여 : 주된 출입구에 인접한 도로의 기초번호 사용 원칙

(건물번호 부여 대상은 생활의 근거가 되는 건물)

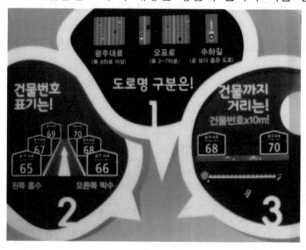

(1) 건물번호판 및 도로명판

구분	종류 및 의미		
	일반용	관공서용	문화재·관광지용
건물번호판	세종대로 Sejong-daero **209** (도로명 / 건물번호) / 중앙로 **35** Jungang-ro	**262** 중앙로 Jungang-ro	ⓘ **24** 보성길 Boseong-gil
	기초번호판	예고명 도로명판	
도로명판	종 로 Jong-ro **2345** (도로명 / 기초번호)	종로 200m Jong-ro ① 종로: 현 위치에서 다음에 나타날 도로는 '종로' ② 200m: 현 위치로부터 전방 200m에 예고한 도로가 있음	

(3) 도로명판 보는 법

도로명판	명판의 의미
강남대로 1→699 Gangnam-daero	① 강남대로 : 넓은 길, 시작지점을 의미 ② 1→ : 현 위치는 도로 시작점 '1' ③ → 699 : 강남대로는 6.99km(699×10m)
1←65 **대정로23번길** Daejeong-ro 23beon-gil	① 대정로23번길 : 대정로 시작지점에서부터 약 230m 지점에서 왼쪽으로 분기된 도로 ② ← 65 : 현 위치는 도로 끝지점 '65' ③ 1→ 65 : 이 도로는 650m(65×10m)
02 **중앙로** 06 Jungang-ro	① 중앙로 : 전방 교차 도로는 중앙로 ② 02 : 좌측으로 02번 이하 건물 위치 ③ 96 : 우측으로 96번 이상 건물 위치
사임당로 250 ↑ Saimdang-ro 92	① 사임당로 : 사임당로의 중간 지점을 의미 ② 92 : 현 위치는 사임당로상의 92번 ③ 92 → 250 : 사임당로의 남은 거리는 1.58km[(250−92)×10m]

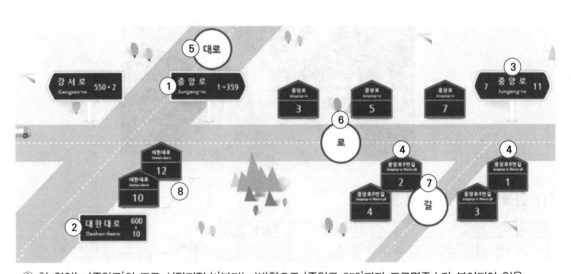

① 현 위치는 '중앙로'의 도로 시작지점 '1'부터(→)방향으로 '중앙로 359'까지 도로명주소가 부여되어 있음
② 현 위치는 '대한대로'의 중간지점 '10'부터(↑)방향으로 '대한대로 600'까지 있음
③ 교차로에 설치되며 왼쪽(←)은 '7'이하 오른쪽은 '9' 이상의 건물들이 있음
④ '중앙로'를 기점으로 왼쪽은 홀수, 오른쪽은 짝수
⑤ 대로 : 8차로 이상
⑥ 로 : 2차로에서 7차로까지
⑦ 길 : '로'보다 좁은 도로
⑧ 건물 사이 간격은 약 20m

114

2방향 도로명표지	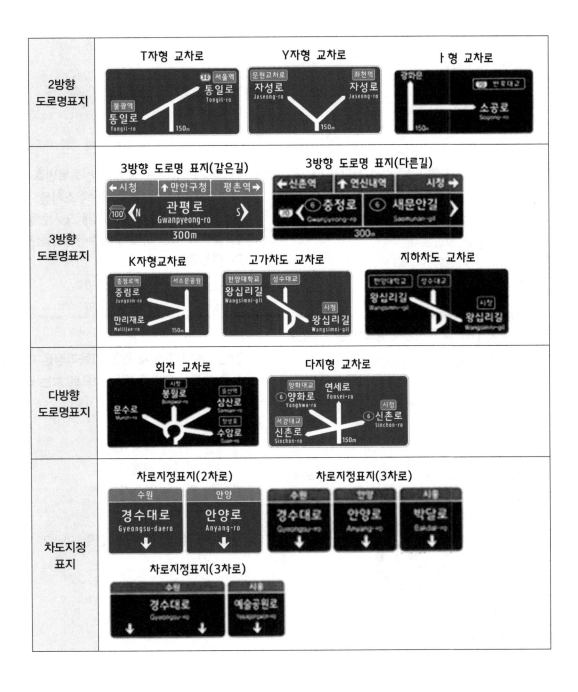
3방향 도로명표지	
다방향 도로명표지	
차도지정 표지	

1 도로교통법 상 서행 또는 일시 정지할 장소로 지정된 곳은?

① 안전지대 우측
② 최고중량 제한표시
③ 좌우를 확인할 수 없는 교차로
④ 교량 위

2 도로교통 법규 상 주차금지 장소로 틀린 곳은?

① 화재 경보기로부터 3m 이내인 곳
② 소방용 방화 물통으로부터 5m 이내인 곳
③ 터널 안 및 다리 위
④ 전신주로부터 20m 이내인 곳

3 다음 그림의 교통안전표지에 대한 설명으로 맞는 것은?

① 30톤 자동차 전용도로
② 최고중량 제한표시
③ 최저시속 30킬로미터 속도제한 표시
④ 최고시속 30킬로미터 속도제한 표시

4 자동차전용 편도 4 차로 도로에서 굴삭기와 지게차의 주행차로는?

① 3차로   ② 2차로
③ 4차로   ④ 1차로

5 건설기계조종사는 성명, 주민등록번호 및 국적의 변경이 있는 경우에는 주소지를 관할하는 시장, 군수 또는 구청장에게 그 사실을 발생한 날부터 며칠 이내에 변경신고서를 제출해야 하는가?

① 30일   ② 15일
③ 45일   ④ 10일

6 건설기계의 조종에 관한 교육과정을 이수한 경우 조종사 면허를 받은 것으로 보는 소형건설기계로 틀린 것은?

① 5톤 이상의 기중기
② 3톤 미만의 굴삭기
③ 3톤 미만의 지게차
④ 5톤 미만의 불도저

7 건설기계검사의 종류로 틀린 것은?

① 예비검사
② 정기검사
③ 구조변경검사
④ 신규등록검사

8 차마가 도로 이외의 장소에 출입하기 위하여 보도를 횡단하려고 할 때 가장 적절한 통행방법은?

① 보행자가 없으면 빨리 주행한다.
② 보행자가 있어도 차마가 우선 출입한다.
③ 보행자 유무에 구애받지 않는다.
④ 보도 직전에서 일시 정지하여 보행자의 통행을 방해하지 말아야 한다.

9 건설기계의 정기검사 연기사유에 해당되지 않는 것은?

① 건설기계의 사고발생
② 건설기계의 도난
③ 7일 이내의 기계정비
④ 천재지변

10 산업안전보건법상 산업재해의 정의로 맞는 것은?

① 고의로 물적 시설의 파손한 것도 산업재해에 포함하고 있다.
② 일상 활동에서 발생하는 사고로서 인적 피해뿐만 아니라 물적 손해까지 포함하는 개념이다.
③ 운전 중 본인의 부주의로 교통사고가 발생된 것을 말한다.
④ 근로자가 업무에 관계되는 작업이나 기타 업무에 기인하여 사망 또는 부상하거나 질병에 걸리게 되는 것을 말한다.

11 자동차 1종 대형면허로 조종할 수 없는 건설기계는?

① 덤프트럭
② 아스팔트 피니셔
③ 아스팔트 살포기
④ 콘크리트 믹서트럭

12 건설기계관리법상 건설기계가 국토교통부장관이 실시하는 검사에 불합격하여 정비명령을 받았음에도 불구하고 건설기계 소유자가 이 명령을 이행하지 않았을 때 벌칙은?

① 1000만원 이하의 벌금
② 300 만원 이하의 벌금
③ 700만원 이하의 벌금
④ 500만원 이하의 벌금

13 차마가 도로의 중앙이나 좌측 부분을 통행할 수 있는 경우는 도로 우측 부분의 폭이 몇 미터에 미달하는 도로에서 앞지르기 할 때인가?

① 3미터
② 5미터
③ 6미터
④ 10미터

14 교통안전시설이 표시하는 신호와 경찰공무원의 수신호가 다른 경우 통행방법으로 옳은 것은?

① 수신호는 보조 신호이므로 따르지 않아도 된다.
② 신호기 신호를 우선적으로 따른다.
③ 경찰공무원의 수신호에 따른다.
④ 자기가 판단하여 위험이 없다고 생각되면 아무 신호에 따라도 된다.

15 지게차의 정기검사 검사유효기간은?

① 1년
② 2년
③ 3년
④ 6개월

16 건설기계 정기검사 연기 사유로 틀린 것은?

① 건설기계를 도난 당했을 때
② 1개월 이상에 걸친 정비를 하고 있을 때
③ 건설기계의 사고가 발생했을 때
④ 건설기계를 건설현장에 투입했을 때

17 건설기계 대여업의 등록 시 필요 없는 서류는?

① 건설기계 소유 사실을 증명하는 서류
② 모든 종업원의 신원증명서
③ 주기장시설보유확인서
④ 사무실의 소유권 또는 사용권이 있음을 증명하는 서류

18 다음 중 도로교통법을 위반한 경우는?

① 노면이 얼어붙은 곳에서 최고 속도의 20/100을 줄인 속도로 운행했다.

② 낮에 어두운 터널 속을 통과할 때 전조등을 켰다.

③ 소방용 방화 물통으로부터 10m 지점에 주차하였다.

④ 밤에 교통이 빈번한 도로에서 전조등을 계속 하향했다.

19 도로교통법 상 철길 건널목을 통과할 때 방법으로 가장 적합한 것은?

① 신호등이 없는 철길 건널목을 통과할 때에는 서행으로 통과 하여야 한다.

② 신호기가 없는 철길 건널목을 통과할 때에는 건널목 앞에서 일시 정지하여 안전한지의 여부를 확인한 후에 통과하여야 한다.

③ 신호기와 관련 없이 철길 건널목을 통과할 때에는 건널목 앞에서 일시정지하여 안전한지의 여부를 확인한 후에 통과하여야 한다.

④ 신호등이 있는 철길 건널목을 통과할 때에는 건널목 앞에서 일시 정지하여 서행으로 통과하여야 한다.

20 제 1 종 운전면허를 받을 수 없는 사람은?

① 두 눈을 동시에 뜨고 잰 시력이 0.8이상인 사람

② 적색, 황색, 녹색의 색체 식별이 가능한 사람

③ 한쪽 눈을 보지 못하고, 색체 식별이 불가능한 사람

④ 양쪽 눈의 시력이 각각 0.5이상인 사람

21 차마 서로 간의 통행 우선순위로 바르게 연결된 것은?

① 긴급자동차 외의 자동차 → 긴급자동차 → 원동기 장치자전거 → 자동차 및 원동기 장치 자전거 외의 차마

② 긴급자동차 외의 자동차 → 긴급자동차 → 자동차 및 원동기장치자전거 외의 차마 → 원동기장치자전거

③ 긴급자동차 → 긴급자동차 외의 자동차 → 원동기 장치자전거 → 자동차 및 원동기 장치 자전거 외의 차마

④ 긴급자동차 → 긴급자동차 외의 자동차 → 자동차 및 원동기장치자전거 외의 차마 → 원동기장치자전거

22 특정범죄가중처벌 등에 관한 법률 제 5 조의 11(위험운전 치사상)에 의하여 '음주 또는 약물의 영향으로 정상적인 운전이 곤란한 상태에서 자동차(원동기장치자전거를 포함한다)를 운전하여 사람을 상해에 이르게 한 사람에 대한 벌금은?

① 15년 이하의 징역 또는 1000만원 이상 3천만원 이하의 벌금

② 5년 이하의 징역 또는 500만원 이상 3천만원 이하의 벌금

③ 3년 이하의 징역 또는 500만원 이상 3천만원 이하의 벌금

④ 1년 이하의 징역 또는 500만원 이상 3천만원 이하의 벌금

23 최고주행속도 15km/h 미만의 타이어식 건설기계가 필히 갖추어야 할 조명장치로 틀린 것은?

① 후부반사기

② 비상점멸 표시등

③ 전조등

④ 제동등

24 주차 및 정차 금지 장소는 건널목의 가장자리로부터 몇 미터 이내인 곳인가?

① 5m　　　　② 30m
③ 10m　　　④ 2m

25 건설기계관리법령상 정비업의 범위에서 제외되는 행위가 아닌 것은?

① 창유리 또는 배터리 교환
② 엔진 흡·배기 밸브의 간극조정
③ 에어크리너 엘리먼트 및 필터류의 교환
④ 트랙의 장력 조정

26 건설기계 조종사면허의 취소 사유로 틀린 것은?

① 부정한 방법으로 면허를 받은 때
② 술에 만취한 상태에서 건설기계를 조종한 때
③ 건설기계 조종 중 과실로 2명의 사망자가 발생한 때
④ 약물(마약, 대마, 환각물질)을 투여한 상태에서 조종한 때

27 도로교통법상 벌점의 누산 점수 초과로 인한 면허취소 기준 중 1년간 누산 점수는 몇 점인가?

① 121점　　　② 201점
③ 271점　　　④ 190점

28 건설기계를 도난당한 때 등록말소사유 확인 서류로 적당한 것은?

① 주민등록등본
② 경찰서장이 발행한 도난신고 접수 확인원
③ 봉인 및 번호판
④ 수출신용장

29 도로교통법에 위반되는 행위는?

① 철도건널목 바로 전에 일시 정지 하였다.
② 주간에 방향을 전환할 때 방향 지시등을 켰다.
③ 다리 위에서 앞지르기를 하였다.
④ 야간에 마주보고 진행시 전조등의 광도를 감하였다.

30 건설기계조종사 면허를 거짓이나 부정한 방법으로 받았거나 도로나 타인의 토지에 방치한 자에 대한 벌칙은?

① 1년 이하의 징역 또는 1000만원 이하의 벌금
② 2년 이하의 징역 또는 2000만원 이하의 벌금
③ 2000만원 이하의 벌금
④ 1000만원 이하의 벌금

31 지게차 작업 중 재산손실 50 만원 상당의 피해를 입혔을 시 면허효력정지 기간은 며칠 인가?

① 면허효력정지 1일
② 면허효력정지 2일
③ 면허효력정지 3일
④ 면허효력정지 10일

32 아래 교통안전규제표지에서 차높이 제한 표지로 맞는 것은?

① 　②

③ 　④

33 특별표지판 부착 대상인 대형 건설기계로 틀린 것은?

① 높이가 6m인 건설기계
② 총중량 45톤인 건설기계
③ 길이가 15m인 건설기계
④ 너비가 2.8m인 건설기계

34 건설기계의 구조 변경 가능 범위에 속하지 않는 것은?

① 조종장치의 형식 변경
② 건설기계의 깊이, 너비, 높이 변경
③ 적재함의 용량 증가를 위한 변경
④ 수상작업용 건설기계 선체의 형식 변경

35 건설기계 운전자가 조종 중 고의로 인명피해를 입히는 사고를 일으켰을 때 면허처분 기준은?

① 면허취소
② 면허효력 정지 20일
③ 면허효력 정지 10일
④ 면허효력 정지 30일

36 성능이 불량하거나 사고가 자주 발생하는 건설기계의 안전성 등을 점검하기 위하여 실시하는 심사는?

① 수시검사   ② 구조변경검사
③ 정기검사   ④ 예비검사

37 도로교통법상 모든 차의 운전자가 서행하여야 하는 장소에 해당하지 않는 곳은?

① 편도 2차로 이상의 다리 위
② 비탈길의 고개 마루 부근
③ 가파른 비탈길의 내리막
④ 도로가 구부러진 부근

38 건설기계의 등록 전에 임시운행 사유에 해당되지 않는 것은?

① 장비 구입 전 이상 유무 확인을 위해 1일간 예비 운행을 하는 경우
② 수출을 하기 위하여 건설기계를 선적지로 운행하는 경우
③ 신개발 건설기계를 시험·연구의 목적으로 운행하는 경우
④ 등록신청을 하기 위하여 건설기계용 등록지로 운행하는 경우

39 그림의 교통안전 표지는?

① 좌·우회전 표지
② 양측방 일방 통행표지
③ 양측방 통행 금지표지
④ 좌·우회전 금지표지

40 도로교통법상에서 정의된 긴급자동차로 틀린 것은?

① 응급 전신·전화 수리공사에 사용되는 자동차
② 위독환자의 수혈을 위한 혈액 운송 차량
③ 학생운송 전용버스
④ 긴급한 경찰업무수행에 사용되는 자동차

41 건설기계의 조종 중 고의 또는 과실로 가스 공급시설을 손괴할 경우 조종사면허의 처분 기준은?

① 면허효력정지 180일
② 면허 취소
③ 면허효력정지 25일
④ 면허효력정지 10일

42 승차 또는 적재의 방법과 제한에서 운행상의 안전기준을 넘어서 승차 및 적재가 가능한 경우는?

① 관할 시·군수의 허가를 받은 때
② 출발지를 관할하는 경찰서장의 허가를 받은 때
③ 동·읍 면장의 허가를 받은 때
④ 도착지를 관할하는 경찰서장의 허가를 받은 때

43 건설기계 등록이 말소되는 사유에 해당 하지 않는 것은?

① 건설기계를 수출할 때
② 건설기계의 구조 변경을 했을 때
③ 건설기계를 폐기한 때
④ 건설기계가 멸실 되었을 때

44 건설기계 등록신청 시 첨부하지 않아도 되는 서류는?

① 건설기계제작증
② 건설기계의 소유자임을 증명하는 서류
③ 호적 등본
④ 건설기계제원표

45 건설기계관리법상 건설기계의 소유자는 건설기계를 취득한 날부터 얼마 이내에 건설기계 등록신청을 해야 하는가?

① 3개월 이내 ② 6개월 이내
③ 2개월 이내 ④ 1년 이내

46 반드시 건설기계정비업체에서 정비하여야 하는 것은?

① 엔진 탈·부착 및 정비
② 배터리의 교환
③ 창유리의 교환
④ 오일의 보충

47 건설기계의 제동장치에 대한 정기검사를 면제받기 위한 건설기계제동 장치정비 확인서를 발행 받을 수 있는 곳은?

① 건설기계매매업자
② 건설기계정비업자
③ 건설기계대여회사
④ 건설기계부품업자

48 폐기요청을 받은 건설기계를 폐기하지 아니하거나 등록번호표를 폐기하지 아니한 자에 대한 벌칙은?

① 2년 이하의 징역 또는 2천만원 이하의 벌금
② 2백만원 이하의 벌금
③ 1백만원 이하의 벌금
④ 1년 이하의 징역 또는 1천만원 이하의 벌금

49 건설기계에서 구조변경 및 개조를 할 수 없는 항목은?

① 적재함의 용량증가를 위한 구조변경
② 제동장치의 형식변경
③ 원동기의 형식변경
④ 유압장치의 형식변경

50 건설기계의 검사를 연장 받을 수 있는 기간을 잘못 설명한 것은?

① 건설기계대여업을 휴지한 경우 : 사업의 개정신고를 하는 때 까지
② 압류된 건설기계의 경우 : 압류기간 이내
③ 장기간 수리가 필요한 경우 : 소유자가 원하는 기간
④ 해외 임대를 위하여 일시 반출된 경우 : 반출기간 이내

51 건설기계관리법령상 조종사면허를 받은 자가 면허의 효력이 정지된 때는 그 사유가 발생한 날부터 며칠 이내에 주소지를 관할하는 시장·군수 또는 구청장에게 그 면허증을 반납해야 하는가?

① 10일 이내　　　② 30일 이내
③ 60일 이내　　　④ 100일 이내

52 다음 그림과 같은 교통표지의 설명으로 맞는 것은?

① 일단정지 표지이다.
② 우로 일반통행 표지이다.
③ 진입금지 표지이다.
④ 좌로 일방통행 표지이다.

53 건설기계 등록 시 전시, 사변 등 국가비상사태에는 며칠이내에 등록하여야 하는가?

① 5일　　　② 7일
③ 10일　　　④ 30일

54 특별표지 부착대상 건설기계 중 틀린 것은?

① 총중량 40t인 건설기계
② 너비가 2.5m인 건설기계
③ 높이가 4.0m인 건설기계
④ 총중량 상태에서 축하중 10t인 건설기계

55 건설기계조종사 적성검사 기준으로 가장 거리가 먼 것은?

① 두 눈을 동시에 뜨고 잰 시력이 0.7이상이고, 두 눈의 시력이 각각 0.3 이상일 것
② 언어분별력이 80% 이상일 것
③ 시각은 150°도 이상일 것
④ 교정시력의 경우는 시력이 2.0 이상일 것

56 도로교통법규상 4차로 이상 고속도로에서 건설기계의 최저속도는?

① 30km　　　② 60km
③ 40km　　　④ 50km

57 1종 운전면허를 받을 수 없는 사람은?

① 55데시벨의 소리를 들을 수 있는 사람
② 양쪽 눈의 시력이 각 각 0.5인 사람
③ 두 눈을 동시에 뜨고 잰 시력이 0.5인 사람
④ 적, 황, 녹색의 색채 식별이 가능한 사람

58 타이어식 굴삭기의 정기검사 유효기간으로 옳은 것은?

① 3년　　　② 6개월
③ 1년　　　④ 2년

59 3차선 도로에서 1차로로 갈 수 있는 차는?

① 승용, 경형, 소형.중형승합승용차
② 대형승합자동차
③ 건설기계
④ 특수자동차

60 지게차에 붙어있는 명판에 적혀있는 사항 중 올바른 표기는?

① 모델명, 일련번호, 하중, 정격출력, 장비중량, 제조년도
② 모델명, 일련번호, 하중, 소재지, 장비중량, 제조년도
③ 모델명, 일련번호, 하중, 정격출력, 장비중량, 소재지
④ 소재지, 일련번호, 하중, 정격출력, 장비중량, 제조년도

61 자격증이 없는 무면허 운전자가 건설기계를 운전하다 적발되었다. 다음 중 맞는 것은?

① 벌금 300만원 미만
② 벌금 1000만원 미만
③ 벌금 500만원 미만
④ 벌금 50만원 미만

62 도로교통법에 의한 술에 취한 상태의 기준은 혈중알콜농도가 최소 몇 퍼센트 이상인 경우인가?

① 0.25 ② 1.25
③ 1.50 ④ 0.03

63 고의로 경상 2명의 인명피해를 입힌 건설기계를 조종한 자에 대한 면허의 취소·정지처분 내용으로 맞는 것은?

① 면허 취소
② 면허효력 정지 30일
③ 면허효력 정지 20일
④ 면허효력 정지 60일

64 다음 중 도로 명 주소의 형식이 다른 것은?

①

②

③

④

65 다음 중 문화재, 관광용 건물 번호판으로 맞는 것은?

①   ②

③   ④

66 다음 중 주도로의 기초번호 부여 기준으로 맞지 않는 것은?

① 도로의 끝 지점에서 시작지점 방향으로 부여
② 도로의 왼쪽에는 홀수, 오른쪽에는 짝수번호 순서대로 부여
③ 도로의 시작지점부터 끝 지점까지 좌우대칭유지
④ 도로의 시작지점에서 끝 지점 방향으로 부여

67 다음 도로 명 예고표지는 어떤 도로를 의미하는가?

① 회전 교차로
② Y자형 교차로
③ K형 교차로
④ 디지털 교차로

68 다음 중 축전지의 인디게이터의 색을 보고 알 수 있는 것이 아닌 것은?

① 검정색 : 충전 필요
② 흰색 : 교환 필요
③ 주황색 : 정상
④ 녹색 : 정상

69 건설기계 등록말소 사유 중 반드시 시·도지사가 직권으로 등록 말소 하여야 하는 것은?

① 거짓 그 밖의 부정한 방법으로 등록을 한 때
② 건설기계를 수출하는 때
③ 건설기계의 용도를 폐지한 때
④ 검사최고를 받고도 정기검사를 받지 아니한 때

70 건설기계 등록사항 변경이 있을 때, 소유자는 건설기계등록사항 변경신고서를 누구에게 제출하여야 하는가?

① 관할검사소장
② 행정자치부장관
③ 시·도지사
④ 고용노동부 장관

71 건설기계관리법령상 특별 표지판을 부착하여야 할 건설기계의 범위에 해당하지 않는 것은?

① 높이가 4미터를 초과하는 건설기계
② 길이가 10미터를 초과하는 건설기계
③ 총중량이 40톤을 초과하는 건설기계
④ 최소회전반경이 12미터를 초과하는 건설기계

72 차량이 남쪽에서부터 북쪽 방향으로 진행 중일 때, 그림의 3 방향 도로명 표지에 대한 설명으로 틀린 것은?

① 차량을 직진하는 경우 '서소문공원'방향으로 갈 수 있다.
② 차량을 좌회전하는 경우 '중림로' 또는 '만리재로'로 진입할 수 있다.
③ 차량을 좌회전하는 경우 '중림로' 또는 '만리재로' 도로구간의 끝지점과 만날 수 있다.
④ 차량을 '중림로'로 좌회전하면 '충정로역' 방향으로 갈 수 있다.

73 건설기계조종사의 면허취소 사유에 해당되는 것은?

① 과실로 3명 이상에게 중상을 입힌 때
② 고의로 인명피해를 입힌 때
③ 과실로 1명 이상을 사망하게 한때
④ 과실로 10명 이상에게 경상을 입힌 때

74 건설기계의 정기검사신청기간 내에 정기점사를 받은 경우, 다음 정기검사 유효 기간의 산정방법으로 옳은 것은?

① 종전 검사유효기간 만료일의 다음날부터 기산한다.
② 정기검사를 받은 날의 다음날부터 기산한다.
③ 정기검사를 받은 날부터 기산한다.
④ 종전 검사유효기간 만료일부터 기산한다.

75 건설기계의 정기검사 유효기간이 1년이 되는 것은 신규등록일로 부터 몇 년 이상 경과되었을 때인가?

① 15년   ② 10년
③ 5년   ④ 20년

76 소유자의 신청이나 시·도지사의 직권으로 건설기계의 등록을 말소할 수 있는 경우 중 틀린 것은?

① 건설기계를 수출하는 경우
② 건설기계 정기검사에 불합격된 경우
③ 건설기계의 차대가 등록 시의 차대와 다른 경우
④ 건설기계를 도난당한 경우

77 건설기계조종사면허를 받지 아니하고 건설기계를 조종한 자에 대한 벌칙 기준은?

① 2년 이하의 징역 또는 1천만 원 이하의 벌금
② 2백만 원 이하의 벌금
③ 1백만 원 이하의 벌금
④ 1년 이하의 징역 또는 1천만 원 이하의 벌금

78 건설기계관리법령상 구조변경검사를 받지 아니한 자에 대한 처벌은?

① 1000만 원 이하의 벌금
② 200만 원 이하의 벌금
③ 250만 원 이하의 벌금
④ 150만 원 이하의 벌금

79 도로교통법상 반드시 서행하여야 할 장소로 지정된 곳으로 가장 적절한 것은?

① 교통정리가 행하여지고 있는 횡단보도
② 비탈길의 고개 마루 부근
③ 안전지대 우측
④ 교통정리가 행하여지고 있는 교차로

80 건설기계관리법상 건설기계의 구조를 변경할 수 있는 범위에 해당되는 것은?

① 육상작업용 건설기계의 규격을 증가시키기 위한 구조 변경
② 원동기의 형식 변경
③ 건설기계의 기종 변경
④ 육상작업용 건설기계의 적재함 용량을 증가시키기 위한 구조 변경

81 전기화재에 적합하며 화점에 분사하는 소화기로 산소를 차단하는 소화기는?

① 분말 소화기   ② 이산화탄소 소화기
③ 증발 소화기   ④ 포말 소화기

82 건설기계조종사의 적성검사에 대한 설명으로 옳은 것은?

① 적성검사는 60세까지만 실시한다.
② 적성검사에 합격하여야 면허 취득이 가능하다.
③ 적성검사는 수시 실시한다.
④ 적성검사는 2년마다 실시한다.

83 다음 그림의 교통안전표지에 대한 설명으로 맞는 것은?

① 차량중량 제한표지이다.
② 차간거리 최저 5.5m 표지이다.
③ 차간거리 최고 5.5m 표지이다.
④ 5.5톤 자동차 전용도로 표지이다.

84 도로 교통법상 어린이로 규정되고 있는 연령은?

① 6세 미만   ② 13세 미만
③ 16세 미만   ④ 12세 미만

85 버스정류장으로부터 몇 m 이내에 정차 및 주차를 해서는 안 되는가?

① 3m　　　　② 5m

③ 8m　　　　④ 10m

86 건설기계관리법의 입법 목적에 해당되지 않는 것은?

① 건설기계의 규제 및 통제를 하기 위함

② 건설공사의 기계화를 촉진함

③ 건설기계의 효율적인 관리를 하기 위함

④ 건설기계 안전도 확보를 위함

87 안전기준을 초과하는 화물의 적재허가를 받은 자는 그 길이 또는 폭의 양 끝에 몇 ㎝ 이상의 빨간 헝겊으로 된 표지를 달아야 하는가?

① 너비 : 60cm, 길이 : 90cm

② 너비 : 15cm, 길이 : 30cm

③ 너비 : 30cm, 길이 : 50cm

④ 너비 : 20cm, 길이 : 40cm

88 도로교통법상 도로에서 교통사고로 인하여 사람을 사상한때, 운전자의 조치로 가장 적합한 것은?

① 경찰관에게 신고

② 즉시정차, 사상자구호

③ 중대업무 실시 후 후조치

④ 경찰서에 출두 후 사상자 구호

89 건설기계관리법상 건설기계 소유자에게 건설기계 등록증을 교부할 수 없는 단체장은?

① 대전광역시장

② 강원도지사

③ 세종특별시 시장

④ 전주 시장

90 건설기계관리법령상 롤러운전 건설기계조종사 면허로 조종할 수 없는 건설기계는?

① 콘크리트 살포기

② 콘크리트 피니셔

③ 골재살포기

④ 아스팔트 믹싱플랜트

91 건설기계관리법상 건설기계의 정기검사 유효기간이 잘못된 것은?

① 덤프트럭 : 1년

② 지게차 1톤 이상 : 3년

③ 타워크레인 : 6개월

④ 아스팔트살포기 : 1년

92 자동차 운전 중 교통사고를 일으킨 때 사고 결과에 벌점기준이 아닌 것은?

① 부상신고 1명마다 2점

② 사망 1명마다 90점

③ 경상 1명마다 5점

④ 중상 1명마다 30점

93 건설기계 범위에 해당 되지 않는 것은?

① 항타 및 항발기

② 자체중량 1톤 미만 굴삭기

③ 준설선

④ 3톤 지게차

94 영업용 건설기계등록번호표의 색칠로 맞는 것은?

① 주황색판에 흑색문자

② 녹색판에 흰색문자

③ 흰색판에 검은색문자

④ 청색판에 흰색문자

95 범칙금 납부 통고서를 받은 사람은 며칠 이내에 경찰청장이 지정하는 곳에 납부하여야 하는가?(단, 천재지변이나 그 밖의 부득이한 사유가 있는 경우는 제외한다.)

① 15일 ② 10일
③ 5일 ④ 30일

96 도로교통법령상 교통안전 표지의 종류를 올바르게 나열한 것은?

① 교통안전 표지는 주의, 규제, 지시, 안내, 교통표지로 되어있다.
② 교통안전 표지는 주의, 규제, 지시, 안내, 보조표지로 되어있다.
③ 교통안전 표지는 주의, 규제, 안내, 보조, 통행표지로 되어있다.
④ 교통안전 표지는 주의, 규제, 지시, 보조, 노면표지로 되어있다.

97 일반적으로 지게차의 장비 중량에 포함되지 않는 것은?

① 그리스 ② 운전자
③ 냉각수 ④ 연료

98 건설기계관리법규 상 과실로 경상 14 명의 인명피해를 냈을 때 면허효력정지 처분 기준은?

① 면허취소 ② 60일
③ 70일 ④ 40일

99 건설기계를 등록할 때 건설기계의 출처를 증명하는 서류와 관계없는 것은?

① 건설기계 제작증
② 건설기계 대여업 신고증
③ 수입 면장
④ 건설기계 등록원부 등본

100 다음의 도로 표지판의 설명으로 맞지 않는 것은?

반포대로23길
Banpo-daero 23-gil
1←65

① 도로의 종료지점에 설치되어 있다.
② 반포대로의 230m지점 분기점에 설치되어 있다.
③ 도로의 시작지점에 설치되어 있다.
④ 전체 도로의 길이가 약 650m 가량이다.

101 특정범죄가중처벌 등에 관한 법률 제 5 조의 11(위험운전 치사상)에 의하여 '음주 또는 약물의 영향으로 정상적인 운전이 곤란한 상태에서 자동차(원동기장치자전거를 포함한다)를 운전하여 사람을 상해에 이르게 한 사람에 대한 벌금은?

① 1년 이하의 징역 또는 500만원 이상 3천만원 이하의 벌금
② 3년 이하의 징역 또는 500만원 이상 3천만원 이하의 벌금
③ 5년 이하의 징역 또는 500만원 이상 3천만원 이하의 벌금
④ 15년 이하의 징역 또는 천만원 이상 3천만원 이하의 벌금

102 건설기계조종사의 면허취소 사유 설명으로 맞는 것은?

① 과실로 인하여 2명을 사망하게 하였을 때
② 건설기계로 100만원의 재산피해를 냈을 때
③ 과실로 인하여 8명에게 중상을 입힌 때
④ 과실로 인하여 18명에게 경상을 입힌 때

103 도로주행건설기계 주·정차 방법에 대한 설명이 아닌 것은?

① 도로에 정차하고자 할 때에는 차도 우측 가장자리에 정차하여야 한다.
② 도로에서 정차 및 주차를 하고자 하는 때에는 지방경찰청이 정하는 주차의 장소, 시간 및 방법에 따라야 한다.
③ 차도와 보도의 구분이 없는 도로에서 정차할 때는 도로우측 가장자리에 최대한 붙여서 정차해야 한다.
④ 주·정차 시에는 다른 교통에 방해가 되지 않도록 해야 한다.

104 건설기계 등록번호표의 표시내용 중 틀린 것은?

① 등록 관청   ② 기종
③ 등록 번호   ④ 장비 연식

105 특별표지판을 부착하여야 할 건설기계의 범위에 해당되지 않는 것은?

① 높이가 5m인 건설기계
② 길이가 16m인 건설기계
③ 총중량이 45t인 건설기계
④ 최소 회전반경이 13m인 건설기계

106 도로교통법상에서 운전자가 주행 방향 변경 시 신호를 하는 방법으로 아닌 것은?

① 신호의 시기 및 방법은 운전자가 편리한 대로 한다.
② 방향 전환, 횡단, 유턴, 정지 또는 후진 시 신호를 하여야 한다.
③ 진로 변경 시에는 손이나 등화로서 신호할 수 있다.
④ 진로 변경의 행위가 끝날 때까지 신호를 하여야 한다.

107 지게차의 등록번호표를 지워 없애거나 그 식별을 곤란하게 한 자의 벌금은?

① 50만원   ② 100만원
③ 일천만원   ④ 2천만원

108 건설기계의 건설기계검사대행의 임명권자는?

① 건설기계안전 관리원
② 국토교통부 장관
③ 대통령
④ 시도지사

109 차량이 앞쪽 방향으로 진행 중일 때, 그림의 도로명표지에 대한 설명으로 틀린 것은?

① 계속 직진하면 독립문으로 갈 수 있다.
② 300m 전방의 교차로에서 우회전하면 6번 도로 새문안로로 갈수 있다.
③ 300m 전방의 교차로에서 우회전하여 주행하면 건물번호가 작아진다.
④ 300m 전방의 교차로에서 우회전하여 주행하면 건물번호가 커진다.

110 "총중량"이란 자체중량에 최대적재중량과 조종사를 포함한 승차인원의 체중을 합한 것을 말하며, 승차인원 명의 체중은 ( )킬로 그램으로 본다. 괄호 안에 알 맞는 것은?

① 60kg   ② 65kg
③ 75kg   ④ 85kg

111 "건설기계형식"이란 건설기계의 (　) 등에 관하여 일정하게 정한 것을 말한다. (　) 안에 들어갈 수 없는 것은?

① 구조　　　　② 규격
③ 성능　　　　④ 제원

112 지게차 번호 등록판에 나타나지 않는 것은?

① 기종　　　　② 색깔
③ 재질　　　　④ 지역

113 다음의 도로 표지판의 설명으로 맞지 않는 것은?

① 전체구간이 200m 이다.
② 2차로 이상 8차로 미만에 사용된다.
③ 앞으로 200m 지점에 종로가 나온다.
④ 폭 12M이상에서 40미터 미만으로 2차로부터 7차로까지이다.

114 도로교통법규상 4차로 이상 고속도로에서 건설기계의 최저, 최고속도는?

① 50, 80km　　② 40, 60km
③ 30, 100km　　④ 20, 40km

115 외부에 도시가스 배관을 설치 시 표시할 내용은?

① 가스배관의 높이
② 가스배관의 방향
③ 가스
④ 가스배관의 깊이

116 정기검사를 받지 아니하고 정기검사 신청 만료일로부터 30일 이내인 때의 과태료는?

① 20만원　　　② 2만원
③ 5만원　　　④ 10만원

117 다음 중 무등록 건설기계에 대한 벌금은?

① 1,000만원　　② 20만원
③ 5만원　　　　④ 2,000만원

118 다음 중 방향을 나타내는 도로명 주소가 아닌 것은?

①

②

③

④

119 건설기계조종사 면허증 발급 신청 시 첨부하는 서류와 가장 거리가 먼 것은?

① 소형건설기계조종교육 이수증
② 국가기술자격수첩
③ 가족관계증명서
④ 신체검사서

120 다른 교통에 주의하며 방해되지 않게 진행할 수 있는 신호로 가장 적합한 것은?

① 적색 신호　　② 적색등화 점멸
③ 황색등화 점멸　④ 녹색등화 점멸

121 건설기계 말소(폐기) 신고는 사유가 발생한 날로부터 며칠이내에 하여야하는가?

① 6일　　　　② 10일
③ 15일　　　　④ 30일

122 다음은 유턴을 표시하는 표지판으로 맞는 것은?

① 　　②

③ 　　④

123 건설기계정비업을 강제로 폐쇄시킬 수 없는 항목은?

① 부정한 방법으로 정기점검을 한 때
② 거짓으로 정비내용을 보고
③ 과태료 처분을 받을 경우
④ 사업소경영악화로 지속적인 영업이 어려울 경우

124 다음의 도로표지판에 대한 설명으로 옳은 것은?

① 반포대로 시작점에서 우측으로 23m 지점이다.
② 반포대로 시작점에서 좌측으로 23m 지점이다.
③ 반포대로 시작점에서 좌측에서 12번째 분기점이다.
④ 반포대로 시작점에서 우측에서 13번째 분기점이다.

125 차량이 남쪽에서부터 북쪽방향으로 진행 중일 때, 그림의 "2 방향도로명 표지"에 대한설명이 아닌 것은?

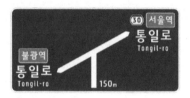

① 차량을 좌회전하는 경우"통일로"로 진입할 수 있다.
② 차량을 좌회전하는 경우"통일로"의 건물번호가 커진다.
③ 차량을 좌회전하는 경우 "통일로"의 건물번호가 작아진다.
④ 차량을 우회전하는 경우 "통일로"로 진입할 수 있다.

126 다음의 도로 표지판이 나타내는 것은?

① 양측방통행　　② 우회전
③ 유턴　　　　　④ 좌우회전

127 다음의 도로 표지판의 설명으로 맞지 않는 것은?

① 도로의 시작지점에 설치되어 있다.
② 전체 도로의 길이가 약 650m 가량이다.
③ 대정로의 230m지점 분기점에 설치되어 있다.
④ 도로의 종료지점에 설치되어 있다.

128 최고속도의 100 분의 20 을 줄인 속도로 운행하여야 할 경우는?

① 비가 내려 노면이 젖어 있을 때
② 폭우·폭설·안개 등으로 가시거리가 100미터 이내일 때
③ 눈이 20밀리미터 이상 쌓인 때
④ 노면이 얼어붙은 때

129 차도와 인도가 구분이 없는 도로에서 정차를 할 때 옳은 것은?

① 중앙차선 가까이 정차 한다.
② 도로의 우측 가장자리에 정차한다.
③ 차체의 선단부를 도로 중앙을 향하도록 비스듬히 정차한다.
④ 우측가장자리로부터 중앙으로 50Cm 이상 거리를 두어야 한다.

130 앞차와의 안전거리를 가장 바르게 설명한 것은?

① 앞차 속도의 2배 거리
② 앞차의 진행방향을 확인할 수 있는 거리
③ 앞차와의 평균 미터 이상거리
④ 앞차가 갑자기 정지하였을 때 충돌을 피할 수 있는 필요한 거리

131 건설기계조종사의 적성검사 기준을 설명한 것으로 아닌 것은?

① 시각이 150도 이상일 것
② 55데시벨의 소리를 들을 수 있을 것
③ 언어분별력이 50% 이상일 것
④ 두 눈을 동시에 뜨고 잰 시력 교정시력 포함하여 0.7 이상일 것

132 건설기계 조종사면허의 취소 사유에 해당되지 않는 것은?

① 면허정지 처분을 받은 자가 그 정지 기간 중에 조종한때
② 과실로 7명 이상에게 중상을 입힌 때
③ 등록된 건설기계를 조종한 때
④ 고의로 1명에게 경상

133 현지 출장검사가 가능한 건설기계는?

① 콘크리트믹서트럭
② 타이어식 굴삭기
③ 아스팔트 살포기
④ 덤프트럭

134 도로교통법에 따라 소방용 기계·기구가 설치된 곳, 소방용 방화물통, 소화전 또는 소화용 방화물통의 흡수구나 흡수관으로부터 ( ) 이내의 지점에 주차를 하여서는 아니된다. ( ) 안에 들어갈 거리는?

① 3미터　　　② 10미터
③ 5미터　　　④ 7미터

135 도로교통법상 주차금지 장소가 아닌 곳은?

① 다리 위
② 터널 안 5m
③ 화재경보기로부터 5m이내
④ 소방용 방화물통으로 5m이내

136 건설기계조종사의 면허증 반납사유가 아닌 것은?

① 면허가 취소된 때
② 면허의 효력이 정지된 때
③ 부상으로 운전이 불가능 할 때
④ 면허증의 재교부를 받은 후 잃어버린 면허증을 발견한 때

137 라식수술을 한사람에 대한 적성검사의 양 안기준은?

① 0.3이상 ② 0.6이상
③ 0.7이상 ④ 0.8이상

138 젖은 노면을 운행할 때는 최고속도의 얼마로 감속 운행하여야 하는가?

① 20/100 ② 30/100
③ 40/100 ④ 50/100

139 등록번호표 제작자는 등록번호표 제작 등의 신청을 받은 날로부터 며칠 이내에 제작하여야 하는가?

① 3일 ② 5일
③ 7일 ④ 10일

140 4차로 이상 고속도로에서 건설기계의 법정 최저와 최고속도는 시속 몇 km 인가?

① 30/80 ② 40/60
③ 50/80 ④ 50/100

141 검사기한이 지난 장비를 계속 사용하고 싶을 때 받는 검사는?

① 구조변경 검사 ② 수시검사
③ 예비검사 ④ 정기검사

142 건설기계를 운행하는데 이에 적용되는 법규로 옳은 것은?

① 건설기계 관리법
② 도로교통법
③ 건설기계관리법과 도로교통법을 같이 적용 받는다.
④ 건설기계관리법외에 도로상을 운행할 때는 도로교통법의 일부만 적용을 받는다.

143 건설기계조종사의 면허취소 사유에 해당하는 것은?

① 과실로 인하여 1명을 사망하게 하였을 경우
② 과실로 인하여 10명에게 경상을 입힌 경우
③ 면허의 효력정지 기간 중 건설기계를 조종한 경우
④ 건설기계로 1천만원 이상의 재산 피해를 냈을 경우

144 건설기계를 운전하며 교차로 이르렀을 때 황색등화가 점멸 되었을 경우 운전자의 조치방법은?

① 그대로 계속 진행한다.
② 정지할 조치를 취하여 정지선에 정지한다.
③ 일시 정지하여 안전을 확인하고 진행한다.
④ 주위의 교통에 주의하면서 진행한다.

145 도로교통법상 주정차 금지장소로 아닌 것은?

① 횡단보도로부터 10M 이내
② 건널목 가장자리
③ 교차로 가장자리
④ 고갯마루 정상 부근

146 과실로 1명을 중상시켰을 때 면허정지 취소 처분은?

① 45일 ② 15일
③ 30일 ④ 5일

147 과실로 경상 1명의 인명피해를 입힌 건설기계를 조종한 자의 처분기준은?

① 면허효력정지 10일
② 면허효력정지 5일
③ 면허효력정지 30일
④ 면허효력정지 20일

148 건설기계 적성검사를 설명한 것으로 옳지 않는 것은?

① 65세 미만인 경우는 10년마다 정기적성검사를 받아야 한다.
② 기간 내 받지 아니한 자는 50만원 이하의 과태료가 부과 된다.
③ 65세 이상인 경우는 5년마다 정기적성검사를 받아야 한다.
④ 정기적성검사를 받지 않거나 불합격인 경우 면허취소가 되지 않는다.

149 국토교통부가 지정한 교육기관에서 교육 이수하여야 만 운전할 수 있는 지게차는?

① 3톤 미만　　② 3.5톤 미만
③ 4톤 미만　　④ 10톤 미만

150 다음 중 건설기계 면허를 받을 수 없는 자로 틀린 것은?

① 마약, 약물투여자
② 만18세 미만인 자
③ 파산한 자
④ 양안시력이 0.5이하인 자

151 다음 중 건설기계조종사 면허에 관한 설명으로 아닌 것은?

① 콘크리트 믹서트럭이나 덤프트럭 등의 건설기계를 조종하고자 하는 자는 도로교통법에 의한 1종 대형면허를 받아야 한다.
② 건설기계 조종사면허를 받고자 하는 자는 해당 분야의 국가기술자격을 취득하고 적성검사에 합격해야 한다.
③ 건설기계관리법상 건설기계 조종사면허의 종류는 10종이다.
④ 도로교통법에 의한 면허를 제외한 건설기계 조종사면허증 발급신청은 주소지를 관할하는 시장, 군수 또는 구청장에게 한다.

152 다음 중 도로표지판의 설명으로 맞지 않는 것은?

① 현 위치에서 전방 200m 예고한 도로가 있다.
② 현 지점은 종로 200미터 구간이다.
③ 현 위치에서 다음에 나타날 도로는 종로이다.
④ 직진하면 종로의 끝지점이 나온다.

153 다음의 도로명 주소에서 건물번호판의 관공서를 나타내는 것은?

① 262 중앙로 / ② 중앙로 35 Jungang-ro
③ 세종대로 Sejong-daero 209 / ④ 24 보성길 Boseong-gil

154 건설기계의 출장검사가 허용되는 경우가 아닌 것은?

① 너비가 2.0 미터를 초과하는 건설기계
② 최고속도가 시간당 35킬로미터 미만 건설기계
③ 차체중량이 40톤을 초과하거나 축중이 10톤을 초과하는 건설기계
④ 도서 지역에 있는 건설기계

155 운전자의 과실로 중상 1 명이 발생했을 경우 면허 정지 처벌기준은?

① 15일　　② 30일
③ 1개월　　④ 면허취소

156 도로교통법상 주정차금지장소는 도로 모통이로부터 (   ) 이다. (   )에 들어갈 알맞은 것은?

① 10m이내   ② 10m이상
③ 5m이내   ④ 5m이상

157 건설기계를 조종할 때 적용받는 법령은?

① "건설기계관리법"에 대한 적용만 받는다.
② "도로교통법"에 대한 적용만 받는다.
③ "건설기계관리법" 및 "자동차관리법"의 전체를 적용 받는다.
④ "건설기계관리법" 외에 도로상을 운행할 때는 도로교통법"의 일부를 적용 받는다.

158 지게를 운전하며 교차로 20m 앞에서 황색 등이 등화 되었을 경우 운전자의 조치방법은?

① 그대로 계속 진행한다.
② 정지할 조치를 취하여 정지선에 정지한다.
③ 주위의 교통에 주의하면서 진행한다.
④ 일시 정지하여 안전을 확인하고 진행한다.

159 교통안전 표지의 종류와 형태에서 그림의 안전 표지판이 나타내는 것은?

① 정지   ② 보행금지
③ 횡단보도   ④ 어린이 보호

160 다음 중 지게차의 명판의 일련번호는 무엇을 뜻하는가?

① 차체번호
② 형식번호
③ 차대번호(등록번호)
④ 엔진번호

161 보기에 나타난 도로 표지판의 내용 중 틀린 것은?

① 현재 진행도로는 사임당로이며 시작점으로부터 약 920m이다.
② 현재 진행도로에서 계속 직진하면 사임당로가 나타난다.
③ 현재 진행도로의 전체길이는 2,500m이다.
④ 현재 진행도로는 8차선이상의 도로가 아니다.

162 건설기계 조종사 면허의 취소 정지처분 기준 중 면허취소에 해당 되지 않는 것은?

① 고의로 인명피해를 입힐 때
② 과실로 7명 이상에게 중상을 입힌 때
③ 일천만원 이상의 재산피해를 입힌 때
④ 과실로 19명 이상에게 경상을 입힌 때

163 건설기계 구조변경 검사신청은 변경한 날로부터 며칠 이내에 하여야 하는가?

① 30일 이내
② 20일 이내
③ 10일 이내
④ 7일 이내

164 건설기계 등록신청은 누구에게 할 수 있는가?

① 국토교통부장관
② 지방 경찰청장
③ 서울특별시장
④ 읍, 면, 동장

165 건설기계관리법령상 건설기계의 등록말소 사유에 해당하지 않는 것은?

① 건설기계를 도난당한 경우
② 건설기계를 교육·연구목적으로 사용한 경우
③ 부상으로 병원에 입원하여 일을 못하는 경우
④ 건설기계의 차대가 등록 시의 차대와 다를 경우

166 건설기계법령상 자가용건설기계 등록 번호표의 도색으로 옳은 것은?

① 적색판에 흰색문자
② 백색판에 황색문자
③ 청색판에 백색문자
④ 백색판에 흑색문자

167 등록번호표를 가리거나 훼손하여 알아보기 곤란하게 한 자 또는 그러한 건설기계를 운행한 자의 과태료는?

① 5만원   ② 10만원
③ 50만원   ④ 100만원

168 건설기계의 임시운행 허가 기간은?

① 10일   ② 7일
③ 15일   ④ 2년

169 정기검사연기신청을 하였으나 불허통지를 받은 자는 언제까지 정기 검사를 신청하여야 하는가?

① 정기검사신청기간 만료일부터 5일 이내
② 불허통지를 받은 날부터 5일 이내
③ 불허통지를 받은 날부터 10일 이내
④ 정기검사신청기간 만료일부터 10일 이내

170 도로 교통 법규 상 주차할 수 있는 곳은?

① 터널 안 및 다리 위
② 소방 설비로 부터 5m이내인 곳
③ 소방용 방화 물통으로부터 5m 이내인 곳
④ 도로모퉁이로 부터 15m 이내인 곳

171 야간 운전 시 도로에서 정차할 때 반드시 켜야 할 것은?

① 전조등   ② 방향지시등
③ 미등   ④ 실내등

172 건설기계등록말소 신청 시 구비서류에 해당되는 것은?

① 주민등록등본
② 수입면장
③ 건설기계등록증
④ 건설 기계 제작증

173 도로교통법상 주, 정차금지 장소로 아닌 것은?

① 건널목 가장자리로부터 10M이내
② 교차로 가장자리로부터 5M이내
③ 횡단보도
④ 고갯마루 정상부근

174 다음 중 자가용 건설기계 등록 번호판의 바탕색상으로 맞는 것은?

① 황색   ② 백색
③ 적색   ④ 보라색

175 건설기계의 임시운행 허가 기간은?

① 7일   ② 10일
③ 15일   ④ 2년

176 지게차의 등록번호표를 지워 없애거나 그 식별을 곤란하게 한 자의 벌금은?

① 50만원　　② 1천만원
③ 100만원　　④ 2천만원

177 전시, 사변 기타 이에 준하는 국가비상사태 하에서 건설기계를 취득한 때에는 며칠 이내에 등록을 신청하여야 하는가?

① 10일　　② 5일
③ 7일　　③ 15일

178 건설기계 소유자 또는 점유자가 건설기계를 도로에 계속하여 버려두거나 정당한 사유 없이 타인의 토지에 버려둔 경우의 처벌은?

① 1년 이하의 징역 또는 300만 원 이하의 벌금
② 1년 이하의 징역 또는 400만 원 이하의 벌금
③ 1년 이하의 징역 또는 500만 원 이하의 벌금
④ 1년 이하의 징역 또는 1000만 원 이하의 벌금

179 건설기계 등록말소 신청 시 구비서류에 해당되는 것은?

① 구입 면장　　② 주민등록등본
③ 제작 증명서　　④ 건설기계 등록증

180 특별 표지판을 부착하지 않아도 되는 건설기계는?

① 길이가 17m인 건설기계
② 너비가 3m인 건설기계
③ 최소회전반경이 13m인 건설기계
④ 높이가 3m인 건설기계

181 건설기계를 등록 전에 일시적으로 운행 할 수 있는 경우가 아닌 것은?

① 신규등록검사 및 확인검사를 받기 위하여 건설기계를 검사장소로 운행하는 경우
② 수출하기 위하여 건설기계를 선적지로 운행하는 경우
③ 건설기계를 대여하고자 하는 경우
④ 등록신청을 위하여 건설기계를 등록지로 운행하는 경우

182 차량이 남쪽에서 북쪽 방향으로 진행 중일 때 그림의 「다지형 교차로 도로명 예고표지」에 대한 설명으로 아닌 것은?

① 차량을 좌회전하는 경우 '신촌로' 또는 '양화로'로 진입할 수 있다.
② 차량을 직진하는 경우 '연세로' 방향으로 갈 수 있다.
③ 차량을 좌회전하는 경우 '신촌로' 또는 '양화로' 도로구간의 끝 지점과 만날 수 있다.
④ 차량을 '신촌로'로 우회전하면 '시청'방향으로 갈 수 있다.

183 편도 3 차로 도로의 부근에서 적색등화의 신호가 표시되고 있을 때 교통법규 위반에 해당되는 것은?

① 화물자동차가 좌측 방향지시등으로 신호하면서 1차로에서 신호대기
② 승합자동차가 2차로에서 신호대기
③ 승용차가 2차로에서 신호대기
④ 택시가 우측 방향지시등으로 신호하면서 2차로에서 신호대기

184 철길 건널목 통과방법으로 아닌 것은?

① 건널목 앞에서 일시 정지하여 안전한지 여부를 확인한 후 통과한다.
② 차단기가 내려지려고 할 때에는 통과하여서는 안 된다.
③ 경보기가 울리고 있는 동안에는 통과하여서는 아니된다.
④ 건널목에서 앞차가 서행하면서 통과할 때에는 그 차를 따라 서행한다.

185 다음 중 자가용 지게차의 등록번호판의 색으로 맞는 것은?

① 주황색   ② 노란색
③ 흰색   ④ 흑색

186 다음 중 지게차 차량중량에서 제외되는 것으로 맞는 것은?

① 냉각수   ② 연료
③ 휴대폰 공구   ④ 예비타이어

187 건설기계 소유자는 건설기계를 취득한 날부터 얼마 이내에 건설기계 등록신청을 해야 하는가?

① 2주 이내   ② 10일 이내
③ 2월 이내   ④ 1월 이내

188 건설기계 조종사 면허증의 반납사유가 아닌 것은?

① 신규 면허를 신청할 때
② 면허증 재교부를 받은 후 분실된 면허증을 발견한 때
③ 면허의 효력이 정지된 때
④ 면허가 취소된 때

189 건설기계관리법상 건설기계 사업을 등록해 줄 수 있는 단체장은?

① 김해군수
② 경기도지사
③ 부천시장
④ 서울 강남 구청장

190 건설기계 폐기 인수 증명서는 누가 교부하는가?

① 시장·군수
② 국토교통부장관
③ 건설기계 해체재활용업자
④ 시·도지사

191 건설기계 등록 말소 신청시의 첨부 서류가 아닌 것은?

① 건설기계 등록증
② 건설기계 검사증
③ 건설기계 양도 증명서
④ 건설기계의 멸실, 도난 등 등록 말소 사유를 확인할 수 있는 서류

192 도로교통법규상 주차금지 장소가 아닌 곳은?

① 터널 안 및 다리 위
② 전신주로부터 12m 이내인 곳
③ 소방용 방화물통으로부터 5m이내인 곳
④ 화재경보기로부터 3m 이내인 곳

193 4 차로 이상 고속도로에서 건설기계의 법정 최고속도는 시속 몇 km/h 인가?(단, 경찰청장이 일부 구간에 대하여 제한속도를 상향 지정한 경우는 제외한다.)

① 50   ② 60
③ 10   ④ 80

194 건설기계 등록사항의 변경신고는 변경이 있는 날로부터 며칠 이내에 하여야 하는가?(단, 국가비상사태일 경우를 제외한다)

① 20일 이내　　② 10일 이내
③ 15일 이내　　④ 30일 이내

195 차량이 남쪽에서부터 북쪽 방향으로 진행 중일 때, 그림의 3 방향 도로명 예고지표지 (Y 형 교차로 같은 길)에 대한 설명으로 틀린 것은?

① 차량을 우회전하는 경우 '자성로'로 진입할 수 있다.
② 차량을 좌회전하는 경우 '자성로'의 '좌천역'방향으로 갈 수 있다.
③ 차량을 좌회전하는 경우 '자성로'의 '문현교차로'방향으로 갈 수 있다.
④ 차량을 우회전하는 경우 '자성로'의 '좌천역'방향으로 갈 수 있다.

196 다음의 도로 표지판이 의미하는 것으로 알맞은 것은?

① 도로명 등을 나타내는 도로명 표지이다.
② 목적지까지의 거리를 나타내는 이정 표지이다.
③ 도로명 등을 예고해 주는 도로명 예고표지이다.
④ 교통의 흐름을 명확히 분류하기 위하여 진행방향의 차로를 안내하는 차로 지정하는 표지이다.

197 교차로 통과에서 가장 우선하는 것은?

① 경찰공무원의 수신호
② 운전자의 임의 판단
③ 안내판의 표시
④ 신호기의 신호

198 건설기계 정기검사 신청기간 내에 정기검사를 받은 경우, 정기검사의 유효기간 시작일을 바르게 설명한 것은?

① 유효기간에 관계없이 검사를 받은 날부터
② 유효기간에 관계없이 검사를 받은 다음날부터
③ 유효기간 내에 검사를 받은 것은 종전 검사 유효기간 만료일부터
④ 유효기간 내에 검사를 받은 것은 종전 검사 유효기간 만료일 다음 날부터

199 다음 중 도로교통법에 의거, 야간에 자동차를 도로에서 정차 또는 주차하는 경우에 반드시 켜야 하는 등화는?

① 전조등을 켜야 한다.
② 실내등을 켜야 한다.
③ 방향지시등을 켜야 한다.
④ 미등 및 차폭등을 켜야 한다.

200 도로교통법에 의한 제 1 종 대형면허가 아닌 1 종 보통의 면허로도 운전할 수 있는 건설기계는?

① 노상안정기
② 도로를 운행하는 3톤 미만의 지게차
③ 덤프트럭
④ 콘크리트 펌프

201 건설기계 조종사에 관한 설명이 아닌 것은?

① 면허의 효력이 정지된 때에는 건설기계 조종사면허증을 반납하여야 한다.

② 건설기계조종사가 건설기계조종사면허의 효력정지기간 중 건설기계를 조종한 경우, 시장·군수 또는 구청장은 건설기계조종사 면허를 취소하여야 한다.

③ 해당 건설기계 운전 국가기술자격소지자가 건설기계조종사면허를 받지 않고 건설기계를 조종한 때에는 무면허이다.

④ 건설기계조종사의 면허가 취소된 경우에는 그 사유가 발생한 날부터 30일 이내에 주소지를 관할하는 시·도지사에게 그 면허증을 반납하여야 한다.

202 등록번호표를 가리거나 훼손하여 알아보기 곤란하게 한 자 또는 그러한 건설기계를 운행한 자에 대한 벌은?

① 100만원 이하의 벌금
② 천만원 이하의 과태료
③ 천만원 이하의 벌금
④ 100만원 이하의 과태료

203 미등록 건설기계를 사용하거나 운행한 자의 벌칙은?

① 1년 이하의 징역 또는 1000만원 이하의 벌금
② 2년 이하의 징역 또는 2000만원 이하의 벌금
③ 20만원 이하의 벌금
④ 10만원 이하의 벌금

204 건설기계를 신규로 등록 할 때 실시하는 검사는?

① 신규등록 검사   ② 구조변경검사
③ 정기검사   ④ 형식승인 검사

205 도로 교통법상 모든 차의 운전자가 서행하여야 하는 장소에 해당하지 않는 것은?

① 편도 2차로 이상의 다리 위
② 비탈길의 고개 마루 부근
③ 가파른 비탈길의 내리막
④ 도로가 구부러진 부근

206 건설기계의 현장검사가 허용되는 경우로 틀린 것은?

① 도서지 지역에 있는 건설기계
② 최고속도가 시간당 35킬로미터 미만 건설기계
③ 너비가 2.0미터를 초과하는 건설기계
④ 차체중량이 40톤을 초과하거나 축중이 10톤을 초과하는 건설기계

207 건설기계관리법상 건설기계를 유효기간이 끝난 후에 계속 운행하고자 할 때 어느 검사를 받아야 하는가?

① 구조변경 검사   ② 수시검사
③ 예비검사   ④ 정기검사

208 폭우·폭설·안개 등으로 가시거리가 100미터 이내일 때 속도는 얼마나 줄여야 하는가?

① 50%   ② 20%
③ 60%   ④ 80%

209 특별표지판을 부착하지 않아도 되는 건설기계는?

① 높이가 3m인 건설기계
② 너비가 3m인 건설기계
③ 길이가 17m인 건설기계
④ 최소회전반경이 13m 건설기계

210 건설기계의 정기검사신청기간 내에 정기 검사를 받은 경우, 다음 정기검사 유효 기 간의 산정방법으로 옳은 것은?

① 정기검사를 받은 날부터 기산한다.
② 종전 검사유효기간 만료일부터 기산한다.
③ 정기검사를 받은 날의 다음날부터 기산한다.
④ 종전 검사유효기간 만료일의 다음날부터 기산한다.

211 고속도로 통행이 허용되지 않는 건설기계 로 맞는 것은?

① 콘크리트믹서트럭
② 덤프트럭
③ 지게차
④ 트럭 기중기

212 점검주기에 따른 안전점검의 종류에 해당 되지 않는 것은?

① 정기점검   ② 특별점검
③ 수시점검   ④ 구조점검

213 다음 중 도로교통표지판의 이름으로 맞는 것은?

① 우좌로 이중굽은 도로, 주정차금지, 회전 형 교차로, 우합류도로
② 좌우로 이중굽은 도로, 진입금지, 로터리, 좌합류 도로
③ 철길건널목, 통행금지, 유턴, 차중량제한
④ 굽은도로, 주정차금지, 원형교차로, 우합 류도로

214 건설기계법령상 건설기계조종사의 결격 사유에 해당하지 않는 자는?

① 알코올 중독자
② 18세 미만인 사람
③ 듣지 못하는 사람
④ 파산자로서 복권되지 아니한 자

215 건설기계등록번호표의 도색이 흰색판에 검은색 문자인 경우는?

① 영업용   ② 군용
③ 자가용, 관용   ④ 임시번호판

216 일시정지를 하지 않고도 철길건널목을 통 과할 수 있는 경우는?

① 차단기가 내려가 있을 때
② 경보기가 울리지 않을 때
③ 앞차가 진행하고 있을 때
④ 신호등이 진행신호 표시일 때

217 정기검사 유효기간을 1 개월 경과한 후에 정기검사를 받은 경우 다음 정기 검사 유효 기간 산정 기산일은?

① 종전검사 신청기간 만료일의 다음 날부터
② 종전검사 유효기간 만료일의 다음 날부터
③ 검사를 받은 날의 다음 날부터
④ 검사를 신청한 날부터

218 차량 운행 시 보도와 차도가 구분된 도로에 서 도로 외의 곳으로 출입하가 위하여 보도 를 횡단하려고 할 때 가장 적절한 방법은?

① 보행자가 있어도 차마가 우선 출입한다.
② 보행자가 없으면 주의하며 빨리 진입한다.
③ 보도에 진입하기 직전에 일시 정지하여 좌 측과 우측을 살핀 후 보행자의 통행을 방해 하지 않게 횡단하여야 한다.
④ 보행자 유무에 구애받지 않는다.

219 건설기계를 산(매수 한) 사람이 등록사항 변경(소유권 이전) 신고를 하지 않아 등록사항 변경신고를 독촉하였으나 이를 이행하지 않을 경우 판(매도 한) 사람이 할 수 있는 조치로서 가장 적합한 것은?

① 소유권 이전 신고를 조속히 하도록 매수 한 사람에게 재차 독촉한다.
② 소유권 이전 신고를 조속히 하도록 소송을 제기한다.
③ 아무런 조치도 할 수 없다.
④ 매도 한 사람이 직접 소유권 이전 신고를 한다.

220 덤프트럭이 건설기계 검사소 검사가 아닌 출장검사를 받을 수 있는 경우는?

① 너비가 3m
② 최고 속도가 40km/h
③ 자체중량이 25톤인 경우
④ 축중이 5톤인 경우

221 노면이 얼어붙은 경우 또는 폭설로 가시거리가 100 미터 이내인 경우 최고속도의 얼마나 감속 운행하여야 하는가?

① 40/100
② 30/100
③ 50/100
④ 20/100

222 다음 그림의 교통안전표지는 무엇인가?

① 차간거리 최저 50m이다.
② 차간거리 최고 50m이다.
③ 최저속도 제한표지이다.
④ 최고속도 제한표지이다.

223 등록건설기계의 기종별 표시방법으로 옳은 것은?

① 04 : 덤프트럭
② 02 : 모터그레이더
③ 01 : 불도저
④ 03 : 지게차

224 편도 4 차로 일반도로의 경우 교차로 30m 전방에서 우회전을 하려면 몇 차로로 진입통행해야 하는가?

① 1차로로 통행한다.
② 2차로와 1차로로 통행한다.
③ 4차로로 통행한다.
④ 3차로만 통행 가능하다.

225 정차 및 주차금지 장소에 해당 되는 것은?

① 건널목 가장자리로부터 15m 지점
② 도로의 모퉁이로부터 4m 지점
③ 정류장 표지판으로부터 12m 지점
④ 교차로 가장자리로부터 10m 지점

226 특별 표지판을 부착하여야 할 건설기계의 범위에 해당하지 않는 것은?

① 높이가 5미터인 건설기계
② 총중량이 50톤인 건설기계
③ 길이가 16미터인 건설기계
④ 최소회전반경이 13미터인 건설기계

227 현장에 경찰 공무원이 없는 장소에서 인명 사고와 물건의 손괴를 입힌 교통사고가 발생하였을 때 가장 먼저 취할 조치는?

① 승무원에게 사상자를 알리게 하고 회사에 알린다.
② 즉시 피해자 가족에게 알리고 합의한다.
③ 손괴한 물건 및 손괴 정도를 파악한다.
④ 즉시 사상자를 구호하고 경찰 공무원에게 신고한다.

228 3톤 미만 지게차의 소형건설기계 조종 교육시간은?

① 이론 6시간, 실습 6시간
② 이론 4시간, 실습 8시간
③ 이론 12시간, 실습 12시간
④ 이론 10시간, 실습 14시간

229 다음 중 건설기계 중 구조 변경검사 신청서는 어디에 제출하여야 하는가?

① 건설기계정비업소
② 건설기계 폐기업소
③ 건설기계 검사대행자
④ 자동차 검사소

230 폭우·폭설·안개 등으로 가시거리가 100미터 이내일 때 속도는 얼마나 줄여야 하는가?

① 20%   ② 80%
③ 50%   ④ 60%

231 건설기계 구조 변경이 가능한 항목은?

① 건설 기계 기종 변경
② 원동기 형식
③ 적재함 용량 증가
④ 건설 기계 규격의 증가

232 건설기계 검사의 종류가 아닌 것은?

① 임시 검사   ② 정기 검사
③ 구조 변경 검사 ④ 수시 검사

233 화물자동차 적재물이 길게 노출되었을 때 적색천을 설치해야 되는데 천의 규격은?

① 폭 30cm 길이 50cm
② 폭 20cm 길이 80cm
③ 폭 50cm 길이 100cm
④ 폭 10cm 길이 60cm

234 주정차 금지 장소가 잘못된 것은?

① 화재경보기로부터 10m 이내
② 소화설비로부터 5m 이내
③ 버스정류장 표시판으로부터 10m이내
④ 도로공사 구역으로으로부터 5m 이내

235 도로 교통법상 반드시 서행하여야 할 장소로 지정된 곳으로 가장 적당한 곳은?

① 안전지대 우측
② 교통정리가 행하여지고 있는 교차로
③ 비탈길의 고개 마루 부근
④ 교통정리가 행하여지고 있는 횡단보도

236 성능이 불량하거나 사고가 자주 발생하는 건설기계의 안전성 등을 점검하기 위해서 실시하는 검사는?

① 예비검사   ② 수시 검사
③ 구조 변경 검사 ④ 정기 검사

237 건설 기계 등록 시 제출하지 않아도 되는 서류는?

① 주민등록등본
② 건설기계 제작증
③ 건설기계 소유자 임을 증명 할 수 있는 서류
④ 건설기계 제원표

238 특별표지판을 부착하지 않아도 되는 건설기계는?

① 길이가 17m인 건설기계
② 너비가 3m인 건설기계
③ 높이가 3m인 건설기계
④ 최소회전반경이 13m 건설기계

239 건설기계 신규등록검사를 실시할 수 있는 자는?

① 건설교통부장관
② 군수
③ 검사대행자
④ 행정자치부장관

240 정기 검사대상 건설기계의 정기검사 신청 기간 중 맞는 것은?

① 건설기계의 정기검사 유효기간 만료일 후 16일 이내에 신청한다.
② 건설기계의 정기검사 유효기간 만료일 전후 15일 이내에 신청한다.
③ 건설기계의 정기검사 유효기간 만료일 전 5일 이내에 신청한다.
④ 건설기계의 정기검사 유효기간 만료일 전 16일 이내에 신청한다.

241 제한 외의 적재 및 승차 허가를 할 수 있는 관청은?

① 출발지를 관할하는 경찰청
② 시, 읍면 사무소
③ 관할 시, 군청
④ 출발지를 관할하는 경찰서

242 교차로 또는 그 부근에서 긴급자동차가 접근하였을 때 피양 방법으로 가장 적절한 것은?

① 그 자리에 즉시 정지한다.
② 교차로를 피하여 도로의 우측 가장자리에 일시 정지한다.
③ 서행하면서 앞지르기 하라는 신호를 한다.
④ 그대로 진행방향으로 진행을 계속한다.

243 교통사고가 발생하였을 때 승무원으로 하여금 신고하게 하고 계속 운전할 수 있는 경우가 아닌 것은?

① 긴급자동차
② 긴급을 요하는 우편물 자동차
③ 위급한 환자를 운반중인 구급차
④ 특수자동차

244 교통사고가 발생하였을 때 운전자가 가장 먼저 취해야 할 조치는?

① 경찰공무원에게 신고
② 즉시 사상자를 구호하고 경찰공무원에게 신고
③ 즉시 보험회사에 신고
④ 즉시 피해자 가족에게 알린다.

04

지·게·차·운·전·기·능·사

장비구조

- 엔진
- 전기장치
- 섀시장치

엔진(engine)

1 기관의 구조, 기능 및 점검

01 열기관(heat engine)

열기관(熱機關)이란 연료의 연소에 의한 열 에너지를 기계적 에너지로 (크랭크 축의 회전력)바꾸어 주는 것이며, 내연기관과 외연기관이 있다.

건설기계에 주로 사용하는 기관은 내연기관이며, 디젤기관을 사용한다.

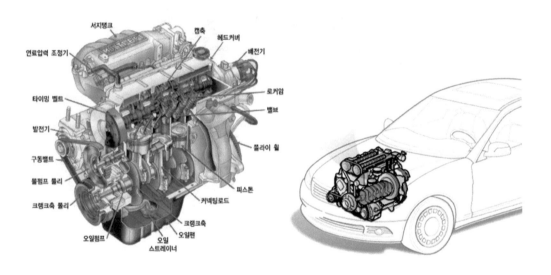

02 기관의 분류

(1) 4행정 사이클 엔진

크랭크 축 2회전(720°)으로 피스톤을 흡입 → 압축 → 동력 → 배기의 4행정을 거쳐서 1사이클을 완료하며, 이때 캠축은 1회전하고 각 흡·배기 밸브가 1번씩 개폐된다.

① 흡입행정 : 흡입밸브가 열리고 피스톤은 상사점에서 하사점으로 이동하며 실린더 내에 공기를 흡입한다.

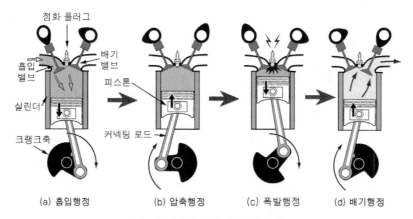

▲ 4행정 사이클 기관의 작동 순서

② **압축행정** : 흡·배기 밸브가 모두 닫히며 피스톤은 하사점에서 상사점으로 이동하여 공기를 압축한다.

  디젤엔진의 압축온도는 500~550℃이다.

③ **폭발(동력)행정** : 흡·배기 밸브는 모두 닫혀 있으며, 연료의 연소에 의한 폭발압력이 피스톤을 상사점에서 하사점으로 밀어내려 크랭크축을 회전 운동시킨다.

④ **배기행정** : 피스톤은 하사점에서 상사점으로 이동하며 배기 밸브가 열려 연소가스를 배출한다. 그리고 배기행정의 초기에 배기 밸브가 열려 연소가스의 압력에 의해 배출되는 현상을 블로다운(blow down)이라 한다.

⑤ **밸브오버랩** – 흡기행정 시 **흡입효율을 향상시키고** , 배기행정 시 **잔류배기가스를 배출**시키기 위하여 흡배기 밸브를 동시에 열어주는 현상을 말한다.

(2) 2행정 사이클 엔진

크랭크 축 1회전(360°)으로 피스톤은 상승과 하강 2개의 행정으로 1사이클을 완성하는 기관이다.

• **소기행정** : 폭발행정의 끝에서 피스톤이 소기구멍을 열면 연소가스의 자체 압력으로 배기가 시작되고 새로운 공기가 흡입된다. 종류에는 **단류 소기식, 루프 소기식, 횡단 소기식**이 있다.

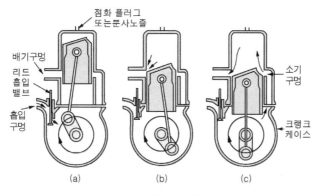

▲ 2행정 사이클 기관의 작동 순서

(3) 디젤기관의 특징

1) 디젤엔진의 장점

① 열효율이 높고, 연료 소비율이 적다.
② 인화점이 높은 경유를 연료로 사용하므로 그 취급이나 저장에 위험이 적다.
③ 대형엔진 제작이 가능하다.
④ 경부하일 때 효율이 그다지 나쁘지 않다. (저속에서 큰 회전력이 발생한다.)
⑤ 배기가스가 가솔린엔진보다 덜 유독하다. (인체에 유독한 CO가 가솔린 보다 적게 나옴)
⑥ 점화장치가 없어 이에 따른 고장이 적다.
⑦ 2행정 사이클 엔진에 비교적 유리하다.

2) 디젤엔진의 단점

① 연소압력이 커 엔진 각부를 튼튼하게 하여야 한다.
② 엔진의 출력 당 무게와 형체가 크다.
③ 운전 중 진동과 소음이 크다.
④ 연료 분사장치가 매우 정밀하고 복잡하며, 제작비가 비싸다.
⑤ 압축비가 높아 큰 출력의 기동 전동기가 필요하다.

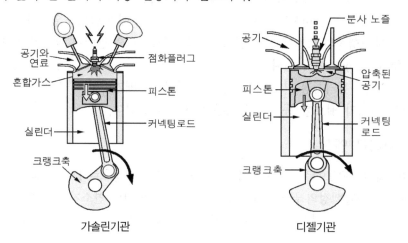

가솔린기관   디젤기관

03 엔진 주요부

엔진 주요부란 동력을 발생하는 부분을 의미 한다.

(1) 실린더 헤드

실린더 헤드는 피스톤, 실린더와 함께 연소실을 형성하며, 디젤 엔진은 예열플러그 및 분사노즐 설치 구멍과 밸브 기구 설치부가 마련되어 있다. 재질은 특수 주철이나 알루미늄 합금을 사용하며, 헤드 볼트를 조일 경우에는 최종적으로 **토크렌치를 사용**하여야 한다.

▲ 실린더 헤드의 구조

(2) 헤드 개스킷

실린더와 헤드 사이에 설치되며, 공기의 밀봉 및 냉각수의 누설방지, 오일 누출 방지를 한다.

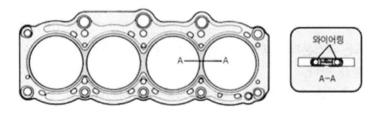

▲ 실린더 헤드 개스킷의 구조

(3) 실린더 블록

주철이나 알루미늄 합금으로 만들어진 엔진의 중심이 되는 부분으로서, 주철제는 그대로 피스톤을 넣는 실린더로 되어 있는 것이 많다. 또한 알루미늄 합금으로 만들어져 있을 경우에는 원통형 구멍에 실린더 라이너가 압입 또는 주입(鑄入)되어 있는 것이 일반적임. 실린더 블록과 함께 실린더 헤드와 크랭크 케이스가 부착되어 있으며, 이 3가지로 엔진의 본체를 구성한다.

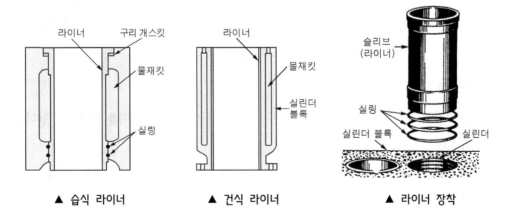

▲ 습식 라이너　　　　▲ 건식 라이너　　　　▲ 라이너 장착

(4) 피스톤

1) 피스톤

피스톤은 폭발(동력) 행정에서 받은 압력을 커넥팅 로드를 통하여 크랭크축에 회전력을 발생시키고 흡입, 압축, 배기 행정에서는 크랭크축으로부터 동력을 받아서 작용한다.

2) 피스톤 링

피스톤 링에는 실린더 내의 기밀을 유지와 전열작용을 하는 압축링과 실린더 벽의 과잉의 오일을 긁어내리는 오일링이 있다.

1, 2번 압축링 중 **열팽창**을 고려하여 1번링의 절개부가 2번보다 크다.

3) 피스톤 핀

피스톤 핀은 커넥팅로드와 피스톤을 연결해주는 핀이다.

4) 커넥팅 로드

커넥팅 로드는 피스톤과 크랭크축을 연결하는 막대이며 피스톤에서 받은 동력을 크랭크축으로 전달하는 역할을 한다.

피스톤의 직선운동을 크랭크축의 회전운동으로 변환시킨다.

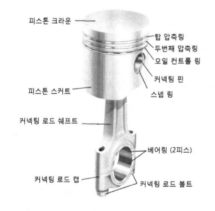

▲ 피스톤의 구조

(5) 크랭크축

크랭크축은 피스톤의 직선운동을 회전운동으로 바꾸어 엔진의 출력을 외부로 전달하는 축이다.

1) 점화순서

① **4실린더형 기관** : 크랭크 핀의 위상차(폭발이 일어나는 각도)는 180° 이며, 폭발순서는 1 → 3 → 4 → 2와 1 → 2 → 4 → 3이 있다.

② **직렬 6실린더형 기관** : 크랭크 핀의 위상차는 120° 이며, 우수식(1 → 5 → 3 → 6 → 2 → 4)과 좌수식(1 → 4 → 2 → 6 → 3 → 5)이 있다. 그리고 6개의 실린더가 한번 씩 폭발하면 크랭크축은 2회전한다.

2) 크랭크축의 구조

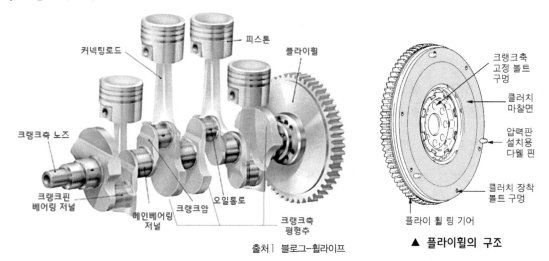

출처 | 블로그-휠라이프

▲ 플라이휠의 구조

(6) 플라이 휠

플라이 휠은 엔진의 맥동적인 회전을 관성력을 이용하여 원활한 회전으로 바꾸어 주는 역할을 하는 부품이다. 즉 폭발행정 시 동력을 저장하였다가 크랭크축의 회전을 원활히 한다.

(7) 크랭크 축 베어링

크랭크축에서 사용하는 베어링은 플레인 베어링(평면베어링)이다.

베어링 크러시는 베어링의 바깥둘레와 하우징 둘레와의 차이를 말하며, 베어링 크러시를 두는 이유는 볼트로 죄었을 때 압착시켜 베어링 면의 열전도율을 높이기 위함이다.

(8) 크랭크 축 풀리

크랭크축의 끝에 부착되어 있는 풀리로 여기에 벨트를 걸고 발전기 등의 보조기계를 구동한다.

04 밸브기구

(1) 캠축

캠축은 엔진의 밸브수와 같은 수의 캠이 배열된 축이며, 기능은 크랭크축으로부터 동력을 받아 흡·배기 밸브의 개폐, 오일펌프, 연료펌프, 배전기 등을 구동한다.

(2) 밸브 태핏(또는 밸브 리프트)

밸브 태핏은 캠의 회전운동을 상하운동으로 바꾸어 푸시로드에 전달한다.

(3) 푸시로드와 로커암

푸시로드는 엔진에서 로커암을 작동시켜 주는 것이며, 로커암은 밸브를 개방한다.

(4) 밸브, 밸브 시트, 밸브 스프링

① 밸브 : 흡, 배기가스를 출입시키며, 포핏 밸브를 사용한다.

② 밸브 시트 : 시트는 밸브면과 밀착되어 연소실의 기밀을 보존하며 각도에는 30도와 45도가 있다.

③ 밸브 스프링 : 밸브 스프링은 로커암에 의해 열린 밸브를 닫아주며, 밸브가 닫혀있는 동안 밸브면을 시트에 밀착시키고, 캠의 형상에 따라 개폐되게 한다.

(5) 밸브 간극

① 정의 : 밸브 스탬엔드와 로커암 사이의 간극을 말하며, 엔진 작동 중 열팽창을 고려하여 둔다.

간극이 너무 크면 늦게 열리고 일찍 닫히며, 간극이 너무 작으면 일찍 열리고 늦게 닫힌다. 그리고 간극은 배기밸브를 더 크게 두며, 간극의 점검은 필러 게이지로 한다.

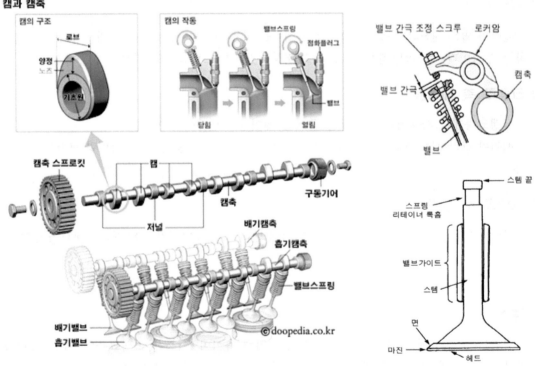

05 윤활장치

윤활장치는 기관 내부의 각 미끄럼 운동 부분에 오일을 공급하여 마찰열로 인한 베어링의 고착 등을 방지하기 위해 미끄럼 운동 면 사이에 오일 막(oil film)을 형성하여, 마찰력이 매우 큰 고체마찰을 마찰력이 작은 액체마찰로 바꾸어 주는 작용을 말한다.

마찰감소, 마멸방지, 밀봉작용, 냉각작용, 세척작용, 응력(완충)분산, 방청(부식방지)작용을 한다.

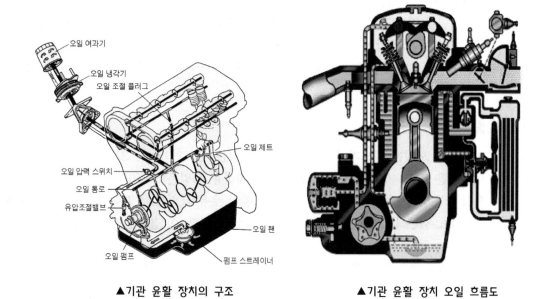

▲기관 윤활 장치의 구조   ▲기관 윤활 장치 오일 흐름도

(1) 윤활장치의 구성

① **오일 팬** : 오일이 담겨지는 용기
② **오일 스트레이너** : 가느다란 철망으로 되어 있으며, 비교적 큰 불순물을 제거하고, 오일을 펌프로 유도해 준다.
③ **오일 펌프** : 오일팬 내의 오일을 흡입 가압하여 각 윤활부로 압송하며, 로터리 펌프, 기어 펌프, 베인 펌프를 주로 사용한다.

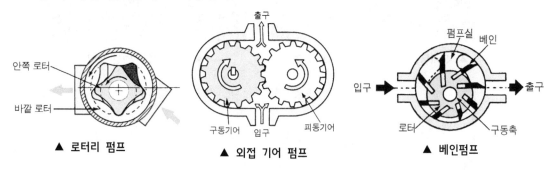

▲ 로터리 펌프   ▲ 외접 기어 펌프   ▲ 베인펌프

④ **유압조절 밸브** : 릴리프밸브(최고압력제한)
　유압조절 밸브는 윤활회로 내의 오일압력(유압)이 과다하게 상승하는 것을 방지하여 유압을 일정하게 유지해 준다.
⑤ **오일 여과기(오일필터)** : 오일의 세정(여과)작용을 하며, 여과지식 엘리먼트를 주로 사용한다.

⑥ 오일 레벨 게이지(유면 표시기) : 오일 레벨 게이지는 오일 팬 내의 오일량을 점검할 때 사용하는 금속막대이며, 엔진이 정지된 상태에서 점검하고, 이때 F(full)선 가까이 있으면 양호하며. 그리고 보충 시에는 F선까지 한다.

⑦ 유압계와 유압 경고등 : 유압계는 윤활장치 내의 오일 순환 압력을 표시해 주는 계기이며, 유압 경고등은 유압이 규정 이하로 낮아지면 점등 되는 형식이다.

⑧ 오일 쿨러 : 오일의 온도를 단계적으로 냉각시키는 장치이며, 주로 오일용량이 큰 대형엔진에 있다.

(2) 윤활유(엔진오일)

① 여름철용 오일은 점도가 높고 겨울철의 오일은 점도가 낮다. SAE0W/40
여름용은 SAE 40,겨울용은 SAE 0W, 사계절용 오일은 SAE0W/40로 표시한다.

② 윤활유의 양은 매일 점검하며, 오일의 색깔이 우유색(회색)을 띠게 되면 냉각수가 혼입된 경우이며, 검은색일 경우에는 교환시기가 지난 경우이다. 이 경우엔 점도를 점검 후 교환하도록 한다.

③ 건설기계는 최초 출고 시 50시간 후 한번 교환하고, 그 이후부터 200~250시간마다 교환한다. (아워메타 기준)

▲ 4 리터용 엔진 오일 규격 표시 예

▲ 20 리터용 엔진 오일

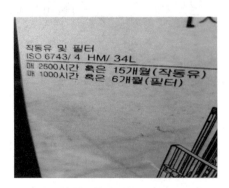

▲ 두산 지게차 작동유 교환 주기

▲ 두산 지게차 엔진 오일 교환 주기

제7장 기술 사양

주입량

구 분		GTS20·25 H/KD/D/L	GTS30·33 H/KD/D/L
엔진오일	디젤 (HMC R2.2)	7.6 ℓ	7.6 ℓ
	디젤 (구보다)	9.5 ℓ	9.5 ℓ
	디젤 (이스즈)	9.0 ℓ	9.0 ℓ
	LPG (PSI)	5.2 ℓ	5.2 ℓ
냉각 계통		14 ℓ	14 ℓ
트랜스미션		11 ℓ	11 ℓ
유압 섬프		50 ℓ	55 ℓ
연료 탱크		52 ℓ	56 ℓ

배터리

GTS20-33 .... 12V, 100Ah
퓨즈 10, 15, 20Amp

휠 및 타이어

조향 액슬 타이어
GTS20-25 .... 6.00 x 9-10PR .... 883 kPa (128 psi) (8.8 bar)
GTS30-33 .... 6.50 x 10-12PR .... 883 kPa (128 psi) (8.8 bar)

드라이브 액슬 타이어
단륜구동
GTS20-25 .... 7.00 x 12-14PR .... 1000 kPa (145 psi) (10 bar)
GTS30-33 .... 28 x 9 x 15-14PR .... 1000 kPa (145 psi) (10 bar)
복륜구동
GTS20-33 .... 7.00 x 12-14PR .... 1000 kPa (145 psi) (10 bar)

토오크

조향 액슬 휠 너트 .... 225-250 N.m (23~25.5 kg·m) (165~185 ft·lb)
드라이브 액슬 휠 너트 .... 300-370 N.m (30.6~37.8 kg·m) (225~275 ft·lb)
운전자 오버헤드 가드 .... 100-110 N.m (10.1~11.2 kg·m) (74~81 ft·lb)
카운터웨이트 .... 441-490 N.m (45~50 kg·m) (325~361 ft·lb)
드라이브 미션 프레임 장착 토크 .... 450-500 N.m (45.9~50.9 kg·m) (332~369 ft·lb)
피스톤 로드 헤드 틸트 실린더 클램핑 볼트 .... 170-190 N.m (17.3~19.4 kg·m) (125~140 ft·lb)
틸트 실린더 핀 리테이너 볼트 .... 40-45 N.m (4.0~4.6 kg·m) (30~33 ft·lb)
업라이트 마운팅 나사 .... 100-120 N.m (10.2-12.4 kg·m) (74-90 ft·lb)
조향 액슬 마운팅 .... 170-190 N.m (17.3~19.4 kg·m) (125~140 ft·lb)

▲ 크라크 지게차 각종 오일 양

- 점도 : 오일의 끈적끈적한 정도를 나타내는 것으로 유체의 이동저항을 말함.
- 점도지수 : 온도에 따른 점도변화를 나타내는 수치.
  점도지수가 크면 온도변화에 따른 점도의 변화가 작다.
- 윤활유 소비증대의 가장 큰 원인은 연소와 누설이다.
- 윤활유 소모가 많아지는 원인은 기관의 마모, 실린더 내 상승 연소, 기관과열이다.

06 냉각 장치

작동중인 엔진의 온도를 75~85°(실린더 헤드 물 재킷 내의 온도)를 유지하기 위한 것이다. 현재 자동차나 건설기계에는 압력식 캡을 이용하고, 물펌프를 이용한 강제순환식을 사용한다.

(1) 엔진 과열 시의 영향

① 금속 산화가 촉진된다.
② 윤활 불충분으로 각 작동부의 변형 및 고착이 발생한다.
③ 노킹이나 조기 점화가 발생한다.
④ 냉각수 순환이 불량해진다.

(2) 엔진 과냉 시 영향

① 연료 소비율이 증가한다.
② 연료가 엔진오일에 희석되어 베어링의 마멸을 촉진한다.

③ 카본이 실린더 벽, 연소실 등에 퇴적된다.

④ 불완전 연소로 엔진의 출력이 저하한다.(엔진 부조)

(3) 수냉식의 구조

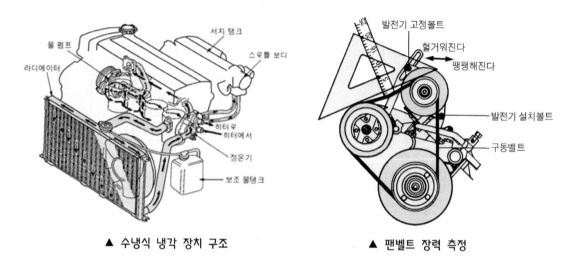

▲ 수냉식 냉각 장치 구조   ▲ 팬벨트 장력 측정

① 물 재킷 : 실린더 블록과 헤드에 마련된 냉각수 통로이다.

② 물 펌프 : 크랭크축 풀리에서 팬벨트(V형 벨트)로 구동되며, 냉각수를 순환시킨다.

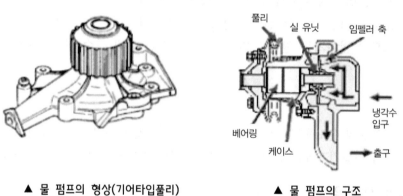

▲ 물 펌프의 형상(기어타입풀리)   ▲ 물 펌프의 구조

③ 냉각 팬

- 팬벨트방식 : 크랭크축과 팬벨트로 연결된 물 펌프 축과 함께 회전하면서 라디에이터를 통하여 공기를 흡입하여 라디에이터 냉각을 도와준다.(항상 돌아감)
- 전동팬방식 : 냉각수 온도가 계속 높아져 일정 온도이상 올라가면 냉각팬을 작동하여 냉각수 온도를 낮추어 엔진이 과열되는 것을 방지한다. (온도에 따라 돌아감)

④ 팬 벨트

고무제 V벨트이며, 풀리와의 접촉은 양쪽 경사진 부분에 접촉되어야 하며, 풀리의 밑 부분에 접촉하면 미끄러진다. 팬 밸트를 교환 시 풀리의 회전을 정지시킨 후 걸어야 한다.

- 팬 벨트의 장력 점검 및 조정
  물 펌프 풀리와 발전기 풀리 사이에서 10kgf의 힘으로 눌렀을 때 13~20(또는 13~15)mm이면 정상
  ㉮ 장력이 너무 크면(팽팽하면) 각 풀리의 베어링의 마모 촉진
  ㉯ 장력이 너무 작으면(느슨하면) 냉각수 순환불량으로 기관이 과열한다.
    장력의 조정은 발전기 조정암의 고정 볼트를 풀고 조정한다.
⑤ 라디에이터(방열기 : radiator)
  라디에이터는 엔진 내에서 뜨거워진 냉각수를 냉각시켜 주는 기구이다.
  가 코어 막힘이 라디에이터 세척 후 20% 이상이면 교환한다.
  나 라디에이터 세척제에는 탄산나트륨(소다), 중탄산나트륨 등이 있다
⑥ 라디에이터 캡 (압력식 캡)
  냉각 장치 내의 비점(끓는점)을 높이기 위한 압력식 캡이며, 캡을 열 때에는 엔진의 시동을 끄고 냉각된 상태에서 열거나, 급하게 열 경우에는 반드시 캡을 헝겊이나 신문지 등으로 감싼 후 90° 정도 돌려 압력을 해제한 후 열어야 한다.
⑦ 수온 조절기(=정온기, thermostat) : 냉각수 온도에 따라 개폐되어 엔진의 온도를 알맞게 유지하여 일반적으로 65℃에서 열리기 시작하여 85℃에서 완전히 열린다. 참고로 신형 차량은 90℃에서 열리기 시작해서 95℃에서 완전히 열리는 차량도 있다.
  내부에 왁스류를 봉입한 펠릿형을 많이 사용한다.

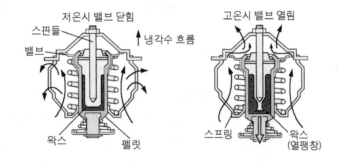

▲ 펠릿형 수온조절기

㉮ 수온조절기가 열린 채로 고장 나면 엔진이 과냉하고, 닫힌 채로 고장이 나면 과열원인이 된다.
㉯ 엔진의 과열 원인
  – 수온조절기의 완전 열림 온도가 높다.
  – 라디에이터 코어가 20%이상 막혔다.
  – 물재킷 내에 물때가 과다하다.
  – 팬 벨트의 이완 되었거나 절손되었다.
  – 물 펌프의 작동 불량 및 냉각수 양이 부족하다.

07 냉각수와 부동액

작동중인 기관의 온도를 75~85℃ , 신형 차량은 90 ~ 95℃(실린더 헤드 물 재킷 내의 온도)를 유지하기 위한 장치이다.

① 냉각수 : 증류수, 빗물, 수돗물 등의 연수를 사용한다.

② 부동액 : 에틸렌글리콜, 메탄올(알코올), 글리세린 등이 있으며, 현재는 에틸렌글리콜을 주로 사용한다.

08 디젤엔진의 연소실 및 연료장치

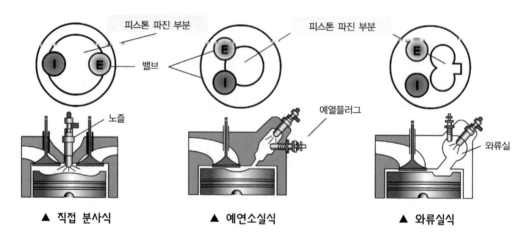

▲ 직접 분사식　　　　　　▲ 예연소실식　　　　　　▲ 와류실식

(1) 연소실 종류

① 직접분사실식 : 연소실이 실린더 헤드와 피스톤 헤드에 설치된 요철에 의하여 형성되며, 연소실에 연료를 직접 분사한다.(구멍형노즐, 노즐의 수명이 짧고 연료질에 민감하다.)

② 예연소실식 : 피스톤과 실린더 헤드 사이에 형성되는 주 연소실위에 예연소실을 두고 여기에 연료를 분사하여 착화한 후 주 연소실로 분출되어 완전 연소하는 방식

③ 와류실식 : 실린더 헤드에 와류실을 두고 압축 행정 중에 와류실에서 강한 와류가 일어나게 하며 여기에 연료를 분사하여 주 연소실로 분출되어 완전 연소 시키는 방식

(2) 디젤 노크

착화지연기간이 길면 분사된 다량의 연료가 화염 전파기간 중에 일시적으로 연소하여 압력 급상승에 원인하여 실린더에 충격을 주는 현상이다.

1) 방지법

① 착화성이 좋은 연료(세탄가가 높을 연료)를 사용하여 착화지연 기간을 짧게 한다.

② 압축비, 압축온도 및 압축압력을 높인다.

③ 분사초기에 분사량을 적게 한다.

④ 흡기온도를 높이고, 흡입공기에 와류를 준다.
⑤ 분사시기를 알맞게 조정한다.

09 디젤엔진의 시동 보조장치

① 데콤프(감압장치) : 엔진의 캠축운동에 관계없이 흡기 또는 배기 밸브를 강제로 열어서 실린더 내의 압축 압력을 낮추어 크랭크축의 회전을 쉽게 해 주는 장치이다.
② 예열 장치 : 연소실이나 흡기다기관 내의 공기를 예열시켜 엔진의 시동을 보조해 주는 장치이며, 겨울철 시동 시 주로 사용
　㉮ 예열플러그식 : 예열플러그식은 예연소실식, 와류실식 등에 사용하며, 연소실에 설치된다. 그 종류에는 코일형과 실드형이 있으며, 현재는 실드형을 사용한다.
　㉯ 흡기가열식 : 직접분사실식에서 사용하며, 흡기다기관에 설치된 열선에 전원을 공급하여 발생되는 열에 의해 흡입되는 공기를 가열하는 방식이다. 직접분사실식에서 히트 레인지가 이에 해당한다.

10 연료의 장치의 구조와 작용

(1) 기계식 디젤기관 연료장치의 구조

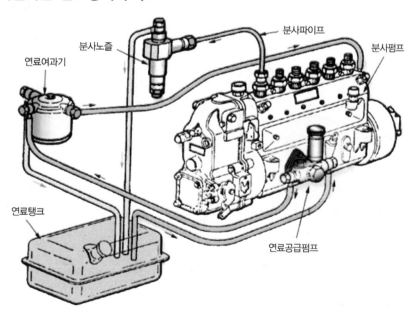

▲ 기계식 디젤기관 연료장치

① **연료탱크** : 연료탱크는 연료를 저장하는 용기이며, 특히 겨울철에는 공기 중의 수증기가 응축하여 물이 되어 고이므로 연료를 가득 채워 두어야 한다. 내부는 부식방지를 위하여 아연도금에 오일의 출렁거림을 방지하기 위하여 배플(세퍼레이터)이 있다.

② 공급펌프 : 공급 펌프는 연료탱크 내의 연료를 흡입 가압하여 분사펌프로 보내는 장치이며, 연료계통에 공기가 침입 하였을 때 공기 빼기 작업을 하는 프라이밍 펌프가 있다.

공기 빼기 순서는 공급펌프 → 연료여과기 → 분사펌프 → 노즐

③ 연료여과기 : 연료 여과기는 연료 속의 먼지나 수분을 제거 분리하며 여과지식 엘리먼트를 사용한다.

④ 분사펌프(인젝션펌프) : 분사펌프는 연료에 고압을 생성하여 노즐까지 보내주는 역할을 한다. 분사시기가 빠르면 배기색이 흑색이 되며, 그 양도 많아진다. 분사시기가 지나치게 늦으면 배기색이 청색(또는 백색)이 된다. 분사시기는 타이머가, 분사량은 조속기(거버너)가 조정한다.

⑤ 분사노즐 : 분사노즐은 펌프에서 보내준 고압의 연료를 미세한 안개 모양(무화)으로 연소실 내에 분사한다.

11 전자제어디젤기관연료장치(CRDI(common rail direct injection) : 커먼레일 엔진)

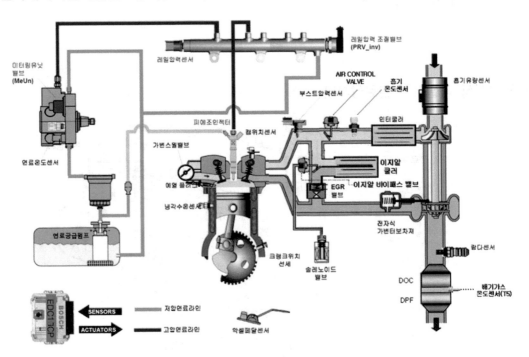

▲ 전자제어 디젤기관의 구성

(1) ECU 입·출력요소

1) ECU 입력요소

① 연료압력 센서(RPS) : 커먼레일 내의 연료압력을 검출하여 ECU로 입력시킨다.

② 공기유량 센서(AFS) & 흡기온도 센서 : 공기유량 센서는 열막방식(Hot Flim)을 이용한다. 주요 기능은 연료량 보정이며, EGR 피드백 제어에도 사용된다.

③ **가속페달 위치센서 1 & 2** : 전자제어 가솔린 기관에서 사용하고 있는 스로틀 위치센서와 같은 원리를 사용하며, 가속페달 위치센서에 의해 연료분사량과 분사시기가 결정된다.

④ **연료온도 센서** : 연료온도에 따른 연료분사량 보정신호로 사용된다.

⑤ **수온센서** : 냉간 시동에서는 연료 분사량을 증가시켜 원활한 시동이 될 수 있도록 기관의 냉각수 온도를 검출하여 냉각수 온도의 변화를 전압으로 변화시켜 ECU로 입력시킨다.

⑥ **크랭크축 위치센서(CPS, CKP)** : 크랭크축과 일체로 되어 있는 센서 휠(sensor wheel)의 돌기를 검출하여 크랭크축의 각도 및 피스톤의 위치, 기관 회전속도 등을 검출한다. 크랭크축과 연동되는 피스톤의 위치는 연료 분사시기를 결정하는데 중요한 역할을 한다.

2) ECU 출력요소

① **인젝터** : 고압연료 펌프로 부터 송출된 연료가 커먼레일을 통하여 인젝터로 공급되며, 연료를 연소실에 직접 분사한다.

② **연료압력 제어밸브** : 커먼레일 내의 연료압력을 조정하는 밸브이며 냉각수 온도, 축전지 전압 및 흡입공기 온도에 따라 보정을 한다.

③ **배기가스 재순환(EGR)밸브** : 기관에서 배출되는 가스 중 질소산화물 (Nox) 배출을 억제하기 위한 밸브이다.

(2) 전자제어 디젤기관의 연료장치

① **저압연료 펌프** : 연료펌프 릴레이로부터 전원을 공급받아 고압연료 펌프로 연료를 압송한다.

② **연료여과기** : 연료 속의 수분 및 이물질을 여과하는 역할을 하며, 연료가열 장치가 설치되어 있어   겨울철에 냉각된 기관을 시동할 때 연료를 가열한다.

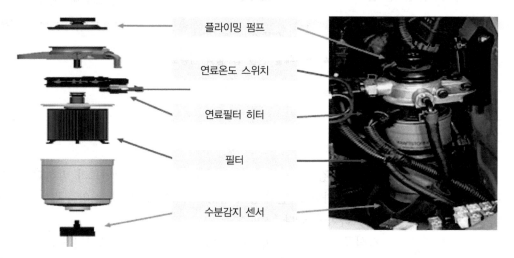

플라이밍 펌프

연료온도 스위치

연료필터 히터

필터

수분감지 센서

▲ 연료 필터의 구조

③ **오버플로 밸브(over flow valve)** : 저압연료 펌프에서 압송된 연료압력을 2.8~10.2bar을 유지하도록 제어하며, 과잉압력의 연료를 연료탱크로 복귀시킨다.

④ 연료온도 센서 : 고압연료 펌프로 공급되는 연료온도를 검출하며, 연료온도가 상승되는 것을 방지한다.

⑤ 고압연료 펌프 : 저압연료 펌프에서 공급된 연료를 약 1,350bar의 높은 압력으로 압축하여 커먼레일로 공급한다.

⑥ 커먼레일(Common Rail) : 고압연료 펌프에서 공급된 연료를 각 실린더의 인젝터로 분배해주며, 연료 압력센서와 연료 압력제어밸브가 설치되어 있다.

⑦ 연료압력 제어밸브(연료압력 제한밸브) : 고압연료 펌프에서 커먼레일에 압송된 연료의 복귀량을 제어하여 기관 작동상태에서 알맞은 연료압력으로 제어한다.

⑧ 고압 파이프 : 커먼레일에 공급된 높은 압력의 연료를 각 인젝터로 공급한다.

⑨ 인젝터 : 높은 압력의 연료를 기관 컴퓨터의 전류제어를 통하여 연소실에 미립형태로 분사한다.

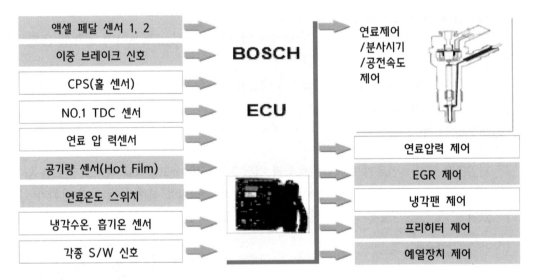

▲ 커먼레일 엔진 입·출력 계통도

12 흡·배기장치

(1) 공기청정기(에어필터)

흡입공기 여과, 흡기소음의 감소, 역화시 불길 저지 등이며, 엘리먼트가 막히면 배기색은 흑색이 되며, 기관의 출력은 저하한다. 건식 공기 청정기의경우 엘리먼트는 압축공기로 안쪽에서 바깥쪽으로 불어내어 청소하여야 한다.

① 건식 공기청정기: 건식공기청정기는 여과지나 여과포로 된 여과 엘리먼트를 사용한다.

② 습식 공기청정기: 공기를 오일로 적셔진 금속 여과망의 엘리먼트에 통과시켜 여과한다.

③ 유조식 공기청정기: 오일의 유면에 흡입공기가 관성 충돌해 생긴 기름방울이 엘리먼트를 적시면 공기가 통과되면서 여과된다. 특히 먼지가 많은 곳에서 사용되는 방식이다.

(2) 과급기(터보차저)

① 엔진의 출력을 증대(과급기를 부착하면 기관의 중량은 10~15%정도 증가하나, 출력은 35~45% 증가)시키는 장치이다.

② 실린더 내의 흡입 공기량이 증대되어 체적 효율이 증가하며, 평균유효 압력이 커진다.

③ 회전력이 향상되며, 연료 소비율이 감소한다.

④ 디퓨져 : 공기의 속도에너지를 압력에너지로 변환

⑤ 과급기의 윤활은 엔진오일(기관오일)로 한다.

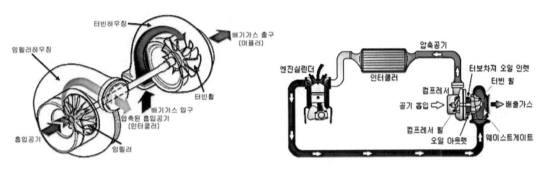

▲ 과급기(터보차져)의 구조　　　　▲ 과급기 배기가스 터빈과 흡기임펠러 구조

13 소음기(머플러)

배기소음은 작아지나 배기가스의 배출이 늦어져 엔진의 출력이 저하된다.
소음기에 카본이 많이 끼면 엔진이 과열하며, 피스톤에 배압(배기압력)이 커져 출력이 저하된다.

14 배기가스

배기가스의 주성분은 수증기(H_2O)와 이산화탄소(CO_2)이며, 이외에 일산화탄소(CO), 탄화수소(HC), 질소산화물(NOx), 탄소 입자(스모그) 등이 있다. 이 중에서 일산화탄소, 질소산화물, 탄화수소가 유해 물질이다.

배기물질로서 규제의 대상이 되는 것은 디젤엔진의 매연(PM:입자상 물질)이다.

(1) 배기가스 색과 연소상태

① 무색 : 정상연소

② 백색 : 윤활유 연소 (디젤엔진에서 연료 분사시기가 너무 늦을 경우)

③ 흑색 : 혼합비 농후 (디젤엔진에서 연료 분사시기가 너무 빠를 경우)

1 4행정 디젤엔진에서 흡입행정 시 실린더 내에 흡입되는 것은?

① 스파크   ② 혼합기
③ 공기   ④ 연료

2 기관의 냉각팬이 회전할 때 공기가 불어가는 방향은?

① 회전방향   ② 방열기방향
③ 하부방향   ④ 엔진방향

3 수냉식 기관이 과열되는 원인으로 아닌 것은?

① 방열기의 코어가 20%이상 막혔을 때
② 규정보다 높은 온도에서 수온조절기가 열릴 때
③ 규정보다 적게 냉각수를 넣었을 때
④ 수온 조절기가 열린 채로 고정되었을 때

4 2행정 사이클 디젤기관의 흡입과 배기행정에 관한 설명으로 아닌 것은?

① 압력이 낮아진 나머지 연소가스가 압출되어 실린더 내는 와류를 동반한 새로운 공기로 가득 차게 된다.
② 동력행정의 끝 부분에서 배기 밸브가 열리고 연소가스가 자체의 압력으로 배출이 시작한다.
③ 연소가스가 자체의 압력에 의해 배출되는 것을 블로바이라고 한다.
④ 피스톤이 하강하여 소기포트가 열리면 예압된 공기가 실린더 내로 유입된다.

5 기계식 분사펌프가 장착된 디젤기관에서 기동 중에 발전기가 고장이 났을 때 단기간 내에 발생할 수 있는 현상으로 아닌 것은?

① 헤드램프를 켜면 불빛이 어두워진다.
② 충전 경고등에 불이 들어온다.
③ 배터리가 방전되어 시동이 꺼지게 된다.
④ 전류계의 지침이 (−)쪽을 가리킨다.

6 기관에서 흡입 효율을 높이는 장치는?

① 소음기   ② 압축기
③ 과급기   ④ 기화기

7 엔진의 윤활유 압력이 높아지는 이유는?

① 윤활유량이 부족하다.
② 기관 각부의 마모가 심하다.
③ 윤활유 펌프의 성능이 좋지 않다.
④ 윤활유의 점도가 너무 높다

8 건설기계기관의 압축압력 측정방법으로 아닌 것은?

① 습식시험을 먼저하고 건식시험을 나중에 한다.
② 기관의 분사노즐(또는 점화플러그)은 모두 제거한다.
③ 기관을 정상온도로 작동시킨다.
④ 배터리의 충전상태를 점검한다.

9 다음 중 커먼레일 연료분사장치의 저압계통이 아닌 것은?

① 1차 연료 공급펌프
② 커먼레일
③ 연료 필터
④ 연료 스트레이너

10 4행정 기관에서 크랭크축 기어와 캠축 기어와의 지름의 비 및 회전비는 각각 얼마인가?

① 1 : 2 및 2 : 1
② 2 : 1 및 2 : 1
③ 1 : 2 및 1 : 2
④ 2 : 1 및 1 : 2

11 직접분사실식에 가장 적합한 노즐은?

① 스로틀형　　② 핀들형
③ 구멍형　　　④ 개방형

12 오일 스트레이너에 대한 설명으로 바르지 못한 것은?

① 고정식과 부동식이 있으며 일반적으로 고정식이 많이 사용된다.
② 불순물로 인하여 여과망이 막힐 때에는 오일이 통할 수 있도록 바이패스 밸브가 설치된 것도 있다.
③ 오일필터에 있는 오일을 여과하여 각 윤활부로 보낸다.
④ 보통 철망으로 만들어져 있으며 비교적 큰 입자의 불순물을 여과한다.

13 기관의 기동을 보조하는 장치로 틀린 것은?

① 공기 예열 장치
② 실린더의 감압 장치
③ 과급 장치
④ 연소 촉진제 공급 장치

14 연소 조건에 대해 설명이 아닌 것은?

① 산화되기 쉬운 것일수록 타기 쉽다.
② 발열량이 적은 것일수록 타기 쉽다.
③ 열전도율이 적은 것일수록 타기 쉽다.
④ 산소와의 접촉면이 클수록 타기 쉽다.

15 라디에이터 캡의 스프링이 파손되는 경우 발생하는 현상은?

① 냉각수 순환이 빨라진다.
② 냉각수 순환이 불량해진다.
③ 냉각수 비등점이 낮아진다.
④ 냉각수 비등점이 높아진다.

16 엔진윤활유의 기능으로 틀린 것은?

① 윤활작용
② 냉각작용
③ 연소작용
④ 방청작용

17 커먼레일 디젤기관의 센서에 대한 설명이 아닌 것은?

① 수온센서는 기관의 온도에 따른 냉각 팬 제어신호로 사용된다.
② 수온센서는 기관의 온도에 따른 연료량 증감하는 보정신호로 사용된다.
③ 연료온도 센서는 연료온도에 따른 연료량 보정신호로 사용된다.
④ 크랭크 포지션센서는 밸브개폐시기를 감지한다.

18 2행정 디젤기관의 소기방식에 속하지 않는 것은?

① 횡단소기식
② 루프소기식
③ 단류소기식
④ 복류소기식

19 라이너식 실린더에 비교한 일체식 실린더의 특징이 아닌 것은?

① 냉각수 누출 우려가 적다.
② 강성 및 강도가 크다.
③ 부품수가 적고 중량이 가볍다.
④ 라이너 형식보다 내마모성이 높다.

20 윤활장치에서 오일의 여과 방식으로 틀린 것은?

① 분류식   ② 전류식
③ 샨트식   ④ 합류식

21 현재 가장 많이 사용되고 있는 수온조절기의 형식은?

① 바이메탈형   ② 벨로즈형
③ 펠릿형   ④ 블래더형

22 4 행정 사이클 디젤기관의 동력행정에 관한 설명이 아닌 것은?

① 연료는 분사됨과 동시에 연소를 시작한다.
② 연료분사 시작점은 회전속도에 따라 진각된다.
③ 피스톤이 상사점에 도달하기 전 소요의 각도 범위 내에서 분사를 시작한다.
④ 분사시기의 진각에는 연료의 착화 늦음을 고려한다.

23 4 기통 디젤기관의 병렬로 연결된 예열플러그 중 3 번 기통의 예열플러그가 단선되었을 때 나타나는 현상에 대한 설명으로 옳은 것은?

① 예열플러그 전체가 작동이 안 된다.
② 3번 실린더 예열플러그만 작동이 안 된다.
③ 2, 4번 실린더 예열플러그도 작동이 안 된다.
④ 축전지 용량의 배가 방전된다.

24 디젤기관 연료장치 내에 있는 공기를 배출하기 위하여 사용하는 펌프는?

① 프라이밍펌프
② 연료펌프
③ 공기펌프
④ 인젝션 펌프

25 디젤기관에서 실화할 때 나타나는 현상으로 옳은 것은?

① 냉각수가 유출 된다.
② 기관회전이 불량해진다.
③ 연료소비가 감소한다.
④ 기관이 과냉된다.

26 고압 펌프는 엔진 구동 중 필요로 하는 고압을 발생시키고 커먼레일 내에 높은 압력의 연료를 지속적으로 보내주는 역할을 한다. 이때, 고압 펌프의 구동은 어떠한 기기가 작동 하는가?

① 오일펌프   ② 크랭크축
③ 엔진의 캠축   ④ 피니언기어

27 건식 공기청정기의 효율저하를 방지하기 위한 세척방법으로 가장 적합한 것은?

① 기름으로 닦는다.
② 마른걸레로 닦아야 한다.
③ 압축공기로 안에서 바깥으로 먼지 등을 털어 낸다.
④ 물로 깨끗이 세척한다.

28 글로우 플러그를 설치하지 않아도 되는 연소실은?(커먼레일은 제외)

① 직접분사실식   ② 예연소실식
③ 공기실식   ④ 와류실식

29 엔진에서 라디에이터의 방열기 캡을 열어 냉각수를 점검했더니 기름이 떠 있었다. 그 원인으로 옳은 것은?

① 압축압력이 높아 역화 현상
② 밸브간격 과다
③ 실린더 헤드 가스켓 파손
④ 피스톤 링과 실린더 마모

30 디젤기관의 출력을 저하시키는 원인이 아닌 것은?

① 흡기계통이 막혔을 때
② 흡입공기 압력이 높을 때
③ 연료분사량이 적을 때
④ 노킹이 일어 난 때

31 엔진오일의 압력이 낮은 원인으로 틀린 것은?

① 오일에 다량의 연료 혼입
② 오일 파이프의 파손
③ 플라이밍 펌프의 파손
④ 오일 펌프의 고장

32 기관의 예방정비 시에 운전자가 해야 할 정비와 관계가 먼 것은?

① 딜리버리 밸브 교환
② 냉각수 보충
③ 연료 여과기의 엘리먼트 점검
④ 연료파이프의 풀림 상태 조임

33 소음기나 배기관 내부에 많은 양의 카본이 부착되면 배압은 어떻게 되는가?

① 높아진다.
② 낮아진다.
③ 영향을 미치지 않는다.
④ 저속에는 높아졌다가 고속에는 낮아진다.

34 디젤기관에서 회전속도에 따라 연료의 분사 시기를 조절하는 장치는?

① 과급기   ② 조속기
③ 타이머   ④ 기화기

35 4 행정 디젤기관에서 흡입행정 시 실린더 내에 흡입되는 것은?

① 혼합기   ② 공기
③ 스파크   ④ 연료

36 4 행정 사이클 디젤기관이 작동 중 흡입밸브와 배기밸브가 동시에 닫혀있는 행정은?

① 배기행정   ② 동력행정
③ 소기행정   ④ 흡입행정

37 공기청정기의 종류 중 특히 먼지가 많은 지역에 적합한 것은?

① 복합식   ② 유조식
③ 습식   ④ 건식

38 엔진의 윤활유 소비량이 과다해지는 가장 큰 원인은?

① 냉각펌프 손상
② 오일 여과기 필터 불량
③ 기관의 과냉
④ 피스톤 링 마멸

39 디젤기관의 특성으로 가장 거리가 먼 것은?

① 연료소비율이 적고 열효율이 높다.
② 연료의 인화점이 높아서 화재의 위험성이 적다.
③ 예열플러그가 필요 없다.
④ 전기 점화장치가 없어 고장율이 적다.

40 기관의 냉각장치에 해당하지 않는 부품은?

① 방열기   ② 릴리프밸브
③ 팬 및 벨트   ④ 수온조절기

41 디젤기관의 연료분사펌프에서 연료 분사량 조정은?

① 플라이밍 펌프를 조정
② 컨트롤슬리브와 피니언의 관계위치를 변화하여 조정
③ 플런저 스프링의 장력조정
④ 리미트 슬리브를 조정

42 엔진이 기동된 다음에는 피니언기어가 공회전하여 링기어에 의해 엔진의 회전력이 기동전동기에 전달되지 않도록 하는 장치는?

① 오버런닝클러치
② 정류자
③ 전기자
④ 피니언기어

43 커먼레일 디젤기관의 연료장치 시스템에서 출력요소는?

① 엔진 ECU   ② 공기 유량 센서
③ 인젝터   ④ 브레이크 스위치

44 엔진오일이 연소실로 올라오는 주된 이유는?

① 피스톤 링 마모   ② 피스톤 핀 마모
③ 크랭크축 마모   ④ 커넥팅로드 마모

45 4행정 기관에서 1 사이클을 완료할 때 크랭크축은 몇 회전 하는가?

① 4회전   ② 2회전
③ 1회전   ④ 3회전

46 디젤기관 연료여과기에 설치된 오버플로 밸브(overflow valve)의 기능으로 틀린 것은?

① 운전 중 공기 배출 작용
② 인젝터의 연료분사시기 재어
③ 여과기 각 부분 보호
④ 연료공급펌프 소음발생 억제

47 디젤기관의 연소실 중 연료 소비율이 낮으며 연소 압력이 가장 높은 연소실 형식은?

① 공기실식   ② 직접분사실식
③ 와류실식   ④ 예연소실식

48 기관의 크랭크축 베어링의 구비조건이 아닌 것은?

① 주종 유동성이 있을 것
② 내피로성이 클 것
③ 마찰계수가 클 것
④ 매입성이 있을 것

49 기관의 오일펌프 유압이 낮아지는 원인으로 틀린 것은?

① 윤활유 점도가 너무 높을 때
② 오일 스트레이너가 막힐 때
③ 베어링의 오일 간극이 클 때
④ 윤활유의 양이 부족할 때

50 예열플러그를 빼서 보았더니 심하게 오염되어 있다. 그 원인으로 가장 적합한 것은?

① 플러그의 용량 과다
② 기관의 과열
③ 냉각수 부족
④ 불완전연소 또는 노킹

51 디젤기관 냉각장치에서 냉각수의 비등점을 높여주기 위해 설치된 부품으로 알맞은 것은?

① 코어
② 압력식 캡
③ 냉각핀
④ 보조탱크

52 디젤기관의 노킹 발생 원인과 가장 거리가 먼 것은?

① 세탄가가 높은 연료를 사용하였다.
② 노즐의 분무상태가 불량하다.
③ 기관이 과도하게 냉각 되어 있다.
④ 착화기간 중 분사량이 많다.

53 차동기어장치에 주입하는 윤활유는?

① 유압오일
② 기어오일
③ 브레이크 오일
④ 엔진오일

54 엔진 밸브오버랩을 두는 이유로 맞는 것은?

① 밸브개폐를 쉽게 하기 위해
② 압축 압력을 높이기 위해
③ 연료소모를 적게 하기 위해
④ 흡입 효율을 높이기 위해

55 엔진과열의 원인으로 가장 거리가 먼 것은?

① 냉각계통의 고장
② 정온기가 닫혀서 고장
③ 연료의 품질 불량
④ 라디에이터코어불량

56 디젤기관에서 연료통의 구성 부품 중 틀린 것은?

① 드레인플러그
② 배플
③ 유면계
④ 오일냉각장치

57 연료 분사의 3 요소가 아닌 것은?

① 무화
② 분포
③ 관통
④ 착화

58 커먼레일 디젤기관의 센서에 대한 설명이 아닌 것은?

① 수온센서는 기관의 온도에 따른 냉각 팬 제어신호로 사용된다.
② 크랭크 포지션센서는 밸브개폐시기를 감지한다.
③ 수온센서는 기관의 온도에 따른 연료량 증감하는 보정신호로 사용된다.
④ 연료온도 센서는 연료온도에 따른 연료량 보정신호로 사용된다.

59 오일 팬에 있는 오일을 흡입하여 기관의 각 운동부분에 압송하는 오일펌프로 가장 많이 사용되는 것은?

① 피스톤펌프, 나사펌프, 원심펌프
② 기어펌프, 원심펌프, 베인펌프
③ 나사펌프, 원심펌프, 기어펌프
④ 로터리펌프, 기어펌프, 베인펌프

60 커먼레일 디젤기관의 압력제한밸브에 대한 설명이 아닌 것은?

① 기계식밸브가 많이 사용된다.
② 커먼레일과 같은 라인에 설치되어 있다.
③ 운전조건에 따라 커먼레일의 압력을 제어한다.
④ 연료압력이 높으면 연료의 일부분이 연료탱크로 되돌아간다.

61 기관의 속도에 따라 자동적으로 분사시기를 조정하여 운전을 안정되게 하는 것은?

① 타이머
② 디콤퍼
③ 노즐
④ 과급기

62 기관연소실이 갖추어야 할 구비조건이다. 가장 거리가 먼 것은?

① 화염전파 거리가 짧아야 한다.
② 연소실 내의 표면적은 최대가 되도록 한다.
③ 돌출부가 없어야 한다.
④ 압축압력에서 혼합기의 와류를 형성하는 구조이어야 한다.

63 냉각장치에서 냉각수가 줄어드는 원인과 정비방법이 아닌 것은?

① 라디에이터 캡 불량 : 부품 교환
② 히터 혹은 라디에이터 호스 불량 : 수리 및 교환
③ 워터펌프 불량 : 조정
④ 하우징 불량 : 개스킷 및 하우징 교체

64 건식 공기청정기의 효율저하를 방지하기 위한 세척방법으로 가장 적합한 것은?

① 기름으로 닦는다.
② 마른걸레로 닦아야 한다.
③ 압축공기로 안에서 바깥으로 먼지 등을 털어 낸다.
④ 물로 깨끗이 세척한다.

65 디젤기관의 출력을 저하시키는 원인이 아닌 것은?

① 연료분사량이 적을 때
② 흡입공기 압력이 높을 때
③ 노킹이 일어 난 때
④ 흡기계통이 막혔을 때

66 기관의 윤활유 압력이 높아지는 이유는?

① 윤활유량이 부족하다.
② 기관 각부의 마모가 심하다.
③ 윤활유의 점도가 너무 높다.
④ 윤활유 펌프의 내부 마모가 심하다.

67 디젤기관의 예열 장치에서 코일형 예열 플러그와 비교한 실드형 예열 플러그의 설명이 아닌 것은?

① 예열 플러그 하나가 단선되어도 나머지는 작동된다.
② 예입 플러그들 사이의 회로는 병렬로 결선되어 있다.
③ 발열량이 크고 열용량도 크다.
④ 기계적 강도 및 가스에 의한 부식에 약하다.

68 디젤기관 연료여과기에 설치된 오버플로 밸브(overflow valve)의 기능 중 틀린 것은?

① 인젝터의 연료분사시기 재어
② 연료공급펌프 소음발생 억제
③ 여과기 각 부분 보호
④ 운전 중 공기 배출 작용

69 라디에이터(Radiator)에 대한 설명이 아닌 것은?

① 라디에이터의 재료 대부분은 알루미늄 합금이 사용된다.
② 냉각 효율을 높이기 위해 방열판이 설치된다.
③ 공기 흐름 저항이 커야 냉각 효율이 높다.
④ 단위 면적당 방열량이 커야 한다.

70 기관의 동력을 전달하는 계통의 순서를 바르게 나타낸 것은?

① 피스톤 → 크랭크축 → 커넥팅로드 → 클러치
② 피스톤 → 클러치 → 크랭크축 → 커넥팅로드
③ 피스톤 → 커넥팅로드 → 크랭크축 → 클러치
④ 피스톤 → 커넥팅로드 → 클러치 → 크랭크축

71 실린더와 피스톤 사이에 유막을 형성하여 압축 및 연소가스가 누설되지 않도록 기밀을 유지하는 작용으로 옳은 것은?

① 냉각작용　　② 감마작용
③ 방청작용　　④ 밀봉작용

72 기관에 사용되는 여과장치 중 틀린 것은?

① 인젝션 타이머　② 공기청정기
③ 오일 스트레이너　④ 오일 필터

73 4행정 사이클 기관의 행정 순서로 맞는 것은?

① 압축 → 흡입 → 동력 → 배기
② 흡입 → 동력 → 압축 → 배기
③ 흡입 → 압축 → 동력 → 배기
④ 압축 → 동력 → 흡입 → 배기

74 가압식 라디에이터의 장점 중 틀린 것은?

① 냉각장치의 효율을 높일 수 있다.
② 냉각수의 비등점을 높일 수 있다.
③ 방열기를 작게 할 수 있다.
④ 냉각수의 순환속도가 빠르다.

75 노킹이 발생되었을 때 디젤기관에 미치는 영향 중 틀린 것은?

① 연소실 온도가 상승한다.
② 엔진에 손상이 발생할 수 있다.
③ 배기가스의 온도가 상승한다.
④ 출력이 저하된다.

76 디젤기관의 출력을 저하시키는 원인이 아닌 것은?

① 흡기계통이 막혔을 때
② 흡입공기 압력이 높을 때
③ 연료분사량이 적을 때
④ 노킹이 일어 난 때

77 경유를 연료로 사용하는 건설기계의 엔진에서 NOx가 가장 많이 배출될 때의 운전 상태는?

① 감속　　　② 저속(15km 이하)
③ 가속　　　④ 공회전

78 디젤 기관에서 많이 배출되며 탄화수소와 함께 광화학 스모그를 일으키는 반응에 영향을 미치는 배출가스는?

① 매연　　　② 황산화물
③ 질소산화물　④ 일산화탄소

79 4행정 사이클의 디젤 기관은?

① 피스톤이 2회 왕복운동에 한번 착화 팽창한다.
② 피스톤이 1회 왕복운동에 한번 착화 팽창한다.
③ 피스톤이 4회 왕복운동에 한번 착화 팽창한다.
④ 피스톤이 1/2회 왕복운동에 한번 착화 팽창한다.

80 기관 오일의 SAE 기호가 의미하는 것은?

① 유동성　　② 비중
③ 건성　　　④ 점도

81 부동액의 원료로 널리 사용되고 있는 것은?

① 에틸렌글리콜　② 알코올
③ 글리세린　　④ 아세톤

82 기관에서 피스톤의 측압이 가장 큰 행정은?

① 흡기 행정　② 폭발 행정
③ 배기 행정　④ 압축 행정

83 연소가 잘 되는 조건이 아닌 것은?

① 건조도가 좋은 것일수록 연소가 잘된다.
② 산화도가 어려운 것일수록 연소가 잘된다.
③ 발열량이 큰 것일수록 연소가 잘된다.
④ 산소농도가 높을수록 연소가 잘된다.

84 커먼레일 디젤 기관의 전자제어 계통에서 입력요소 중 틀린 것은?

① 연료 압력 제한 밸브
② 연료 압력 센서
③ 축전지 전압
④ 연료 온도 센서

85 기관의 속도에 따라 자동적으로 분사시기를 조정하여 운전을 안정되게 하는 것은?

① 타이머　　　② 과급기
③ 디콤퍼　　　④ 노즐

86 공랭식 기관의 냉각장치에서 볼 수 있는 것은?

① 수온조절기　② 코어 플러그
③ 냉각 핀　　　④ 핀 물펌프

87 기관 시동 후 냉각수의 온도가 약 몇 ℃ 이상 도달하였을 때 정상 작업하는 것이 좋은가?

① −15℃
② 65℃ (신형 차량은 85℃)
③ 125℃
④ 5℃

88 기관의 엔진오일 여과기가 막히는 것을 대비해서 설치하는 것은?

① 체크 밸브(check valve)
② 오일 팬(oil pan)
③ 바이패스 밸브(bypass valve)
④ 오일 디퍼(oil dipper)

89 국내에서 디젤 기관에 규제하는 배출가스는?

① 일산화탄소　　② 매연
③ 공기과잉율　　④ 탄화수소

90 기관의 실린더 블록(cylinder block)과 헤드(head) 사이에 끼워 기밀을 유지시키는 것은?

① 오일 링(oil ring)
② 피스톤 링(piston ring)
③ 헤드 개스킷(head gasket)
④ 물 재킷(water jacket)

91 기관의 엔진오일을 저장하고 크랭크축을 보호하는 것은?

① 오일 디퍼(oil dipper)
② 바이패스 밸브(bypass valve)
③ 오일 팬(oil pan)
④ 체크 밸브(check valve)

92 공기만을 실린더 내로 흡입하여 고압축비로 압축한 다음 압축열에 연료를 분사하는 작동 원리의 디젤 기관은?

① 외연기관
② 전기점화기관
③ 제트기관
④ 압축착화기관

93 기관에 사용되는 윤활유의 소비가 증대될 수 있는 두 가지 원인은?

① 희석과 혼합　　② 비산과 압력
③ 비산과 희석　　④ 연소와 누설

94 냉각장치에 사용되는 전동 팬에 대한 설명이 아닌 것은?

① 엔진이 시동되면 동시에 회전한다.
② 팬벨트는 필요 없다.
③ 냉각수 온도에 따라 작동한다.
④ 정상온도 이하에서는 작동하지 않고 과열일 때 작동한다.

95 디젤기관에서 피스톤 헤드를 오목하게 하여 연소실을 형성시킨 것은?

① 직접분사실식　　② 와류실식
③ 예연소실식　　　④ 공기실식

96 윤활유의 온도에 따르는 점도변화 정도를 표시하는 것은?

① 점도분포　　　② 점화
③ 윤활성　　　　④ 점도지수

97 흡입공기를 선회시켜 엘리먼트 이전에서 이물질이 제거 되게 하는 에어클리너 방식은?

① 습식　　　　　② 비스키무수식
③ 원심 분리식　　④ 건식

98 기관에서 연료를 압축하여 분사순서에 맞게 노즐로 압송시키는 장치는?

① 연료공급펌프　　② 프라이밍펌프
③ 연료분사펌프　　④ 유압펌프

99 실린더 라이너(cylinder liner)에 대한 설명이 아닌 것은?

① 일명 슬리브(sleeve)라고도 한다.
② 냉각효과는 습식보다 건식이 더 좋다.
③ 종류는 습식과 건식이 있다.
④ 습식은 냉각수가 실린더 안으로 들어갈 염려가 있다.

100 유압식 밸브 리프터의 장점으로 틀린 것은?

① 밸브간극 조정은 자동으로 조절된다.
② 밸브기구의 내구성이 좋다.
③ 밸브 개폐시기가 정확하다.
④ 밸브구조가 간단하다.

101 수냉식 기관이 과열되는 원인이 아닌 것은?

① 방열기의 코어가 20%이상 막혔을 때
② 수온 조절기가 열린 채로 고정되었을 때
③ 규정보다 적게 냉각수를 넣었을 때
④ 규정보다 높은 온도에서 수온 조절기가 열릴 때

102 윤활장치에서 오일의 여과 방식 중 틀린 것은?

① 합류식　　　　② 샨트식
③ 전류식　　　　④ 분류식

103 크랭크축 베어링의 바깥둘레와 하우징 둘레와의 차이인 크러시를 두는 이유는?

① 조립할 때 베어링이 제자리에 밀착되도록 한다.
② 조립할 때 캡에 베어링이 제자리에 밀착되도록 한다.
③ 볼트로 압착시켜 베어링 면의 열전도율을 높여준다.
④ 안쪽으로 찌그러지는 것을 방지 한다.

104 배기가스의 색과 기관의 상태를 표시한 것이 아닌 것은?

① 무색 – 정상
② 백색/회색 – 윤활유의 연소
③ 검은색 – 농후한 혼합비
④ 황색 – 공기청정기 막힘

105 다음 중 여름에 사용되는 엔진오일의 종류와 표시는?

① SAE 5W
② 그리스
③ SAE #30(SAE 분류 점도임)
④ H.D(하이드로닉 오일)

106 디젤기관의 출력을 저하시키는 원인이 아닌 것은?

① 흡기계통이 막혔을 때
② 연료분사량이 적을 때
③ 노킹이 일어 난 때
④ 흡입공기 압력이 높을 때

107 지게차에서 사용되는 건식에어클리너 설명 중 부적당한 것은?

① 탈부착이 쉽다.
② 물로 세척하여 재사용
③ 미세먼지를 잘 걸러낸다.
④ 케이스 내 엘리먼트만 들어 있다.

108 피스톤의 형상에 의한 종류 중에 측압부의 스커트 부분을 떼어내 경량화하여 고속엔진에 많이 사용하는 피스톤은 무엇인가?

① 솔리드 피스톤
② 스피릿 피스톤
③ 풀스커트 피스톤
④ 슬리퍼 피스톤

109 다음 중 연료 탱크의 기능으로 아닌 것은?

① 연료를 저장 한다
② 운행 중 연료의 출렁거림을 방지하는 세퍼레이터가 있다.
③ 연료탱크의 내부에는 부식방지를 위하여 금도금 되어 있다
④ 탱크 내에 대기압을 형성하기 위한 대기압호스가 있다.

110 다음 중 습식 공기청정기에 대한 설명으로 아닌 것은?

① 공기청정기는 재사용을 할 수 있다.
② 공기청정기 케이스 밑에는 일정한 양의 오일이 들어 있음
③ 청정효율은 공기량이 증가할수록 높아지며, 회전속도가 빠르면 효율이 좋고 낮으면 저하됨
④ 흡입공기는 오일로 적셔진 여과망을 통과시켜 여과시킴

111 압력식 라디에이터 캡의 사용에 주된 목적은?

① 냉각효과를 높인다.
② 냉각수의 비점을 높인다.
③ 엔진의 빙결을 방지한다.
④ 냉각수의 누수를 방지한다.

112 기관 과급기에서 공기의 속도 에너지를 압력에너지로 변환시키는 것은?

① 디퓨저(diffuser) ② 배기관
③ 압축기   ④ 터빈(Turbine)

113 터보차저를 구동하는 것으로 가장 적합한 것은?

① 엔진의 흡입가스
② 엔진의 열
③ 엔진의 배기가스
④ 엔진의 여유동력

114 지게차에서 사용되는 건식에어클리너 설명 중 부적당한 것은?

① 케이스 내 엘리먼트만 들어있다.
② 미세먼지를 잘 걸러낸다.
③ 물로 세척하여 재사용
④ 탈부착이 쉽다.

115 디젤기관에서 시동을 잘 걸리게 하는 방법으로 틀린 것은?

① 크랭크축의 회전 속도를 느리게 한다.
② 흡기압력을 높여 준다.
③ 예열플러그를 가동한다.
④ 축전지의 상태를 최상으로 유지한다.

116 기관의 연소실 모양과 관련이 적은 것은?

① 기관출력   ② 열효율
③ 엔진속도   ④ 운전 정숙도

117 피스톤링중 절개부가 가장 큰 것은 몇 번 링 인가?

① 1번   ② 2번
③ 3번   ④ 4번

118 디젤연료 계통의 공기빼기 순서로 옳은 것은?

① 공급펌프 → 분사펌프 → 분사펌프
② 공급펌프 → 연료여과기 → 분사펌프
③ 연료여과기 → 분사펌프 → 공급펌프
④ 분사펌프 → 연료여과기 → 공급펌프

119 냉각수 캡에서 연소가스가 새어나오는 경우 고장진단으로 옳은 것은?

① 오일팬의 불량
② 실린더헤드의 균열
③ 헤드워터재킷 불량
④ 헤드오일통로 불량

120 벨트를 풀리(pulley)에 장착 시 기관의 상태로 옳은 것은?

① 저속으로 회전 상태
② 중속으로 회전 상태
③ 회전을 중지한 상태
④ 고속으로 회전 상태

121 다음 중 연소 시 발생하는 질소산화물(Nox)의 발생원인과 가장 밀접한 관계가 있는 것은?

① 저속   ② 증속
③ 고속   ④ 가속

122 냉각장치의 수온조절기가 열리기 시작하는 온도는?

① 50도   ② 65도
③ 85도   ④ 90도

123 연소실의 종류에서 히트레인지를 사용하는 연소실식은?

① 공기실식   ② 예연소실식
③ 와류실식   ④ 직접분사실식

124 연소에 필요한 공기를 실린더로 흡입할 때 먼지 등 불순물을 여과하여 피스톤의 마모를 방지하는 역할을 하는 장치는?

① 에어클리너   ② 터보차저
③ 오일 쿨러   ④ 오일 필터

125 다음 중 엔진오일의 점도가 제일 낮은 것은 무엇인가?

① SAE40w   ② SAE10w
③ SAE20w   ④ SAE30w

126 기관의 전동식 냉각팬에 대한 설명 중 옳지 않은 것은?

① 팬벨트가 필요 없다.
② 온도가 정상이면 작동되지 않는다.
③ 엔진시동과 동시에 작동된다.
④ 냉각수의 온도로 작동된다.

127 공기청정기의 종류 중 자주 청소하고 교환 하여야 하는 것은?

① 습식　　　　② 유조식
③ 원심식　　　④ 건식

128 직접분사식에 가장 적합한 노즐은?

① 구멍형　　　② 개방형
③ 스로틀형　　④ 핀들형

129 지게차에서 라디에이터의 설치 위치는 어 느 곳인가?

① 좌　　　　　② 뒤
③ 앞　　　　　④ 우

130 디젤기관에서 연료가 정상적으로 공급되 지 않아 시동이 꺼지는 현상이 발생되었다. 그 원인으로 적합하지 않은 것은?

① 연료필터 막힘
② 프라이밍 펌프 고장
③ 연료탱크 내 오물 과다
④ 연료파이프 손상

131 기관의 냉각팬에 대한 설명 중 아닌 것은?

① 냉각핀이 돌지 않아도 펌프는 항상 돌아간 다.
② 전동팬은 냉각수의 온도에 따라 작동된다.
③ 전동팬의 작동과 관계없이 물 펌프는 항상 회전한다.
④ 냉각팬이 작동되지 않을 때는 물 펌프도 회전하지 않는다.

132 과급기의 윤활은 어떤 오일이 하는가?

① 기관오일　　② 기어오일
③ 가솔린　　　④ 그리스

133 기관의 윤활방식중 주로 4 행정 사이클기 관에 많이 사용되고 있는 윤활방식이 아닌 것은?

① 압송식　　　② 비산식
③ 비산 압송식　④ 합류식

134 플라이 휠 런아웃의 측정은 무엇으로 하는 가?

① 피치게이지　　② 필러게이지
③ 다이얼게이지　④ 마이크로미터

135 가압식 라디에이터의 장점으로 아닌 것은?

① 방열기를 작게 할 수 있다.
② 냉각장치의 효율을 높일 수 있다.
③ 비등점이 내려가고 냉각수 용량이 커진다.
④ 냉각수의 비등점을 높일 수 있다.

136 엔진시동 후 엔진의 행정이 불안정하다 점 검해야 할 것과 거리가 먼 것은?

① 분사장치　　② 예열플러그
③ 피스톤링　　④ 벨트장력

137 엔진 냉각장치에서 냉각수 비등점을 올리 기 위한 장치는?

① 물재킷　　　② 진공식캡
③ 라디에이터　④ 압력식캡

138 커먼레일 디젤 기관의 전자제어 계통에서 입력요소가 아닌 것은?

① 연료 온도 센서
② 연료 압력 센서
③ 연료 압력 제한 밸브
④ 축전지 전압

139 냉각장치에 사용되는 전동 팬에 대한 설명으로 아닌 것은?

① 냉각수 온도에 따라 작동한다.
② 정상온도 이하에서는 작동하지 않고 과열일 때 작동한다.
③ 엔진이 시동되면 동시에 회전한다.
④ 팬벨트는 필요 없다.

140 가동 중인 기관에서 기계적 소음이 발생할 수 있는 사항 중 거리가 먼 것은?

① 크랭크축 베어링이 마모되어
② 냉각팬 베어링이 마모되어
③ 분사노즐 끝이 마모되어
④ 밸브 간극이 규정치보다 커서

141 라디에이터(Radiator)에 대한 설명으로 아닌 것은?

① 라디에이터 재료 대부분은 알루미늄 합금이 사용된다.
② 단위 면적당 방열량이 커야 한다.
③ 냉각효율을 높이기 위해 방열 핀이 설치된다.
④ 공기흐름 저항이 커야 냉각효율이 높다.

142 에어컨 시스템에서 기화된 냉매를 액화하는 장치는?

① 증발기   ② 건조기
③ 컴프레셔   ④ 응축기

143 다음 중 가솔린 엔진에 비해 디젤엔진의 장점으로 볼 수 없는 것은?

① 열효율이 높다.
② 압축압력, 폭압압력이 크기 때문에 마력 당 중량이 크다.
③ 유해 배기가스 배출량이 적다
④ 흡입행정 시 펌핑 손실을 줄일 수 있다.

144 커먼레일 디젤 엔진의 연료장치 시스템에서 출력요소는?

① 공기 유량 센서
② 인젝터
③ 엔진 ECU
④ 브레이크 스위치

145 디젤 엔진과 관련 없는 것은?

① 착화   ② 점화
③ 예열 플러그   ④ 세탄가

146 예열플러그가 15~20 초에서 완전히 가열되었을 경우의 설명으로 옳은 것은?

① 정상상태이다.
② 접지 되었다.
③ 단락 되었다.
④ 다른 플러그가 모두 단선 되었다.

147 건식 공기 청정기의 장점이 아닌 것은?

① 설치 또는 분해조립이 간단하다.
② 작은 입자의 먼지나 오물을 여과할 수 있다.
③ 구조가 간단하고 여과망을 세척하여 사용할 수 있다.
④ 엔진 회전속도의 변동에도 안정된 공기청정 효율을 얻을 수 있다.

148 디젤기관에서 연료가 정상적으로 공급되지 않아 시동이 꺼지는 현상이 발생되었다. 그 원인으로 적합하지 않은 것은?

① 연료파이프 손상
② 프라이밍 펌프 고장
③ 연료필터 막힘
④ 연료탱크 내 오물 과다

149 라디에이터 캡의 압력 스프링 장력이 약화되었을 때 나타나는 현상은?

① 엔진 과냉　　② 엔진 과열
③ 출력 저하　　④ 배압 발생

150 엔진 오일의 소비량이 많아지는 직접적인 원인은?

① 피스톤 링과 실린더의 간극이 과대하다.
② 오일펌프 기어가 과대하게 마모되었다.
③ 배기밸브 간극이 너무 작다.
④ 윤활의 압력이 너무 낮다.

151 스로틀 포지션 센서(TPS)에 대한 설명 중 맞지 않는 것은?

① 가변저항식이다.
② 운전자가 가속페달을 얼마나 밟았는지 감시한다.
③ 급가속을 감지하면 컴퓨터가 연료 분사시간을 늘려 실행시킨다.
④ 분사시기를 결정해주는 가장 중요한 센서이다.

152 다음 중 커먼레일 디젤 엔진의 공기 유량센서(AFS)에 대한 설명 중 맞지 않는 것은?

① EGR 피드백 제어기능을 주로 한다.
② 열막 방식을 사용한다.
③ 연료량 제어기능을 주로 한다.
④ 스모그 제한 부스터 입력 제어용으로 사용한다.

153 커먼레일 디젤 엔진의 가속페달 포지션 센서에 대한 설명 중 맞지 않는 것은?

① 가속페달 포지션 센서1은 연료량과 분사시기를 결정한다.
② 가속페달 포지션 센서는 운전자의 의지를 전달하는 센서이다.

③ 가속페달 포지션 센서3은 연료 온도에 따른 연료량 보정 신호를 한다.
④ 가속페달 포지션 센서2는 센서1을 감시하는 센서이다.

154 폭발행정 끝 부분에서 실린더 내의 압력에 의해 배기가스가 배기밸브를 통해 배출되는 현상은?

① 블로업(blow up)
② 블로백(blow back)
③ 블로바이(blow by)
④ 블로다운(blow down)

155 다음 현상의 보기가 맞게 연결된 것은?

> 1. 배기행정의 초기에 배기밸브가 열려 연소가스의 압력에 의해 배출되는 현상
> 2. 압축 및 폭발행정에서 가스가 피스톤과 실린더 사이로 누출되는 현상

① 블로바이, 블로다운
② 블로백, 피스톤 슬랩
③ 블로다운, 블로바이
④ 블로다운, 블로 백

156 동절기에 주로 사용하는 것으로, 디젤 엔진에 흡입된 공기온도를 상승시켜 시동을 원활하게 하는 장치는?

① 예열장치　　② 연료장치
③ 충전장치　　④ 고압 본사장치

157 4 행정기관에서 많이 쓰이는 오일펌프의 종류는?

① 로터리식, 나사식, 베인식
② 로터리식, 기어식, 베인식
③ 기어식, 플런지식, 나사식
④ 플런저식, 기어식, 베인식

158 기관에서 완전연소 시 배출되는 가스 중에서 인체에 가장 해가 없는 기체는?

① NOx ② HC
③ CO ④ CO_2

159 기관의 실린더 수가 많을 때의 장점으로 틀린 것은?

① 가속이 원활하고 신속하다.
② 기관의 진동이 적다.
③ 연료 소비가 적고 큰 동력을 얻을 수 있다.
④ 저속 회전이 용이하고 큰 동력을 얻을 수 있다.

160 디젤 기관 인젝션 펌프에서 딜리버리 밸브의 기능이 아닌 것은?

① 역류 방지 ② 유량 조정
③ 잔압 유지 ④ 후적 방지

161 기관 과열의 주요 원인으로 틀린 것은?

① 라디에이터 코어의 막힘
② 엔진 오일량 과다
③ 냉각수의 부족
④ 냉각장치 내부의 물 때 과다

162 다음 중 연소 시 발생하는 질소산화물 (NOx)의 발생 원인과 가장 밀접한 관계가 있는 것은?

① 흡입 공기 부족 ② 가속 불량
③ 소염 경계층 ④ 높은 연소 온도

163 디젤기관에서 시동이 되지 않는 원인으로 맞는 것은?

① 연료공급 펌프의 연료공급 압력이 높다.
② 크랭크축 회전속도가 빠르다.
③ 배터리 방전으로 교체가 필요한 상태이다.
④ 가속 페달을 밟고 시동하였다.

164 운전 중인 기관의 에어클리어가 막혔을 때 나타나는 현상으로 맞는 것은?

① 배출가스 색은 청백색이고, 출력은 증가된다.
② 배출가스 색은 희고, 출력은 정상이다.
③ 배출가스 색은 검고, 출력은 저하한다.
④ 배출가스 색은 무색이고, 출력은 무관하다.

165 기관 실린더 벽에서 마멸이 가장 크게 발생하는 부위는?

① 상사점 부근 ② 하사점 부근
③ 중간 부분 ④ 하사점 이하

166 디젤기관에서 사용하는 분사노즐의 종류에 속하지 않는 것은?

① 핀틀(pintle)형
② 싱글 포인트(single point)형
③ 홀(hole)형
④ 스로틀(throttle)형

167 디젤기관에서 부조 발생의 원인으로 틀린 것은?

① 연료의 압송 불량
② 발전기 고장
③ 분사시기 조정 불량
④ 거버너 작용 불량

168 엔진의 윤활유 소비량이 과다해지는 가장 큰 원인은?

① 오일 여과기 필터 불량
② 피스톤 링 마멸
③ 냉각펌프 손상
④ 기관의 과냉

169 흡·배기 밸브의 구비조건으로 틀린 것은?

① 열전도율이 좋을 것
② 가스에 견디고, 고온에 잘 견딜 것
③ 열에 대한 팽창율이 적을 것
④ 열에 대한 저항력이 작을 것

170 예열플러그를 빼서 보았더니 심하게 오염 되어있다. 그 원인으로 가장 적합한 것은?

① 불완전 연소 또는 노킹
② 플러그의 용량 과다
③ 냉각수 부족
④ 엔진 과열

171 일반적으로 기관에 많이 사용되는 윤활 방법은?

① 수 급유식
② 압송 급유식
③ 적하 급유식
④ 분무 급유식

172 디젤기관의 연료분사노즐에서 섭동면의 윤활은 무엇으로 하는가?

① 윤활유
② 기어오일
③ 그리스
④ 경유

173 디젤기관의 출력이 저하되는 원인이 아닌 것은?

① 흡입공기 압력이 높을 때
② 흡기계통이 막혔을 때
③ 연료분사량이 적을 때
④ 노킹이 일어날 때

174 피스톤의 구비조건이 아닌 것은?

① 고온 고압에 견딜 수 있을 것
② 중량이 클 것
③ 열전도율이 크고 열팽창율이 적을 것
④ 윤활유가 연소실에 유입하지 못하는 구조 일 것

175 건설기계에 주로 사용되는 기관은?

① CNG 기관
② 디젤기관
③ 가솔린 기관
④ LPG 기관

176 방열기의 구비 조건이 아닌 것은?

① 냉각수의 흐름이 원활 할 것
② 가볍고 강도가 클 것
③ 단위 면적당 방열량이 클 것
④ 공기의 흐름 저항이 클 것

177 윤활유의 구비조건이 아닌 것은?

① 비중이 적당 할 것
② 점도지수가 클 것
③ 점도가 적당할 것
④ 인화점이 낮을 것

178 과급기의 역할은?

① 윤활유 공급 장치
② 흡입 소음 감소 장치
③ 배기가스 저감장치
④ 출력 증대 장치

179 디젤엔진에서 노킹을 일으키기 어려운 정도를 나타내는 수치를 무엇이라 하는가?

① 점도지수
② 옥탄가
③ 세탄가
④ 노킹지수

180 엔진의 윤활유 압력이 높아지는 이유는?

① 윤활유의 점도가 너무 높다.
② 윤활유 펌프의 성능이 좋지 않다.
③ 기관 각부의 마멸이 심하다.
④ 윤활유량이 부족하다.

181 엔진의 윤활유 소비량이 과다해지는 가장 큰 원인은?

① 기관의 과냉
② 냉각펌프 손상
③ 오일 여과기 필터 불량
④ 피스톤 링 마멸

182 기관의 커넥팅 로드가 부러질 경우 직접 영향을 받는 곳은?

① 실린더 헤드　　② 오일 팬
③ 실린더　　　　④ 밸브

183 압력의 단위가 아닌 것은?

① dyne　　　　② psi
③ bar　　　　　④ kgf/cm²

184 실린더헤드 등 면적이 넓은 부분에서 볼트를 조이는 방법으로 맞는 것은?

① 외측에서 중심을 향하여 대각선으로 조인다.
② 규정 토크를 한 번에 조인다.
③ 조이기 쉬운 곳부터 조인다.
④ 중심에서 외측을 향하여 대각선으로 조인다.

185 직접 분사식 엔진의 장점 중 틀린 것은?

① 연료의 분사 압력이 낮다.
② 실린더 헤드의 구조가 간단하다.
③ 구조가 간단하므로 열효율이 높다.
④ 냉각 손실이 적다.

186 분사펌프의 플런저와 배럴 사이의 윤활은?

① 기관 오일　　② 경유
③ 유압유　　　④ 그리스

187 디젤기관의 노킹 방지책으로 틀린 것은?

① 연료의 착화점이 낮은 것을 사용한다.
② 흡기압력을 높게 한다.
③ 흡기온도를 높인다.
④ 실린더 벽의 온도를 낮춘다.

188 라디에이터 캡을 열었을 때 냉각수에 오일이 섞여있는 경우의 원인은?

① 기관의 윤활유가 너무 많이 주입되었다.
② 수냉식 오일쿨러(oil cooler)가 파손되었다.
③ 라디에이터가 불량하다.
④ 실린더 블록이 과열되었다.

189 라디에이터(Radiator)에 대한 설명이 아닌 것은?

① 냉각 효율을 높이기 위해 방열판이 설치된다.
② 공기 흐름 저항이 커야 냉각 효율이 높다.
③ 라디에이터의 재료 대부분은 알루미늄 합금이 사용된다.
④ 단위 면적당 방열량이 커야 한다.

190 압력식 라디에이터 캡에 대한 설명으로 적합한 것은?

① 냉각장치 내부압력이 부압이 되면 공기밸브는 열린다.
② 냉각장치 내부압력이 규정보다 낮을 때 공기밸브는 열린다.
③ 냉각장치 내부압력이 규정보다 높을 때 진공밸브는 열린다.
④ 냉각장치 내부압력이 부압이 되면 진공밸브는 열린다.

191 윤활유 사용 방법으로 옳은 것은?

① SAE 번호는 일정하다.
② 여름은 겨울보다 SAE 번호가 큰 윤활유를 사용한다.
③ 계절과 윤활유 SAE 번호는 관계가 없다.
④ 겨울은 여름보다 SAE 번호가 큰 윤활유를 사용한다.

192 오일량은 정상이나 오일압력계의 압력이 규정치보다 높을 경우 조치사항 중 옳은 것은?

① 오일을 보충한다.
② 유압 조절밸브를 조인다.
③ 유압 조절밸브를 푼다.
④ 오일을 배출한다.

193 공기청정기의 설치 목적은?

① 연료의 여과와 소음방지
② 공기의 여과와 소음방지
③ 공기의 가압작용
④ 연료의 여과와 가압작용

전기 장치 (Electricity System)

자동차에서 사용되는 전기장치는 축전지, 기동장치, 점화장치, 충전장치, 등화장치, 계기장치, 안전 및 부속장치로 구성된다.

1 ▶ 전기장치의 구조, 기능 및 점검

01 전기 기초

(1) 전기의 구성

① **전류** : 측정단위는 암페어(A ; Ampere)이며, 발열작용, 화학작용, 자기작용 등 3대 작용을 한다.
② **전압** : 측정단위는 볼트(V ; Voltage)이다.
③ **저항** : 전자의 움직임을 방해하는 요소이며, 측정단위는 옴(Ω ; Ohm)이다.

(2) 옴의 법칙

도체에 흐르는 전류(I)는 전압(E)에 정비례하고, 그 도체의 저항(R)에는 반비례한다.
도체에 저항은 도체 길이에 비례한다.

$$I = \frac{E}{R}$$

(3) 퓨즈

① 퓨즈는 단락(쇼트)으로 인하여 전선이 타거나 과대전류가 부하로 흐르지 않도록 하는 안전장치이며, 용량은 A로 표시한다.
② 퓨즈의 접촉이 불량하면 전류의 흐름이 저하되고 끊어진다.
③ 퓨즈는 회로에 직렬로 연결되며, 재료는 납과 주석의 합금이다.

(4) 반도체

① **발광다이오드(LED)** : 순방향으로 전류를 공급하면 빛이 발생하는 반도체
② **포토다이오드** : 빛을 받으면 전류가 흐르지만 빛이 없으면 전류가 흐르지 않는다.

③ 제너 다이오드 : 어떤 전압 하에서는 역방향으로 전류가 흐르도록 제한한다.
라 PN 접합다이오드 : P형 반도체와 N형 반도체를 마주 대고 접한 것으로 정류작용을 한다.
마 트랜지스터 회로작용에는 증폭회로, 스위칭 회로, 지연회로가 있다.

02 축전지

(1) 정의

전류의 화학작용을 이용하여, 화학적 에너지를 전기적 에너지로 바꾸는 장치이다.
발전기에서 발생한 전기에너지를 저장한고, 엔진기동용으로 납산 축전지를 주로 사용한다.

(2) 축전지의 기능

① 기동장치의 전기적 부하를 담당한다.
② 발전기 고장 시 주행 전원으로 작동한다.
③ 운전 상태에 따른 발전기 출력과 부하와의 언밸런스를 조정한다.

(3) 축전지의 구조

양극판은 과산화납 (PbO_2)이고 음극판은 해면상 납(Pb)이며, 양극판과 음극판 사이에 끼워져 양쪽 극판의 단락을 방지하는 격리판이 들어있다.
12V 축전지의 경우 6개의 단전지가 직렬로 연결되어 있다.
케이스와 커버는 합성수지제로 제작하며, 커버에는 벤트 플러그가 있어 축전지 내부에서 발생한 산소가스와 수소가스를 방출시킨다.
납산 축전지의 경우 화학적 평형을 고려하여 양극판보다 음극판을 하나 더 삽입하여 양쪽 바깥쪽에는 음극판이 설치된다.

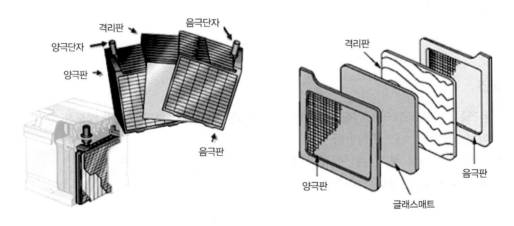

▲ 극판의 구성

(4) 축전지 점검

① 축전지의 케이스 및 커버의 세척은 탄산소다 및 물 또는 암모니아수로 한다.

② 단자기둥 식별방법

- 양극단자가 굵다.
- 전류계를 접속 시 지침이(+)를 표시할 때 전류계(+)단자에 접속된 쪽이 양극단자기둥이다
- 축전지 케이스에(+) 또는 P자가 표시된 쪽이 양극단자 기둥이고, (−) 또는 N자가 표시된 쪽이 음극단자 기둥이다.
- 불순물이 많은 쪽이 양극단자 기둥이다.
- 감자를 대었을 때 보라색(녹색)으로 변화하는 쪽이 양극단자가 기둥이다.
- 양극단자 기둥은 양극판이 과산화납이므로 부식되기 쉬우며, 부식되었으면 뜨거운 물로 세척 후 그리스를 얇게 발라준다.
- 배터리를 교환할 때에는 접지단자(−)를 먼저 떼어내고, 적색 케이블(+)을 분리하고, 설치 시에는 적색 케이블(+)을 먼저, 접지단자(−)를 나중에 연결해야 한다.
- 단자기둥에 선을 연결 후 소금물에 담갔을 때 기포가 발생하는 것이 양극단자이다

③ 전해액이란 무색, 무취의 묽은 황산 (H_2SO_4)이며, 양쪽 극판과의 화학작용으로부터 얻어진 전류의 저장 및 발생 그리고 셀(단전지)내부의 전기적 전도기능도 한다.

전해액 비중 완충전시 20도에서 1.280을 표준 비중으로 한다.

- 전해액 보충 시 증류수를 사용하며, 방전 상태로 오랫동안 방치 시 황산납으로 변해 버린다.

$$(+) \qquad (−) \qquad 방전 \qquad (+) \qquad (−)$$
$$PbO_2 + 2H_2SO_4 + Pb \quad \xrightleftharpoons \quad PbSO_4 + 2H_2O + PbSO_4$$

과산화납　묽은황산　해면상납　　충전　　황산납　　　물　　　황산납

(5) 축전지 연결에 따른 용량과 전압의 변화

① 직렬 연결 : 전압은 축전지 연결 개수만큼 증가하고 용량은 1개일 때와 같다.

② 병렬 연결 : 용량은 연결한 개수만큼 증가하고, 전압은 1개일 때와 같다.

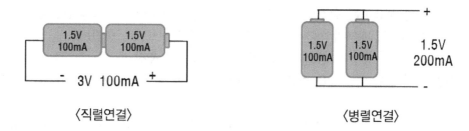

　　　〈직렬연결〉　　　　　　　　　　　　　〈병렬연결〉

(6) 축전지 정비

1) 축전지 충전 부족의 원인

① 발전기 전압 조정기의 조정 전압이 너무 낮다.
② 충전회로에서 누전이 있다.
③ 전기 사용량이 과다하다

2) 축전지가 충전되는 즉시 방전되는 원인

① 축전지 내부에 불순물이 과다하게 축적되었다.
② 방전종지 전압까지 된 상태에서 충전하였다.
③ 격리판 파손으로 양쪽 극판이 단락되었다.
④ 불순물 혼입으로 국부전지가 구성되었다.

(7) 방전 종지전압 (방전 끝 전압)

① 축전지를 어떤 전압 이하로 방전해서는 안되는 것을 말한다.
② 1셀 당 방전종지전압은 1.75V이며, 12V의 경우 $1.75V \times 6 = 10.5V$이다.

(8) 축전지의 용량

축전지의 용량의 크기를 결정하는 요소에는 극판의 크기(면적), 극판의 수, 전해액의 양이 있다. 단전지(셀)속의 극판수를 늘리고, 극판의 크게 하면 이용전류 즉, 용량이 증대된다.

(9) 축전지의 자기방전 원인

① 음극판의 작용물질이 황산과의 화학작용으로 황산납이 되기 때문이다.
② 전해액에 포함된 불순물이 국부전지를 구성하기 때문에
③ 탈락한 극판 작용물질이 축전지 내부에 퇴적되기 때문에
④ 축전지 커버 위에 부착된 전해액이나 먼지 등에 의한 누전으로 방전된다.

(10) 축전지 충전방법

① 정전류 충전 : 충전의 시작에서 끝까지 전류를 일정하게 하고 충전을 실시하는 방법이며, 가장 많이 사용하는 충전법. 충전 전류는 축전지 용량의 10%로 충전한다.
  (12V 100Ah의 배터리의 경우 충전기의 충전전류를 10A로 충전)
② 정전압 충전 : 충전의 전체기간을 일정한 전압으로 충전
  충전 말기의 단자 전압을 처음부터 가하기 때문에 충전 초기에 전류가 크게 되는 결점이 있다.
③ 단별전류 충전 : 충전 초기에는 큰 전류로 충전하고 시간의 경과와 함께 전류를 2~3단 단계적으로 내려서 충전
④ 급속충전 : 시간적 여유가 없을 때 하는 충전이며, 충전 전류는 축전지 용량의 50% 정도

한다. 가능한 짧은 시간 내에 충전을 실시하여야 하며, 축전지의 손상이 오므로 자주하지 않는다.

(11) MF(Maintenance Free) 배터리 (무보수용 배터리)

① 촉매마개(흑연)를 사용하여 증류수를 보충하지 않아도 된다.
② 자기방전 비율이 매우 낮아서 장기간 보관이 가능하다.
점검창의 색으로 정상인 경우 녹색, 검은색은 충전필요, 백색은 배터리 수명이 다하여 교체가 필요하다.

(12) 축전지 용량 표시방법

① 25암페어율 : 배터리에서, 셀 전압이 1.75V로 떨어지기 전에 전해액 온도 27℃에서 25암페어의 전류를 공급할 수 있는 시간을 나타낸다.
② 냉간율 : 배터리의 방전율에서, 0℉에서 300A의 전류로 방전하여 셀당 전압이 1V 강하하기까지 소요된 시간(분)을 말한다.
③ 20시간율 : 배터리에서, 셀 전압이 1.75V로 떨어지기 전에 전해액 온도 27℃에서 20시간 동안 공급할 수 있는 전류의 양을 측정하는 배터리율을 말한다.

(13) 축전지 전해액을 만들 때 안전사항

① 증류수에 진한 황산을 조금씩 섞어 희석한다.
② 혼합된 전해액은 열이 많이 발생하기 때문에 표준 온도가 되었을 때 축전지에 주입한다.
③ 고무 그릇, 질 그릇 등을 사용한다.
④ 전해액을 만들 때 필요한 기구와 주의 사항
㉮ 전해액을 만들 때 온도계가 필요하다.
㉯ 비중계가 필요하다.
㉰ 중화제로 탄산소다나 암모니아수를 준비한다.
㉱ 사전에 증류수와 황산의 비율을 산출한다.
㉲ 고무 제품으로 된 장갑이나 장화를 착용하고 작업한다.

(14) 축전지를 급속 충전할 때 주의사항

① 차량에 있는 축전지의 (+), (−)양 케이블을 떼어놓을 것
② 충전 전류는 용량 값의 1/2 정도의 전류로 할 것
③ 될 수 있는 데로 짧은 시간에 충전을 실시할 것
④ 충전 중 전해액의 온도가 45℃이상 되지 않도록 할 것
⑤ 급속 충전할 때 축전지의 접지 단자에서 케이블을 떼어 내는 목적은 발전기의 다이오드를 보호하기 위함이다.
⑥ 축전지를 급속 충전할 때 가장 조심해야 하는 것은 축전지의 온도 상승이다.

(15) 전해액 비중

완충전 시 20도에서 1.280을 표준비중으로 한다.

완전방전 시 1.130을 표준 비중으로 한다.

전해액의 비중은 온도와 반비례한다.(온도가 올라가면 비중은 내려간다)

03 기동장치(플레밍의 왼손법칙)

회전력이 좋은 직류직권식 기동 장치를 사용한다.

기동전동기에서 발생한 회전력을 엔진의 플라이 휠에 전달하는 기구로서 기동전동기의 피니언을 플라이 휠의 링기어에 물리도록 하는 방식으로 벤딕스식(Bendix type), 피니언 섭동식(Pinion sliding geartype), 전기자 섭동식(Armature shift type)이 있다.

계자코일과 전기자코일은 직렬로 연결되어 있다

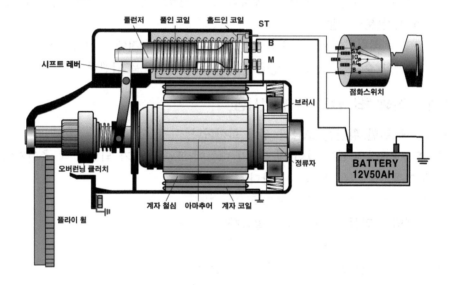

(1) 전기자(아마추어)

전기자 철심은 자력선의 통과를 쉽게 하고 맴돌이 전류(와전류)를 감소시키기 위해 성층 철심으로 되어 있다.

(2) 정류자(코뮤테이터)

브러시에서의 전류를 일정 방향으로만 흐르게 한다.

(3) 계자코일, 계자철심

자력선의 통로와 전동기의 틀이며, 안쪽에 계자철심이 있고 여기에 계자코일이 감겨진다. 계자코일에 전류가 흐르면 계자철심이 전자석이 된다.

(4) 브러시와 브러시 홀더

브러시는 정류자를 통하여 전기자 코일에 전류를 출입시키며, 재질은 금속 흑연계이다.
브러시는 정류자에 완전히 밀착 되어야 하므로 1/3이상 마모되면 교환한다.
또 브러시 스프링 장력은 스프링 저울로 측정하며 브러시는 통상 4개이다

(5) 오버 런닝 클러치

기관이 시동된 후 피니언기어와 링기어가 물린 상태에 있으면 전동기는 기관의 회전속도보다 약 10배 이상의 빠른 속도로 회전하게 된다. 이때 전동기가 파손될 수 있으므로 시동된 후 피니언이 링기어에 물려 있어도 기관의 회전력이 전동기에 전달되지 않도록 하여야 한다.

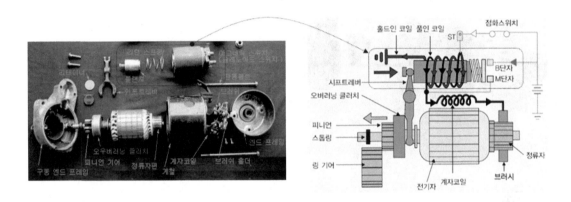

(6) 점검 및 정비

① 기동 전동기 연속 사용 시간은 10~15초(최대 연속 사용시간은 30초 이내)정도로 하고, 기동이 되지 않으면 다른 부분을 점검한 후 다시 기동한다. 시동키를 작동할 때 연속으로 사용하지 않고 짧게 간격을 두는 이유는 기동 전동기가 과열될 가능성이 있기 때문이다.
② 엔진이 시동 된 후에는 키를 조작해서는 안된다.
③ 기동 전동기의 회전 속도가 규정 이하이면 오랜 시간 연속 운전 시켜도 기동이 되지 않으므로 회전 속도에 유의한다.
④ 배선용 전선의 굵기가 규정 이하의 것은 사용하지 않는다.

(7) 기동 전동기가 회전하지 않는 원인

① 기동 스위치 접촉 불량 및 배선이 불량하다.
② 계자코일이 단선(개회로)되었다.
③ 브러시와 정류자의 밀착이 불량하다.
④ 축전지 전압이 저하되었다.
⑤ 기동 전동기 자체가 소손되었다.

04 충전장치

직류발전기(D/C 발전기)와 교류발전기(A/C)가 있으나 현재는 소형이고 경량인 교류발전기가 사용된다.

(1) 발전기의 원리

N, S극에 의한 자계(계자철심) 내에서 도체(전기자)를 회전시키면 플레밍의 오른손 법칙에 따라 기전력이 발생한다.

(2) 교류(AC) 충전장치- 소형이고 경량

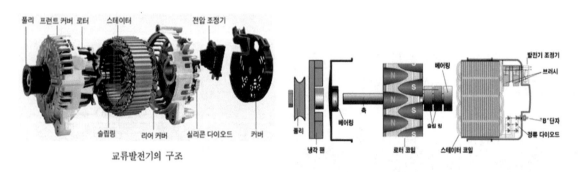

교류발전기의 구조

1) 구조

AC발전기(알터네이터)는 스테이터, 로터, 정류기(다이오드)로 구성되어 있다.

① 스테이터(고정자) : 스테이터는 전류가 발생하는 부분이며, 3상 교류가 유기된다.

② 로터(회전자) : 브러시를 통하여 여자전류(전자석이 되게 하는 전류)를 받아서 자속을 만든다. 공급되는 전류에 의해 발생 전류를 조정할 수 있다.

③ 다이오드(정류기)

㉮ 스테이터에서 발생한 교류를 직류로 변환(정류)하여 외부로 공급한다.(정류작용)

㉯ 역류를 방지한다.

㉰ (+)3개, (-)3개 모두 6개를 두고 있다. 3상 교류이기 때문에 6개가 설치된다.

④ 교류 발전기 조정기(전압조정기) : 교류발전기 조정기는 전압 조정기만 필요하다.

- 직류발전기와 교류발전기에 공통으로 가지고 있는 것- 전압조정기
- 직류발전기에는 전압조정기, 전류조정기가 있음.

2) 발전기 점검방법

발전기의 B단자(출력 배터리 단자)에서 측정

테스터기로 발전기의 B단자에 (+)를 물리고 차체(접지)에 (-)를 물린 후

시동 전 전압측정 : 12V, 시동 후 전압측정 : 13.6 ~ 14.5V가 나오면 정상이다.

05 등화 장치

(1) 전조등과 그 회로

각 등화별로 병렬로 연결되며, 형식에는 실드빔 형과 세미실드빔 형이 있다.

① 실드빔 형 : 이 형식은 반사경, 렌즈, 및 필라멘트가 일체로 된 형식이며 불량 시 전조등 전부 교환

② 세미실드빔 형 : 이 형식은 반사경, 렌즈 및 필라멘트가 별도로 되어 있어 필라멘트가 단선되면 전구를 교환하면 된다. 그러나 반사경이 흐려지기 쉽다. – 불량 시 전구만 교환

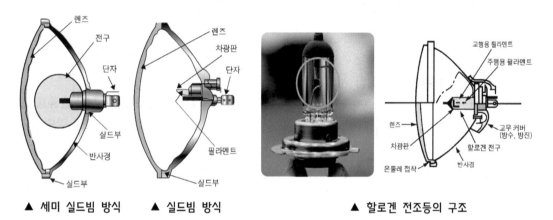

▲ 세미 실드빔 방식　　▲ 실드빔 방식　　　　　　▲ 할로겐 전조등의 구조

(2) 전선

1) 배선의 컬러명

R – 적색　　　L – 청색 (LIGHT BLUE)　　G – 녹색　　　P – 보라

W – 백색　　　B – 검정 (BLACK)　　　　Y – 노랑　　　O – 오렌지색

2) 배선 컬러 표시법 [예 05.GR]

0.5 : 전선 단면적(0.5mm²)
G : 바탕색(녹색)
R : 줄무늬 색(빨간색)

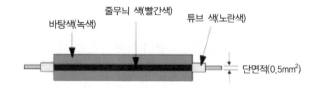

3) 배선방식

① 단선식 배선 : 부하의 한 끝을 프레임이나 차체에 접지하는 방식이며, 접촉이 불량하거나 큰 전류가 흐를 때 전압이 강하가 발생하므로 작은 전류가 흐르는 부분에 사용한다.

② 복선식 배선 : 전조등 회로와 같이 큰 전류가 흐르는 회로에 사용하며 접지 쪽에도 전선을 사용하는 방식이다.

1 교류 발전기에서 회전하는 구성품으로 틀린 것은?

① 로터코어　　　② 슬립링
③ 브러시　　　　④ 로터코일

2 건설기계장비의 기동장치 취급 시 주의사항으로 아닌 것은?

① 기관이 시동 된 상태에서 기동스위치를 켜서는 안된다.
② 전선 굵기는 규정 이하의 것을 사용하면 안 된다.
③ 기동전동기의 연속 사용 시간은 3분 정도로 한다.
④ 기동전동기의 회전속도가 규정 이하이면 오랜 시간 연속 회전시켜도 시동이 되지 않으므로 회전속도에 유의해야 한다.

3 배터리의 자기방전 원인에 대한 설명으로 아닌 것은?

① 배터리의 구조상 부득이하다.
② 이탈된 작용물질이 극판의 아래 부분에 퇴적되어 있다.
③ 배터리 케이스의 표면에서는 전기 누설이 없다.
④ 전해액 중에 불순물이 혼입되어 있다.

4 지게차 전기회로의 보호장치로 맞는 것은?

① 안전밸브　　　② 캠버
③ 턴 시그널 램프　④ 퓨저블 링크

5 충전된 축전지라도 방치해두면 사용하지 않아도 조금씩 자연 방전하여 용량이 감소하는 현상은?

① 급속방전　　　② 자기방전
③ 강제방전　　　④ 화학방전

6 방향 지시등 전구에 흐르는 전류를 일정한 주기로 단속, 점멸하여 램프의 광도를 증감시키는 것은?

① 디머 스위치
② 플래셔 유닛
③ 파일럿 유닛
④ 방향지시기 스위치

7 그림과 같이 12v 용 축전지 2 개를 사용하여 24v 용 건설기계를 시동하고자 할 때 연결방법으로 옳은 것은?

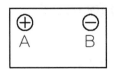 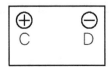

① A–C　　　② B–C
③ A–B　　　④ B–D

8 건설기계에서 기동전동기가 회전하지 않을 경우 점검할 사항이 아닌 것은?

① 배터리 단자의 접촉 여부
② 축전지의 방전 여부
③ 배선의 단선 여부
④ 타이밍벨트의 이완 여부

9 옴의 법칙에 대한 설명으로 옳은 것은?

① 도체에 흐르는 전류는 도체의 저항에 정비례한다.
② 도체에 저항은 도체 길이에 비례한다.
③ 도체에 저항은 도체에 가해진 전압에 반비례한다.
④ 도체에 흐르는 전류는 도체의 전압에 반비례한다.

10 축전지 터미널의 식별 방법으로 틀린 것은?

① 문자　　　　　② 요철
③ 부호　　　　　④ 굵기

11 실드빔 형식의 전조등을 사용하는 건설기계 장비에서 전조등 밝기가 흐려 야간 운전에 어려움이 있을 때 올바른 조치 방법으로 맞는 것은?

① 반사경을 교환　② 전조등을 교환
③ 전구를 교환　　④ 렌즈를 교환

12 MF(Maintenance Free) 축전지에 대한 설명으로 적합하지 않은 것은?

① 무보수용 배터리다.
② 증류수는 매 15일 마다 보충한다.
③ 밀봉 촉매마개를 사용한다.
④ 정상일 경우 점검창의 색깔은 녹색이다

13 기동전동기는 정상 회전하지만 피니언기어가 링기어와 물리지 않을 경우 고장원인으로 틀린 것은?

① 전동기축의 스플라인 접동부가 불량일 때
② 마그네틱 스위치의 플런저가 튀어나오는 위치가 틀릴 때
③ 정류자 상태가 불량일 때
④ 기동전동기의 클러치 피니언 앞 끝이 마모되었을 때

14 다음 배선의 색과 기호에서 파랑색(blue)의 기호는?

① B　　　　　　② P
③ L　　　　　　④ K

15 축전지의 소비된 전기에너지를 보충하기 위한 충전 방법으로 틀린 것은?

① 급속충전
② 정전류 충전
③ 초충전
④ 정전압 충전

16 도체 내의 전류의 흐름을 방해하는 성질은?

① 전류　　　　　② 전하
③ 저항　　　　　④ 전압

17 건설기계에서 12V 동일한 용량의 축전지 2개를 직렬로 접속하면?

① 전압이 높아진다.
② 전류가 증가한다.
③ 저항이 감소한다.
④ 용량이 감소한다.

18 축전지를 충전기에 의해 충전 시 정전류 충전 범위가 아닌 것은?

① 최대충전전류 : 축전지 용량의 20%
② 최대충전전류 : 축전지 용량의 50%
③ 표준충전전류 : 축전지 용량의 10%
④ 최소충전전류 : 축전지 용량의 5%

19 기동 전동기 구성품 중 자력선을 형성하는 것은?

① 브러시　　　　② 계자 코일
③ 전기자　　　　④ 슬립링

20 축전지의 전해액으로 알맞은 것은?

① 묽은 황산   ② 해면상납

③ 과산화납   ④ 순수한 물

21 교류발전기의 다이오드가 하는 역할은?

① 전류를 조정하고, 교류를 정류한다.

② 교류를 정류하고, 역류를 방지한다.

③ 전압을 조정하고, 교류를 정류한다.

④ 여자전류를 조정하고, 역류를 방지한다.

22 축전지의 구비조건으로 가장 거리가 먼 것은?

① 가급적 크고 다루기 쉬울 것

② 전기적 절연이 완전할 것

③ 축전지의 양이 클 것

④ 전해액의 누설방지가 완전할 것

23 전압(voltage)에 대한 설명으로 적당한 것은?

① 도체의 저항에 의해 발생되는 열을 나타낸다.

② 전기적인 높이 즉 전기적인 압력을 말한다.

③ 자유전자가 도선을 통하여 흐르는 것을 말한다.

④ 물질에 전류가 흐를 수 있는 정도를 나타낸다.

24 기관에 사용되는 시동모터가 회전이 안 되거나 회전력이 약한 원인으로 틀린 것은?

① 시동스위치의 접촉이 불량하다.

② 브러시가 정류자에 잘 밀착되어 있다.

③ 축전지 전압이 낮다.

④ 배터리 단자와 터미널의 접촉이 나쁘다.

25 교류발전기에서 교류를 직류로 바꾸어 주는 것은?

① 브러시   ② 슬립링

③ 다이오드   ④ 계자

26 전압이 12v 인 배터리를 저항 3Ω, 4Ω, 5Ω을 직렬로 연결할 때의 전류는 얼마인가?

① 1A   ② 3A

③ 4A   ④ 2A

27 12V 배터리의 셀 연결 방법으로 맞는 것은?

① 6개를 직렬로 연결한다.

② 3개를 직렬로 연결한다.

③ 6개를 병렬로 연결한다.

④ 3개를 병렬로 연결한다.

28 기동전동기가 회전하지 않는 경우가 아닌 것은?

① 연료가 없을 때

② 축전지 전압이 낮을 때

③ 브러시가 정류자에 밀착 불량 시

④ 기동전동기가 손상되었을 때

29 건설기계에 많이 사용되는 전동기는?

① 직류 복권식 전동기

② 직류 직권식 전동기

③ 교류 전동기

④ 분권식 전동기

30 교류발전기의 스테이터의 전류는?

① 3상 교류   ② 2상 교류

③ 직류   ④ 전류

31 배터리의 자기방전 원인에 대한 설명이 아닌 것은?

① 전해액 중에 불순물이 혼입되어 있다.
② 이탈된 작용물질이 극판의 아래 부분에 퇴적되어 있다.
③ 배터리의 구조상 부득이하다.
④ 배터리 케이스의 표면에서는 전기 누설이 없다.

32 교류발전기의 주요 구성 요소 중 틀린 것은?

① 자계를 발생시키는 로터
② 전류를 공급하는 계자코일
③ 다이오드가 설치되어 있는 엔드프레임
④ 3상 전압을 유도시키는 스테이터

33 12V 납산축전지의 방전종지 전압은?

① 7.5V   ② 10.5V
③ 1.75V   ④ 12V

34 전조등 회로의 구성이 아닌 것은?

① 라이트 스위치
② 점화 스위치
③ 퓨즈
④ 디머 스위치

35 MF(Maintenance Free) 축전지에 대한 설명으로 적합하지 않은 것은?

① 밀봉 촉매마개를 사용한다.
② 정상일 경우 점검창의 색깔은 녹색이다
③ 무보수용 배터리다.
④ 증류수는 매 15일 마다 보충한다.

36 교류 발전기의 부품 중 틀린 것은?

① 다이오드   ② 스테이터 코일
③ 전류 조정기   ④ 슬립링

37 교류발전기의 다이오드가 하는 역할은?

① 전류를 조정하고, 교류를 정류한다.
② 교류를 정류하고, 역류를 방지한다.
③ 여자전류를 조정하고, 역류를 방지한다.
④ 전압을 조정하고, 교류를 정류한다.

38 다음 중 축전지의 인디게이터의 색을 보고 알 수 있는 것이 아닌 것은?

① 검정색 : 충전 필요
② 흰색 : 교환 필요
③ 주황색 : 정상
④ 녹색 : 정상

39 건설기계에 주로 사용되는 기동전동기로 맞는 것은?

① 직류직권 전동기
② 교류 전동기
③ 직류복권 전동기
④ 직류분권 전동기

40 퓨즈에 대한 설명이 아닌 것은?

① 퓨즈는 정격용량을 사용한다.
② 퓨즈 용량은 A로 표시한다.
③ 퓨즈는 가는 구리선으로 대용된다.
④ 퓨즈는 표면이 산화되면 끊어지기 쉽다.

41 지게차에서 축전지 배선을 분리할 때와 연결할 때 적합한 방법은?

① 분리할 때 +측을 먼저 분리하고, 연결할 때는 −측을 먼저 연결한다.
② 분리할 때 −측을 먼저 분리하고, 연결할 때도 −측을 먼저 연결한다.
③ 분리할 때 +측을 먼저 분리하고, 연결할 때도 +측을 먼저 연결한다.
④ 분리할 때 −측을 먼저 분리하고, 연결할 때는 +측을 먼저 연결한다.

42 축전지 내부의 충·방전 작용으로 가장 알맞은 것은?

① 화학 작용　　② 물리 작용
③ 기계 작용　　④ 탄성 작용

43 기동전동기의 취급 시 주의사항이 아닌 것은?

① 오랜 시간 연속해서 사용해도 무방하다.
② 엔진이 시동된 다음에는 키 스위치를 시동으로 돌려서는 안 된다.
③ 기동전동기를 설치부에 확실하게 조여야 한다.
④ 전선의 굵기가 규정 이하의 것을 사용해서는 안 된다.

44 전기자 철심을 두께 0.35 ~ 1.0mm 의 얇은 철판을 각각 절연하여 겹쳐 만든 주된 이유는?

① 맴돌이 전류를 감소시키기 위해
② 코일의 발열 방지를 위해
③ 자력선의 통과를 차단시키기 위해
④ 열 발산을 방지하기 위해

45 납산 축전지에서 음극판을 양극판보다 1 장 더 두는 이유는 무엇 때문인가?

① 양극판이 더 활성적이기 때문에 화학적 평형을 고려하여
② 축전지의 중량을 크게 하기 위하여
③ 축전지 용량을 작게 하기 위하여
④ 축전지의 충전을 용이하게 하기 위하여

46 AC 발전기에서 전류가 발생되는 곳은?

① 로터코일
② 전기자코일
③ 스테이터 코일
④ 레귤레이터

47 건설기계의 전조등 성능을 유지하기 위하여 가장 좋은 방법은?

① 단선으로 한다.
② 복선식으로 한다.
③ 축전지와 직결시킨다.
④ 굵은 선으로 갈아 끼운다.

48 기동전동기의 피니언과 기관의 플라이휠 링기어가 치합되는 방식 중 피니언의 관성과 직류 직권전기가 무부하에서 고속 회전하는 특성을 이용한 방식은?

① 전기자 섭동식　　② 벤딕스식
③ 전자식　　　　　④ 피니언 섭동식

49 12V 의 납축전지 셀에 대한 설명으로 옳은 것은?

① 3개의 셀이 직렬과 병렬로 혼용하여 접속되어 있다.
② 6개의 셀이 직렬과 병렬로 혼용하여 접속되어 있다.
③ 6개의 셀이 직렬로 접속되어 있다.
④ 6개의 셀이 병렬로 접속되어 있다.

50 다음의 전조등을 설명한 내용 중 아닌 것은?

① 조립식은 렌즈, 반사경, 전구들이 분리되는 구조로 되어 있다.
② 세미 실드빔 식은 전구를 갈아 끼울 수 있다.
③ 실드빔 식은 내부에 불활성 가스가 들어 있다.
④ 전조등은 상향등을 켜면 하향등은 꺼진다.

51 영구자석의 전류를 이용하여 바늘이 움직이는 것은?

① 전류계　　② 유압계
③ 속도계　　④ 수온계

52 전조등에 사용되는 할로겐 등의 장점이 아닌 것은?

① 물에 접촉되어도 파열이 되지 않는다.
② 광효율이 높고 수명이 길다.
③ 수명이 다하면 흑색반점이 생긴다.
④ 백색빛이 강하다.

53 에탁스 경보기(ETACS)에 속하지 않은 것은?

① 안전띠 경고 타이머
② 메모리 시트
③ 뒷 유리 열선 타이머
④ 간헐 와이퍼

54 축전지 전해액의 온도가 상승하면 비중은?

① 올라간다.　　② 일정하다.
③ 내려간다.　　④ 무관하다.

55 건설기계에 사용되는 전기장치중 플레밍의 왼손법칙 중 자계를 이용하여 사용되는 부품은?

① 기동전동기　　② 릴레이
③ 점화코일　　　④ 발전기

56 다음 중 전조등이 흐릴 때의 조치방법은?

① 선을 굵게 한다.
② 단선으로 한다.
③ 복선식으로 한다.
④ 퓨즈를 점검한다.

57 축전지 충전 방법 중에서 아닌 방법은?

① 단별전류 충전법
② 정전압 충전법
③ 정전류 충전법
④ 정저항 충전법

58 다음 기호에서 실리콘 다이오드의 기호로 맞는 것은?

① 　　②

③ 　　④ (기호)

59 직류직권전동기의 장점이 아닌 것은?

① 기동회전력이 크다.
② 회전속도의 변화가 크다.
③ 회전 속도가 거의 일정하다.
④ 부하가 걸렸을 때 회전속도는 낮으나 회전력이 크다.

60 전조등의 종류에서 불활성가스가 들어있는 것은?

① 실드빔형　　② 세미실드빔형
③ 할로겐형　　④ 예열플러그형

61 12V, 80A 의 축전지 2 개를 직렬로 연결하였을 때의 전압 및 용량은?

① 24V 160A　　② 24V 80A
③ 12V 80A　　　④ 12V 160A

62 교류 발전기의 특징이 아닌 것은?

① 소형이며 경량이다.
② 전류 조정기만 있으면 된다.
③ 브러쉬 수명이 길다.
④ 저속 시에도 충전이 가능하다.

63 정전압 회로에서 일정한 전압을 유지하기 위해 사용되는 반도체는?

① 발광다이오드　　② 제너다이오드
③ 포토다이오드　　④ 트랜지스터

64 축전지의 케이스와 커버를 청소할 때 사용하는 용액으로 가장 옳은 것은?

① 비누와 물
② 소금과 물
③ 소다와 물 (중탄산 소다수)
④ 오일과 가솔린

65 다음기호에서 제너 다이오드의 기호로 맞는 것은?

① ② ③ ④

66 납산축전지의 용량을 나타내는 것은?

① Ah
② ps
③ kV
④ kw

67 야간운행 중 먼 거리를 비추는 ( )의 밝기는 ( )라 하며, 다른 운전자가 방해 받지 않도록 ( )으로 하여 운행한다. ( )안에 알맞은 것은?

① 상향등 - 광도 - 하향등
② 상향등 - 조도 - 하향등
③ 하향등 - 조도 - 상향등
④ 하향등 - 광도 - 상향등

68 황산과 증류수를 사용하여 전해액을 만들 때의 설명으로 옳은 것은?

① 철재용기를 사용한다.
② 질그릇에 증류수를 황산에 부어야 한다.
③ 질그릇에 황산과 증류수를 동시에 부어야 한다.
④ 질그릇에 황산을 증류수에 부어야 한다.

69 납산 축전지에서 양극판이 음극판 보다 적은 이유는 무엇 때문인가?

① 음극판이 활동적이지 못하기 때문에
② 축전지 용량을 작게 하기 위하여
③ 축전지의 중량을 크게 하기 위하여
④ 축전지의 충전을 용이하게 하기 위하여

70 그림과 같은 충전회로에서 발전 전류 측정위치는?

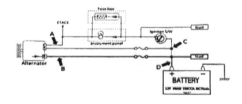

① C
② B
③ A
④ D

71 직류발전기와 비교했을 때 교류발전기의 특징으로 아닌 것은?

① 크기가 크고 무겁다.
② 브러시 수명이 길다.
③ 전압조정기만 필요하다.
④ 저속 발전 성능이 좋다

72 전조등이 한쪽만 고장 났다 이러한 연결 상태를 무엇이라 하는가?

① 직렬 또는 병렬
② 직렬
③ 병렬
④ 접지

73 시동을 끈 후에도 전원이 계속 흐르게 하는 장치는?

① 콘덴서
② 기동전동기
③ 축전지
④ 발전기

74 실드빔식 전조등의 내용에 맞지 않는 것은?

① 전구 교체가 가능하다.
② 사용에 따른 광도변화가 적다.
③ 내부에 불활성가스가 들어있다.
④ 대기조건에 따라 반사경이 흐려지지 않는다.

75 기동전동기에서 회전하는 부품으로 맞는 것은?

① 브러시   ② 계자철심
③ 정류자   ④ 계철

76 건설기계용 교류발전기의 다이오드가 하는 역할은?

① 교류를 정류하고 역류를 방지한다.
② 전압을 조정하고 교류를 정류한다.
③ 여자전류를 조정하고 역류를 방지한다.
④ 전류를 조정하고 교류를 정류한다.

77 다음 중 실드빔형 전조등에 대해 설명한 것 중 아닌 것은?

① 요즘에 많이 사용되는 방식이다.
② 반사경, 렌즈 및 필라멘트가 일체로 된 형식이다.
③ 각 등화별로 병렬로 연결 되어 있다.
④ 필라멘트가 단선이 되면 일체를 교환 하여야 한다.

78 할로겐 전조등의 특징으로 틀린 것은?

① 밝기가 백열등 보다 밝다.
② 물에 접촉되어도 파열이 되지 않는다.
③ 전구의 효율이 백열등 보다 좋다.
④ 흑화현상이 있으며 수명이 다하면 흑색으로 변한다.

79 배터리의 용량을 늘리기 위하여 연결하는 방식은?

① 복렬   ② 직렬
③ 병렬   ④ 혼합렬

80 직류 직권식 기동전동기에서 전기자와 계자 코일의 연결방식은?

① 전기자는 직렬 계자코일은 직렬로 연결되어 있다.
② 전기자는 직렬 계자코일은 병렬로 연결되어 있다.
③ 전기자는 병렬 계자코일은 병렬로 연결되어 있다.
④ 전기자는 병렬 계자코일은 직렬로 연결되어 있다.

81 다음 중 교류 발전기를 설명한 내용으로 맞지 않는 것은?

① 정류기로 실리콘 다이오드를 사용한다.
② 그테이터 코일은 주로 3상 결선으로 되어 있다.
③ 발전조정은 전류 조정기를 이용한다.
④ 로터 전류를 변화시켜 출력이 조정된다.

82 직류발전기 구성품이 아닌 것은?

① 로터 코일과 실리콘 다이오드
② 전기자 코일과 정류자
③ 계철과 계자철심
④ 계자 코일과 브러시

83 기동 전동기 피니언을 플라이휠 링 기어에 물려 엔진을 크랭킹 시킬 수 있는 스위치 위치는?

① ON 위치   ② ACC 위치
③ OFF 위치   ④ ST 위치

84 실드 빔 형식의 전조등을 사용하는 건설기계 장비에서 전조등 밝기가 흐려 야간 운전에 어려움이 있을 때 올바른 조치방법으로 맞는 것은?

① 렌즈를 교환한다.
② 전조등을 교환한다.
③ 반사경을 교환한다.
④ 전구를 교환한다.

85 도체에 전류가 흐른다는 것은 전자의 움직임을 뜻한다. 다음 중 전자의 움직임을 방해하는 요소는 무엇인가?

① 전압   ② 저항
③ 전력   ④ 전류

86 축전지의 방전은 어느 한도 내에서 단자전압이 급격히 저하하며 그 이후는 방전능력이 없어지게 된다. 이때의 전압을 (   )이라고 한다. (   )에 들어갈 용어로 옳은 것은?

① 방전 종지 전압
② 누전 전압
③ 방전 전압
④ 충전 전압

87 현재 널리 사용되고 있는 할로겐램프에 대하여 운전사 두 사람 (A, B)이 아래와 같이 서로 주장하고 있다. 어느 운전사의 말이 옳은가?

> 운전사 A : 실드빔 형이다.
> 운전사 B : 세미실드빔 형이다.

① A, B 모두 맞다.
② B가 맞다.
③ A가 맞다.
④ A, B 모두 틀리다.

88 축전기를 설명한 것으로 틀린 것은?

① 양극판이 음극판보다 1장 더 적다.
② 단자의 기둥은 양극이 음극보다 굵다.
③ 격리판은 다공성이며, 전도성인 물체로 만든다.
④ 일반적으로 12V축전지의 셀은 6개로 구성되어 있다.

89 건설기계에서 기동 전동기가 회전하지 않을 경우 점검할 사항으로 틀린 것은?

① 타이밍 벤트가 이완 여부
② 축전지의 방전 여부
③ 배터리 단자의 접촉 여부
④ 배선의 단선 여부

90 MF(Maintenance Free) 축전지에 점검창대한 설명으로 적합하지 않은 것은?

① 충전된 상태는 녹색이다.
② 정상일 경우 무색이다.
③ 축전지교환시점은 흰색이다.
④ 충전이 필요하면 검정색이다.

91 12V 축전지 2 개로 24V 의 기능을 발휘시키는 방법으로 맞는 연결방법은?

① 완전충전   ② 병렬연결
③ 직렬연결   ④ 직병렬연결

92 건설기계 장비의 충전장치에서 가장 많이 사용하고 있는 발전기는?

① 직류 발전기
② 단상 교류발전기
③ 3상 교류발전기
④ 와전류 발전기

93 12V의 동일한 용량의 축전지 2개를 직렬로 접속하면?

① 저항 감소
② 용량 감소
③ 용량이 증가
④ 전압이 높아짐

94 작동 중인 교류 발전기의 소음발생 원인과 가장 거리가 먼 것은?

① 베어링이 손상되었다.
② 벨트장력이 약하다.
③ 고정볼트가 풀렸다.
④ 축전지가 방전되었다.

95 좌·우측 전조등 회로의 연결 방법으로 옳은 것은?

① 직·병렬 연결
② 단식 배선
③ 병렬 연결
④ 직렬 연결

96 충전 중 갑자기 계기판에 충전 경고등이 점등되었다. 그 현상으로 맞는 것은?

① 정상적으로 충전이 되고 있음을 나타낸다.
② 충전이 되지 않고 있음을 나타낸다.
③ 충전계통에 이상이 없음을 나타낸다.
④ 주기적으로 점등되었다가 소등되는 것이다.

97 납산 축전지가 방전되어 급속 충전을 할 때의 설명으로 틀린 것은?

① 충전 중 전해액의 온도가 45℃가 넘지 않도록 한다.
② 충전시간은 가능한 짧게 한다.
③ 충전전류는 축전지 용량과 같게 한다.
④ 충전 중 가스가 많이 발생되면 충전을 중단한다.

98 건설기계에 사용하는 축전지 2개를 직렬로 연결하였을 때 변화되는 것은?

① 전압 및 이용 전류가 증가된다.
② 사용 전류가 증가된다.
③ 전압이 증가된다.
④ 비중이 증가된다.

99 전기장치의 퓨즈가 끊어져서 다시 새것으로 교체하였으나 또 끊어졌다면 어떤 조치가 가장 옳은가?

① 용량이 큰 것으로 갈아 끼운다.
② 계속 교체한다.
③ 구리선이나 납선으로 바꾼다.
④ 전기장치의 고장개소를 찾아 수리한다.

100 충전장치에서 발전기는 엔진의 어느 축과 연결되어 있는가?

① 추진축
② 캠축
③ 크랭크축
④ 변속기 입력축

101 할로겐전조등에 대한 장점이 아닌 것은?

① 필라멘트아래 차광판이 있어 차축방향을 반사하는 빛을 없애는 구조로 되어 있다.
② 색온도가 높아 밝은 백색 빛을 얻을 수 있다.
③ 전구의 효율이 높아 밝고 환하다.
④ 할로겐 사이클로 흑화현상이 있어 수명이 다하면 밝기가 변한다.

102 납산 배터리액체를 취급하기에 가장 적합한 복장은?

① 고무로 만든 옷
② 가죽으로 만든 옷
③ 화학섬유로 만든 옷
④ 무명으로 만든 옷

103 축전지의 방전은 어느 한도 내에서 단자
전압이 급격히 저하하며 그 이후는 방전능
력이 없어지게 된다. 이때의 전압을 무엇이
라고 하는가?

① 종지전압　　② 방전전압
③ 방전종지전압　④ 누전전압

104 실드빔 라이트 설명이 잘 못 된 것은?

① 수분 불순물 등이 유입될 우려가 적다.
② 라이트 전구와 반사경이 일체로 되어 있다.
③ 라이트 전구를 교환할 수 있다.
④ 전구가 끊어지면 라이트를 전체를 교환해
야 된다.

105 발전기에서 발생되는 유도기전력의 크기
와 관계없는 것은?

① 콘덴서 수
② 전자력의 크기
③ 발전기의 회전속도
④ 스테이트 코일의 권수

106 다음의 조명에 관련된 용어의 설명으로 틀
린 것은?

① 광도의 단위는 칸델라이다.
② 피조면의 밝기는 조도이다.
③ 빛의 세기는 광도이다.
④ 조도의 단위는 루멘이다.

107 예열플러그가 15~20 초에서 완전히 가
열되었을 경우 가장 적절한 것은?

① 접지되었다.
② 다른 플러그가 모두 단선되었다.
③ 단락되었다.
④ 정상 상태이다.

섀시 장치 (Chassis System)

1 ▶ 섀시의 구조, 기능 및 점검

01 동력전달장치

동력 발생 장치에서 발생한 동력을 동력 전달 장치를 통하여 바퀴까지 전달되어 차량을 움직인다.

(1) 클러치(Clutch)

엔진 플라이 휠과 변속기 사이에 설치되며, 엔진의 동력을 변속기에 전달 또는 차단하는 장치로 변속기의 기어를 바꿀 때나 엔진 시동 시에는 동력 차단, 출발 시에는 동력을 서서히 연결하기 위한 장치이다.

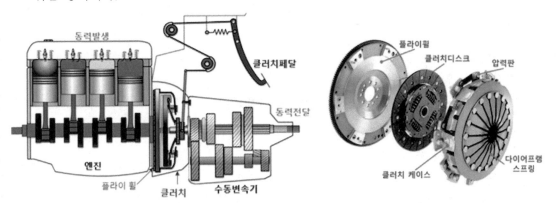

1) 클러치 페달의 유격 (자유 간극)

① **정의** : 릴리스 베어링이 릴리스 레버에 닿을 때까지 클러치 페달이 움직인 거리(20~30mm)

② **이유** : 클러치의 미끄러짐을 방지하기 위해

　　　　* 유격이 크면 동력 차단 불량으로 변속 조작이 곤란

　　　　* 유격이 작으면 클러치의 슬립으로 가속 주행 곤란

2) 토션 스프링 : 회전충격 흡수

　쿠션 스프링 : 수직적 충격 흡수

3) 클러치 용량

① 클러치 용량이 너무 크면 엔진이 정지하거나 동력전달 시 충격이 일어나기 쉽다.
② 클러치 용량이 너무 적으면 클러치가 미끄러진다.
③ 엔진 회전력의 1.5~2.5배 정도 커야 한다.

(2) 변속기(transmission)

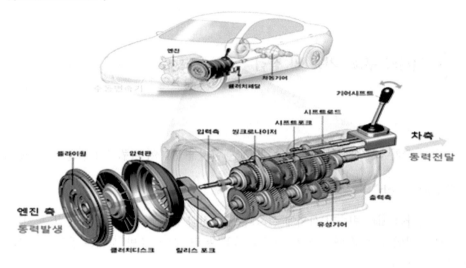

▲ 변속기 구조

1) 필요성

① 엔진의 회전력 증대
② 전진 또는 후진하기 위해
③ 엔진 기동 시 무부하 상태 유지 (변속레버 중립)

2) 변속기 고장 진단

① 변속 기어가 잘 물리지 않는 원인
  ㉠ 클러치 페달의 유격 과다로 클러치 차단 불량
  ㉡ 시프트 레일의 휨
  ㉢ 싱크로메시 기구의 접촉 불량 및 키 스프링의 마모
② 기어가 빠지는 원인
  ㉠ 로킹 볼의 마모 또는 스프링의 쇠약, 절손시
  ㉡ 기어의 과다한 마모
  ㉢ 시프트 포크의 마모
③ 기어에서 소리가 나는 원인
  ㉠ 기어 오일량 부족, 오일 질 불량, 오일의 점도 저하
  ㉡ 기어 및 베어링의 심한 마모
  ㉢ 주축 스플라인의 마모

(3) 자동 변속기 : 토크 컨버터와 유성기어 조합식으로 건설기계에 많이 사용되어진다.

▲ 자동 변속기 구조

① 장점

    ㉠ 기어 바꿈이 필요 없어 운전이 쉽고, 피로를 줄일 수 있다. (변속 조작 간단)

    ㉡ 각부 진동 및 충격을 오일이 흡수한다.

    ㉢ 운전 중 엔진 정지가 없다.

② 단점

    ㉠ 구조가 복잡하고, 값이 비싸다.

    ㉡ 연료 소비율이 크다.

    ㉢ 밀거나 끌어서 시동해서는 안된다.

1) 유체클러치(토크변환비 1 : 1)

  ① 기관 크랭크축에 펌프(임펠러), 변속기 입력축에 터빈(러너)을 설치한다.

  ② 오일의 맴돌이 흐름(와류)을 방지하기 위하여 가이드 링(guide ling)을 둔다.

2) 토크컨버터(토크변환비 2 ∼ 3 : 1)

  ① 기관 크랭크축에 펌프(pump)를, 변속기 입력축에 터빈(turbine)을 설치한다.

  ② 오일의 흐름의 방향을 바꾸어 주는 스테이터(stater)가 설치되어 있다.

3) 스톨포인트 – 토크컨버터에서 회전력이 최대값이 될 때

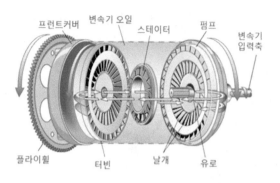

▲ 토크컨버터 오일 흐름

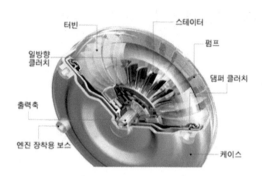

▲ 토크컨버터의 구조

(4) 드라이브 라인

① 슬립이음 : 추진축의 길이 변화를 줌

② 자재이음(유니버설조인트) : 일정한 각을 이루고 회전력을 전달하기 위해, 즉, 동력전달 각도 변화를 준다.

③ 추진축(프로펠러 샤프트) : 변속기의 동력을 종감속기어로 전달하는 강관이다.

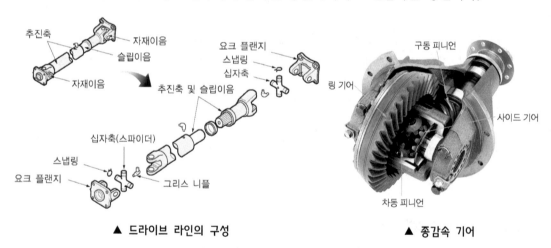

▲ 드라이브 라인의 구성   ▲ 종감속 기어

(5) 종감속 기어와 차동기어 장치

① 종감속 기어 : 추진축의 회전력을 직각방향(90°)로 바꾸어 주며, 엔진의 회전력를 감속하여 구동력을 증대 시킨다.

② 차동기어 장치 : 선회 시 좌우 구동바퀴의 회전 속도를 다르게 해준다.
즉 선회할 때 바깥쪽 바퀴의 회전속도를 안쪽 바퀴보다 빠르게 한다.

(6) 액슬 축(차축)

액슬 축은 종감속 기어 및 차동기어 장치를 통해 들어온 엔진의 동력을 구동 바퀴로 전달하는 축이다.

(7) 타이어

① 타이어는 공기 압력에 따른 고압, 저압, 초저압타이어로 분류되며, 형상에 따라서는 보통 타이어(바이어스 타이어), 편평 타이어, 레이디얼 타이어, 스노우 타이어 등으로 분류 된다.

② 타이어의 호칭 치수

㉮ 저압 타이어 : 타이어폭(인치) – 타이어 내경(인치) – 플라이 수

㉯ 고압 타이어 : 타이어 외경(인치) × 타이어 폭(인치) – 플라이 수

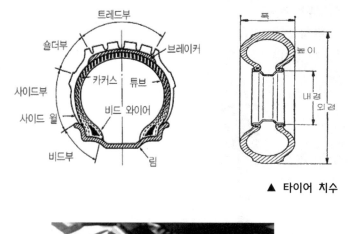

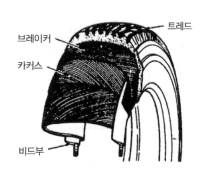

▲ 타이어 치수   ▲ 타이어의 구조

▲ 타이어 마모 한계선 위치   ▲ 마모 한계선 표시   ▲ 마모 한계선 표시

(8) 타이어의 기능

① 트레드 : 노면에 직접 접촉, 타이어 옆방향 미끄러짐 방지, 열을 발산, 절상의 확산을 방지, 구동력과 선회성능을 향상

② 브레이커 : 타이어의 완충작용

③ 카커스 : 타이어의 뼈대 부분, 하중을 지지

④ 비드부 : 타이어의 휠(림)과 접촉되는 부분으로 중심에는 강선이 있음

02 조향(환향) 장치

조향 장치는 애커먼 장토식을 이용하여 주행 또는 작업 중 방향을 바꾸기 위한 장치이다.

(1) 동력조향 장치

1) 장점

① 작은 조작력으로 조향 조작 가능
② 조향 기어비를 조작력에 관계없이 선정 가능
③ 조향 핸들의 시미(흔들림) 현상을 방지할 수 있음
  • 동력조향 장치에는 안전 체크밸브가 있어서 엔진의 작동 정지, 오일펌프 고장 시 등에도
    수동 조작이 가능하다.

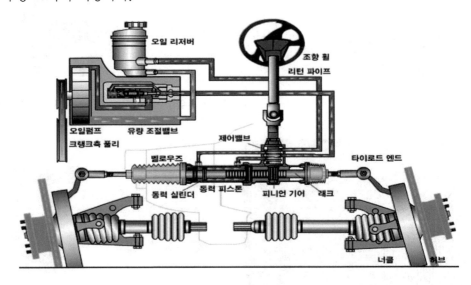

03 바퀴 얼라인먼트(바퀴 정렬)

자동차나 지게차 뒷부분을 지지하는 바퀴는 어떤 기하학적인 관계를 두고 설치되어 있는데,
휠 얼라이먼트는 캠버, 캐스터, 토인, 킹핀 경사각 등이 있다
① 토인 : 바퀴를 위에서 볼 때 좌우 바퀴의 중심선 사이의 거리가 앞쪽이 뒤쪽보다 조금 좁게
   되어 있다. 토인은 타이로드의 길이로 조정한다. (앞바퀴의 평행성을 유지한다.)
② 캠버 : 바퀴를 앞에서 보았을 때 윗부분이 바깥쪽으로 약간 벌어져 상부가 하부보다 넓게
   되어 있다. (조향핸들의 조작력을 가볍게 하고, 수직하중에 의한 차축의 휨을 방지한다.)
③ 캐스터 : 바퀴를 옆에서 보았을 때 앞바퀴가 차축에 설치되어 있는 킹핀의 중심선이 수선과
   어떤 각도(0.5~1°)로 설치되어 있다.(조향 바퀴의 직진 방향성을 준다.)
④ 킹 핀 경사각 : 킹 핀이 자동차의 앞에서 보았을 때 차체쪽(안쪽)으로 비스듬하게 장착되는데,
   노면에 대한 수직선과 이루는 각을 킹 핀 경사각이라 한다. (핸들 조작력과 주행 및 제동시
   저항력을 줄여주고, 핸들의 복원력을 증대한다.)

04 조향장치의 점검 정비

(1) 조향핸들이 한쪽으로 쏠리는 원인

① 타이어 공기압력의 불균형
② 브레이크 드럼의 간극 불량
③ 앞바퀴 얼라인먼트의 불량
④ 허브 베어링의 마모

(2) 조향핸들의 조작이 무거운 원인

① 타이어 공기압이 낮다
② 앞바퀴 얼라인먼트의 불량
③ 조향 링키지 급유 부족
④ 타이어의 심한 마모

05 제동장치

제동장치(brake system)는 주행하는 자동차를 감속 또는 정지시킴과 동시에 주차상태를 유지하기 위해 사용하는 중요한 장치이며, 일반적으로 마찰력을 이용하여 자동차의 운동에너지를 열에너지로 바꾸어, 그것을 대기 속으로 방출시켜 제동작용을 하는 마찰식 브레이크를 사용하고 있다.

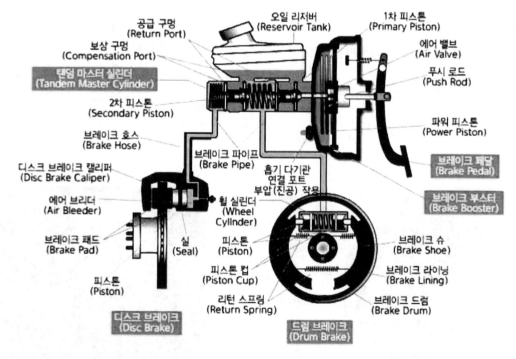

▲ 유압식 브레이크의 구조

(1) 유압식 브레이크

파스칼의 원리를 이용하여, 주행 중에 감속 및 정지시키거나 주차 시 움직이지 못하도록 하는 장치이다.

1) 유압식 브레이크의 구조

① 브레이크 페달 : 페달은 조작력을 줄이기 위하여 지렛대의 원리를 사용하며 플로워형과 펜턴트 형이 있다.

② 마스터 실린더 : 마스터 실린더는 브레이크 페달의 조작력에 의하여 유압을 발생시키는 부분이다.

③ 브레이크 오일 : 피마자기름에 알코올을 혼합한 것이 사용된다.

④ 브레이크 파이프 : 강철제의 파이프와 움직임이 자유로운 플렉시블 호스를 사용한다.

⑤ 휠 실린더 : 마스터 실린더로부터 유압을 받아서 브레이크 슈(패드, 라이닝)를 확장시켜 드럼에 압착시킨다.

■ 파스칼(Pascol)의 원리

밀폐된 용기 속 액체의 일부에 가해진 압력은 어느 방향으로도 같은 세기로 액체로 각부에 전달된다.

① 액체에 가해지는 압력 P는

$$P = \frac{F_1}{a}$$

② 피스톤 B를 밀어올리는 힘 F_2

$$F_2 = Pb$$

$$F_2 = F_1 \frac{b}{a}$$

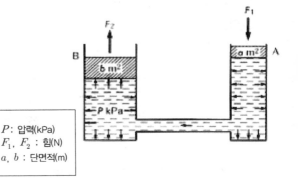

P : 압력(kPa)
F_1, F_2 : 힘(N)
a, b : 단면적(m)

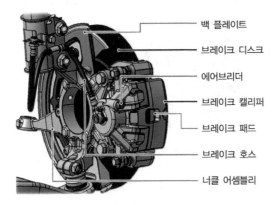

백 플레이트
브레이크 디스크
에어브리더
브레이크 캘리퍼
브레이크 패드
브레이크 호스
너클 어셈블리

▲ 디스크 브레이크 구조

▲ 드럼식 브레이크 구조

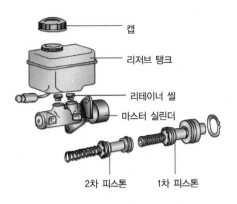

▲ 마스터 실린더 구조

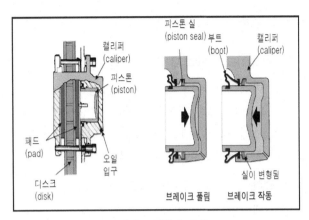

▲ 브레이크 캘리퍼 구조

(2) 배력식 브레이크

① 하이드로 백 (진공 배력식) : 대기압과 흡기다기관의 부압(부분진공)을 이용한 배력식 브레이크
② 하이드로 에어 팩(압축공기 배력식) : 압축공기의 압력과 대기압 차이를 이용한 배력식 브레이크
③ 배력 장치가 고장이 날 경우
　유압 브레이크로 작동되며, 이때 브레이크 페달은 무겁고 제동력이 감소한다.

(3) 공기 브레이크

① 차량 중량에 제한 없이 사용 가능하다.
② 공기가 약간 누출되어도 제동력 저하가 크지 않다.
③ 오일을 사용 하지 않으므로 베이퍼록 현상이 없다.
④ 브레이크 페달 밟는 양에 따라 제동력이 증감하므로 조작이 쉽다.
⑤ 트레일러 견인 시, 연결이 간편하고 원격 조정이 가능하다.
⑥ 압축 공기의 압력이 높아지면 제동력이 커진다.
⑦ 구조가 복잡하며, 공기 압축기 구동에 엔진 출력이 소모 된다.

(4) 핸드브레이크

　일명 사이드 브레이크, 주차 브레이크라도 불리며, 작동 종류에는 외부수축식과 내부 확장식이
있다.

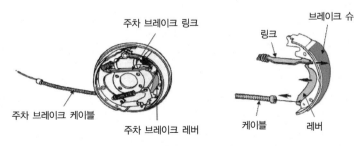

▲ 주차 브레이크 구조

(5) 제동장치 고장 진단

1) 브레이크가 풀리지 않는 원인

① 마스터 실린더 리턴 구멍 막힘
② 마스터 실린더 푸시로드의 길이가 너무 길다
③ 브레이크 슈(패드,라이닝) 리턴 스프링 및 페달 리턴 스프링이 약하거나 절손
④ 휠 실린더 피스톤 컵 팽창

2) 브레이크 페달의 유격 과다

① 베이퍼 록 발생
② 브레이크 오일 부족 또는 누출
③ 드럼과 슈의 간극 과다 및 슈(라이닝) 마멸
④ 회로 내 잔압 저하

3) 브레이크가 한쪽으로 쏠림

① 브레이크 슈 간극 불량
② 휠 실린더 컵 불량
③ 브레이크 슈 리턴 스프링 불량
④ 브레이크 드럼 불 평형

(6) 베이퍼 록(Vapor Lock)과 페이드(Fade) 현상

① 베이퍼 록 현상 : 긴 내리막길 등에서 짧은 시간에 풋 브레이크를 지나치게 자주 사용하면 마찰열이 발생하게 된다. 이로 인해 브레이크 오일 속에 기포가 형성되어 브레이크가 잘 작동되지 않는 현상,
② 페이드 현상 : 긴 내리막길 등에서 짧은 시간에 풋 브레이크를 지나치게 자주 사용하면마찰열 때문에 라이닝이 변질되어 마찰계수가 떨어지면서 브레이크가 밀리거나 작동되지 않는 현상.

(7) 엔진 브레이크(감속 브레이크) 주행 중 한쪽브레이크가 고장 시 다른 한쪽을 사용할 수 있음

1 수동변속기에서 변속할 때 기어가 끌리는 소음이 발생하는 원인으로 맞는 것은?

① 변속기 출력축의 속도계 구동기어 마모
② 브레이크 라이닝 마모
③ 클러치 판의 마모
④ 클러치가 유격이 너무 클 때

2 브레이크 드럼이 갖추어야 할 조건으로 아닌 것은?

① 내 마멸성이 적어야 한다.
② 정적, 동적 평형이 잡혀 있어야 한다.
③ 냉각이 잘 되어야 한다.
④ 가볍고 강도와 강성이 커야한다.

3 차축의 스플라인 부는 차동장치 어느 기어와 결합되어 있는가?

① 차동 피니언 기어
② 링기어
③ 구동 피니언 기어
④ 차동 사이드 기어

4 제동장치의 마스터실린더 조립 시 무엇으로 세척하는 것이 좋은가?

① 브레이크 액   ② 솔벤트
③ 경유   ④ 석유

5 지게차의 조향원리는 무슨 형식인가?

① 전부동식   ② 포토래스 형
③ 빌드업 형   ④ 애커먼 장토식

6 유체 클러치에 대한 설명이 아닌 것은?

① 터빈은 변속기 입력측에 설치되어 있다.
② 펌프는 기관의 크랭크축에 설치되어 있다.
③ 오일의 흐름 방향을 바꾸어 주기 위하여 스테이터를 설치한다.
④ 오일의 맴돌이 흐름 (와류) 를 방지하기 위하여 가이드 링을 설치한다.

7 타이어에서 고무로 피복된 코드를 여러 겹으로 겹친 층에 해당되며 타이어의 골격을 이루는 부분은?

① 비드 부   ② 트레드 부
③ 카커스 부   ④ 숄더 부

8 클러치에서 압력판의 역할로 맞는 것은?

① 엔진의 동력을 받아 속도를 조절한다.
② 제동 역할을 위해 설치한다.
③ 클러치 판을 밀어서 플라이 휠에 압착시키는 역할을 한다.
④ 릴리스 베어링의 회전을 용이하게 한다.

9 타이어에서 트래드 패턴과 관련 없는 것은?

① 조향성, 안전성
② 타이어의 배수 효과
③ 편평율
④ 제동력, 구동력 및 견인력

10 토크컨버터의 기본 구성품으로 틀린 것은?

① 펌프   ② 스테이터
③ 터보   ④ 터빈

11 브레이크 파이프 내에 베이퍼록이 생기는 원인과 관계없는 것은?

① 라이닝과 드럼의 간극 과대
② 지나친 브레이크 조작
③ 드럼의 과열
④ 잔압의 저하

12 사용압력에 따른 타이어의 분류에 속하지 않는 것은?

① 고압 타이어 ② 초고압 타이어
③ 저압 타이어 ④ 초저압 타이어

13 클러치 디스크 구조에서 댐퍼스프링 작용으로 옳은 것은?

① 디스크 마멸 방지
② 압력판 마멸 방지
③ 회전력을 증가시킴
④ 회전충격 흡수

14 토크변환기에 사용되는 오일의 구비조건으로 맞는 것은?

① 비중이 작을 것
② 비점이 낮을 것
③ 착화점이 낮을 것
④ 점도가 낮을 것

15 동력전달 장치에서 두 축 간의 충격완화와 각도변화를 융통성 있게 동력 전달하는 기구는?

① 파워 시프트(power shift)
② 유니버설 조인트(universal joint)
③ 크로스 멤버(cross member)
④ 슬립이음(slip joint)

16 변속기의 구비 조건이 아닌 것은?

① 단계가 없이 연속적인 변속 조작이 가능할 것
② 변속 조작이 용이할 것
③ 전달 효율이 적을 것
④ 소형, 경량일 것

17 동력전달장치에서 추진축의 길이의 변동을 흡수하도록 되어 있는 장치는?

① 2중 십자이음 ② 자재이음
③ 차축   ④ 슬립이음

18 조향핸들의 유격이 커지는 원인과 관계없는 것은?

① 조향기어. 링키지 조정불량
② 타이어 공기압 과대
③ 앞바퀴 베어링 과대 마모
④ 피트먼 암의 헐거움

19 유성기어장치의 주요 부품은?

① 선기어, 베벨기어, 링기어, 유성캐리어
② 선기어, 유성기어, 링기어, 유성캐리어
③ 클러치기어, 베벨기어, 링기어, 유성캐리어
④ 클러치기어, 유성기어, 링기어, 유성캐리어

20 동력전달장치에서 토크컨버터에 대한 설명이 아닌 것은?

① 부하에 따라 자동적으로 변속한다.
② 조작이 용이하고 엔진에 무리가 없다.
③ 기계적인 충격을 흡수하여 엔진의 수명을 연장한다.
④ 일정 이상의 과부하가 걸리면 엔진이 정지한다.

21 타이어에 11.00-20-12PR 이란 표시 중 가운데 숫자 20의 의미는?

① 고압 타이어의 폭을 센티미터로 표시한 것
② 초저압 타이어 외경을 인치로 표시한 것
③ 저압 타이어의 내경을 인치로 표시한 것
④ 저압 타이어 폭을 인치로 표시한 것

22 다음 중 클러치의 구비 조건 중 틀린 것은?

① 클러치가 접속된 후에는 미끄러지는 일이 없을 것
② 동력의 차단이 신속하고 확실할 것
③ 동력의 전달을 시작할 경우에는 미끄러지면서 서서히 전달될 것
④ 회전관성이 클 것

23 타이어의 구조 중 내부에는 고탄소강의 강선을 묶음으로 넣고 고무로 피복한 림 상태의 보강부위로 타이어를 림에 견고하게 고정시키는 역할을 하는 부분은?

① 카커스부   ② 숄더부
③ 비드부   ④ 트레드부

24 지게차 조향바퀴 실린더의 압력측정 방법 중 옳은 것은?

① 조향바퀴를 중간에 놓고 측정한다.
② 조향바퀴를 왼쪽으로 꺾은 후 측정하고 다시 오른쪽으로 꺾어서 측정한다.
③ 조향바퀴를 오른쪽으로 꺾어서 측정한다.
④ 조향바퀴를 왼쪽으로 꺾어서 측정한다.

25 수동 클러치식의 지게차에서의 클러치의 필요성이 아닌 것은?

① 동력을 차단하기 위해
② 건설기계의 관성운전을 위하여
③ 변속을 위해
④ 엔진가동 시 무부하 상태로 놓기 위해

26 타이어의 트레드에 대한 설명으로 가장 옳지 못한 것은?

① 트레드가 마모되면 구동력과 선회능력이 저하된다.
② 타이어의 공기압이 높으면 트레드의 양단부보다 중앙부의 마모가 크다.
③ 트레드가 마모되면 열의 발산이 불량하게 된다.
④ 트레드가 마모되면 지면과 접촉면적이 크게 됨으로써 마찰력이 증대되어 제동성능은 좋아진다.

27 차동기어는 바퀴의 회전방향을 바꾸기 위하여 회전비를 다르게 하는데 다음사항 중 맞는 것은?

① 회전저항이 큰 안쪽바퀴가 빨리 돈다.
② 회전저항이 적은 바깥바퀴가 빨리 돈다.
③ 회전저항이 적은 안쪽바퀴가 빨리 돈다.
④ 회전저항이 큰 바깥바퀴가 빨리 돈다.

28 변속기가 장착된 장비에서 클러치페달에 유격을 두는 이유는?

① 엔진 출력을 증가시키기 위해
② 제동성능을 증가시키기 위해
③ 클러치 용량을 크게 하기 위해
④ 클러치의 미끄럼을 방지하기 위해

29 클러치의 용량은 엔진 회전력의 몇 배이며 이보다 클 때 나타나는 현상은?

① 1.5~2.5배 정도이며 클러치가 엔진 플라이휠에서 분리될 때 충격이 오기 쉽다.
② 3.5~4.5배 정도이며 압력판이 엔진 플라이휠에 접촉될 때 엔진이 정지되기 쉽다.
③ 3.5~4.5배 정도이며 압력판이 엔진 플라이휠에서 분리될 때 엔진이 정지되기 쉽다.
④ 1.5~2.5배 정도이며 클러치가 엔진 플라이휠에 접촉될 때 엔진이 정지되기 쉽다.

30 클러치 판(clutch plate)의 변형을 방지하는 것은?

① 토션 스프링   ② 쿠션 스프링
③ 압력판   ④ 릴리스레버 스프링

31 유압장치와 제동장치의 원리는?

① 파스칼, 옴의 법칙
② 파스칼, 지렛대의 법칙
③ 피스톤, 지렛대의 법칙
④ 오른손, 플레밍의 왼손법칙

32 공기브레이크의 구성품이 아닌 것은?

① 마스터실린더
② 공기탱크
③ 브레이크슈, 드럼
④ 공기압축기

33 지게차의 앞바퀴 정렬 역할과 거리가 먼 것은?

① 브레이크의 수명을 길게 한다.
② 타이어 마모를 최소로 한다.
③ 조향핸들의 조작을 작은 힘으로 쉽게 할 수 있다.
④ 방향 안정성을 준다.

34 기관의 클러치의 용량은 기관회전력의 몇 배인가?

① 5 ~ 9 배   ② 3 ~ 5 배
③ 4 ~ 6 배   ④ 1.5 ~ 2.5 배

35 주행할 때 앞바퀴가 격렬하게 흔들리는 현상은 무엇인가?

① 토인   ② 시미
③ 캠버   ④ 캐스터

36 다음 중 바퀴정렬과 관계가 없는 것은?

① 캐스터   ② 캠버
③ 부스터   ④ 토인

37 타이어식 건설기계를 길고 급한 경사 길을 운전할 때 반 브레이크를 사용하면 어떤 현상이 생기는가?

① 라이닝은 페이드, 파이프는 베이퍼록
② 라이닝은 서지, 파이프는 베이퍼록
③ 라이닝은 페이드, 파이프는 스팀록
④ 라이닝은 베이퍼록, 파이프는 서지

38 지게차의 뒷바퀴를 뒤에서 보았을 때 바퀴의 윗부분이 약간 벌어져 상부가 하부 보다 넓게 되어 있는 것의 명칭은?

① 토인   ② 캠버
③ 캐스터   ④ 킹핀경사각

39 유체 클러치(Fluid coupling)에서 가이드 링의 역할은?

① 터빈의 손상을 줄이는 역할을 한다.
② 마찰을 증대시킨다.
③ 와류를 감소시킨다.
④ 플라이 휠(fly wheel)의 마모를 감소시킨다.

40 드라이브 라인에 슬립이음을 사용하는 이유는?

① 추진축의 길이 방향에 변화를 주기위해
② 출발을 원활하게 하기 위해
③ 회전력을 직각으로 전달하기 위해
④ 추진축의 각도 변화에 대응하기 위해

41 기계식 변속기가 장착된 건설기계가 미끄러지는 원인으로 옳은 것은?

① 클러치 페달의 유격이 크다.
② 릴리스 레버가 마멸되었다.
③ 클러치 압력판 스프링이 약해졌다.
④ 파일럿 베어링이 마멸되었다.

42 튜브리스 타이어의 장점으로 아닌 것은?

① 수리가 용이하다.
② 못에 찔려도 덜 위험하다
③ 주행 중 열 발산이 좋지 않다.
④ 튜브 몰림 현상이 없다.

43 토크 컨버터에서 회전력이 최대값이 될 때를 무엇이라 하는가?

① 토크변환기   ② 회전력
③ 스톨 포인트   ④ 유체충돌 손실비

44 자동변속기의 메인 압력이 떨어지는 이유로 틀린 것은?

① 클러치판 마모
② 오일 부족
③ 오일 필터 막힘
④ 오일 펌프 내 공기 생성

45 유체클러치에서 와류를 감소시키는 장치는?

① 펌프   ② 가이드링
③ 스테이터   ④ 임펠러

46 지게차 브레이크 드럼의 구비조건이 아닌 것은?

① 견고하고 무거울 것
② 방열이 잘될 것
③ 정적, 동적 평형이 잡혀 있을 것
④ 마찰면의 내마멸성이 우수할 것

47 자동 변속기의 특징으로 옳지 않은 것은?

① 구동축을 연결한 상태로 밀거나 끌어서는 안 된다.
② 연료 소비율이 수동 변속기에 비해 작다.
③ 클러치 조작 없이 출발이 가능하다.
④ 각 부분에 진동을 오일이 흡수한다.

48 파워스티어링에서 핸들이 매우 무거워 조작하기 힘든 상태일 때의 원인으로 맞는 것은?

① 볼 조인트의 교환시기가 되었다.
② 조향 펌프에 오일이 부족하다.
③ 핸들 유격이 크다.
④ 바퀴가 습지에 있다.

49 운전 중 클러치가 미끄러질 때의 영향으로 틀린 것은?

① 속도 감소   ② 연료소비량 증가
③ 엔진의 과냉   ④ 견인력 감소

50 진공식 제동 배력 장치의 설명 중에서 옳은 것은?

① 진공 밸브가 새면 브레이크가 전혀 듣지 않는다.
② 릴레이 밸브 피스톤 컵이 파손되어도 브레이크는 듣는다.
③ 하이드롤릭 피스톤의 체크 볼이 밀착 불량이면 브레이크가 듣지 않는다.
④ 릴레이 밸브의 다이어프램이 파손되면 브레이크가 듣지 않는다.

51 자동변속기가 장착된 건설기계의 모든 변속 단에서 출력이 떨어질 경우 점검해야 할 항목과 거리가 먼 것은?

① 엔진고장으로 출력 부족
② 토크컨버터 고장
③ 추진축 휨
④ 오일의 부족

52 자동변속기가 장착된 지게차를 주차할 때 주의사항이 아닌 것은?

① 주브레이크를 제동 시킨다.
② 포크를 지면에 내려놓는다.
③ 전, 후진 레버는 중립시킨다.
④ 주차브레이크를 당긴다.

53 타이어에 9.00-20-14PR 로 표시된 경우 20 이 의미하는 것은?

① 외경   ② 내경
③ 폭   ④ 높이

54 클러치가 미끄러지는 이유가 아닌 것은?

① 클러치 오일이 부족할 때
② 자유유격 조정이 잘 못 되었을 때
③ 클러치판이 마모가 심할 때
④ 압력판스프링 장력이 약하거나 파손 되었다.

55 지게차의 브레이크를 밟았을 때 한쪽으로 쏠리는 원인과 거리가 가장 먼 것은?

① 앞바퀴 정렬이 불량하다.
② 한쪽 라이닝에 오일이 묻었다.
③ 타이어 공기압이 평형하지 않다.
④ 엔진의 출력이 부족하다.

56 지게차에서 저압타이어를 사용하는 주된 이유는?

① 고압타이어는 파손이 쉽고 정비의 난이도가 높기 때문에 저압타이어를 사용한다.
② 고압타이어는 가격적 측면에서 비경제적이고 사용기간이 짧기 때문에 저압타이어를 사용한다.
③ 저압타이어는 지게차의 롤링방지를 위해 현가스프링을 장착하지 않기 때문에 사용한다.
④ 저압타이어는 조향을 쉽게 하고 타이어의 접착력이 크게 하기 때문에 사용한다.

57 동력전달 장치에서 두 축 간의 충격 완화와 각도 변화를 융통성 있게 하는 부품은?

① 슬립 조인트
② 크로스 맴버
③ 유니버셜 조인트
④ 플렉시블 조인트

지·게·차·운·전·기·능·사

유압장치

05

유압장치

1 ▶ 유압장치의 이해

(1) 유압장치의 정의

유압장치란 유체의 압력에너지(유압)를 이용하여 기계적인 일을 하도록 하는 장치이다.

(2) 파스칼의 원리

밀폐된 용기 내에 액체를 가득 채우고 그 용기에 힘을 가하면 그 내부 압력은 용기의 각 면에 수직으로 작용하며, 용기 내의 어느 곳이든지 똑같은 압력으로 작용한다.

(3) 압력, 유량

① 압력이란 단위면적에 작용하는 힘, 즉 「압력=힘/면적」 이다.
② 압력의 단위에는 kgf/cm^2, PSI, kPa, cmHg(mmHg), bar, atm, mAq 등이 있다
③ 유량이란 일정한 시간 동안에 공급된 오일의 양, 유량의 단위는 LPM, GPM이다.

(4) 유압장치의 장점 및 단점

장 점	단 점
① 동력 전달 및 힘의 분배와 집중 용이 ② 원격조작 및 무단 변속용이 ③ 회전 및 직선 운동 용이 ④ 유압만으로 수동, 반자동 및 완전 자동 가능 ⑤ 과부하 방지가 용이 ⑥ 진동이 적고 작동 원활 ⑦ 내구성이 큼	① 배관이 까다롭고 유압유가 새는 일이 많다 ② 유압유의 온도에 따라 기계의 속도가 변한다. ③ 에너지 손실이 크다.

(5) 유압유의 구비 조건

① 강인한 유막 형성
② 적당한 점도, 유동성
③ 적당한 비중
④ 높은 인화점, 발화점
⑤ 압축성이 없고, 윤활성이 좋을 것
⑥ 온도변화에 점도변화가 작을 것(점도지수가 클 것)
⑦ 물리적, 화학적 변화가 없고 안정될 것
⑧ 체적탄성계수가 클 것
⑨ 유압장치에 대해 불활성일 것
⑩ 무독성, 무휘발성일 것
⑪ 물, 먼지 및 공기 등을 신속히 분리할 수 있을 것
⑫ 밀도가 작을 것

(6) 유압유의 관리

① 오염 및 열화의 원인

온도가 높을 때, 다른 유압유와의 혼합, 먼지, 수분 및 공기 등의 이물질 혼입

② **열화 검사 방법** : 색깔의 변화 및 수분, 침전물 유무 확인, 흔들었을 때 거품이 없어지는 양상 확인, 자극적인 악취 유무

③ **수분혼입 측정** : 가열된 철판에 오일을 떨어뜨려 수분의 유무를 측정

(7) 유량 점검 및 교환

① 평탄한 지면에서 기관의 시동 정지 후 점검 및 교환한다.
② 수분, 먼지 등의 이물질의 유입이 없도록 주의한다.
③ 아워미터를 기준으로 1500시간(약 6개월)마다 교환한다.
④ 유압유가 냉각되기 전에 교환

(8) **유압유의 온도** : 난기운전 시에는 유압유의 온도가 30℃이상 되게 하며, 적정 온도는 40~60℃ 이며, 최고온도는 80℃이고, 80~100℃이면 위험하다.

(9) 온도 상승의 원인

① 과부하로 연속 작업
② 유압회로에서 유압손실이 클 때
③ 캐비테이션(공동현상)이 발생

④ 높은 열을 갖는 물체와 접촉
⑤ 태양의 높은 열
⑥ 냉각기의 작동 불량
⑦ 탱크 내의 작동유 부족
⑧ 유압유의 노화
⑨ 점도 부적당
⑩ 유압조절 밸브의 작동압력이 낮을 때
⑪ 유압펌프의 효율이 낮을 때
⑫ 냉각기의 냉각 핀 등이 오손

2 유압기기

유압장치의 구성 요소는 유압발생 장치, 유압제어 장치, 유압구동 장치 등으로 구성된다.
엔진 → 유압 펌프 → 유압 밸브 → 작업 장치 (액추에이터-유압모터, 유압실린더)

3 유압유 탱크

① 기능 : 적정유량 확보, 유압유의 기포 발생 방지 및 소멸 작용, 적정유온 유지
② 형식 : 밀폐형과 가압식으로 구분
③ 세척(플러싱) : 유압장치 내의 슬러지 등을 용해하여 깨끗이 한 후 압축 공기로 건조시킨다.

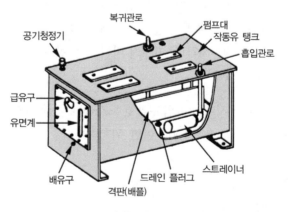

▲ 유압탱크의 구조

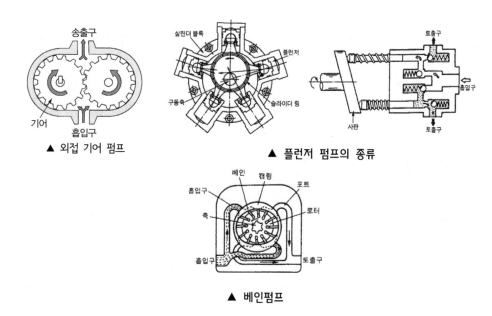

4 ▶ **유압 펌프**

기관의 기계적 에너지를 유압 에너지로 변환시키는 장치이다.

▲ 외접 기어 펌프

▲ 플런저 펌프의 종류

▲ 베인펌프

① **기어 펌프** : 고속회전이 가능하며, 구조가 간단하지만 소음과 진동이 크며 수명이 짧다.
② **플런저 펌프(피스톤 펌프)** : 가변용량이 가능하며, 고압에서 누설이 작고 효율이 가장 크다.
　 흡입성능이 나쁘고, 소음이 크고 구조가 복잡한 단점이 있다.
③ **베인 펌프** : 소형 경량이며, 간단하여 수명이 길고 맥동이 작아 소음과 진동이 작고 고속회전이
　 가능하다. 최고압력이 낮고 흡입성이 떨어지는 단점이 있다.

5 ▶ **유압제어밸브**

(1) 압력제어 밸브(일의 크기를 결정)

① **릴리프 밸브** : 유압펌프와 제어밸브 사이에 설치되어 유압장치 내의 압력을 일정하게 유지하고,
　 최고 압력을 제어하여 회로를 보호한다.(최고압력제한)
② **리듀싱 밸브(감압밸브)** : 입구압력(1차쪽)을 감압하여 출구(2차쪽)를 설정유압으로 유지한다.
　 분기회로에서 2차축 압력을 낮게 할 때 사용한다. 상시개회로(항상 열려있는 회로)
③ **시퀀스 밸브** : 2개 이상의 분기회로에서 유압 회로의 압력에 의하여 작동 순서를 제어한다.
　 (순차적 작동)
④ **언로더 밸브(무부하 밸브)** : 유압 회로 내의 압력이 규정압력에 도달하면 펌프에서 송출되는
　 모든 유량을 탱크로 리턴시켜 유압펌프를 무부하가 되도록 한다.(동력절감)

⑤ 카운터밸런스 밸브 : 유압실린더 등이 중력에 의한 자유낙하를 방지하기 위하여 배압을 유지한다.

(2) 방향제어 밸브 (일의 방향을 결정)

① 디셀러레이션 밸브 : 유압모터 및 실린더의 속도를 감속하기 위한 밸브이다.
② 스풀 밸브 : 1개의 회로에서 여러 개의 밸브면을 두어 직선이나 회전운동으로 유압회로를 구성하여 유압유의 흐름 방향을 변환한다.
③ 체크 밸브 : 유압회로에서 역류를 방지하여 오일의 흐름을 일정하게 한다.
④ 셔틀밸브 : 1개의 출구와 2개 이상의 입구를 가지고 출구가 최고 압력측 입구를 선택하는 밸브

(3) 유량제어 밸브 (일의 속도를 결정)

① 회로에 공급되는 유량을 조절하여 액추에이터의 작동속도를 제어하는 역할을 한다.
② 교축 밸브, 오리피스 밸브, 니들 밸브, 분류 밸브, 슬로우 리턴 밸브 등이 있으며, 그 제어회로 구성방식인 실린더로 공급되는 유압과 실린더로 나가는 유압 중 어느 쪽의 압력을 조절할 것인가에 따라 미터인, 미터아웃으로 나누어지며, 실린더로 공급되는 유량이 실린더의 속도에 비해 너무 많을 때 남는 양을 탱크로 우회하는 회로로 블리드 오프회로가 있다.

6 ▶ 유압 액추에이터(작동기)

펌프에서 보내준 오일의 압력 에너지를 직선운동이나 회전운동을 하여 기계적인 일을 하는 기기
① 유압 실린더 : 유압을 받아서 직선 왕복 운동을 하는 액추에이터이다.

▲ 복동식 단로드형 유압실린더

② 유압 모터 : 유압을 받아서 회전 운동을 하는 액추에이터이다.
　지게차의 리프트실린더 – 단동식 단로드형
　　　　　틸트실린더　 – 복동식 단로드형
　　　　　조향실린더　 – 복동식 양로드형(더블로드형)

7 ▶ 어큐뮬레이터(축압기)

(1) 설치 목적

① 맥동적인 압력이나 충격파 완화
② 압력이 부족할 때 압력보상 역할
③ 온도변화에 따른 유압유의 체적 보상
④ 유체 에너지의 축적

(2) 사용 가스

주로 가스 오일식이 많이 사용되어지며, 주입 가스로는 **질소(N)**가 사용된다.

(3) 어큐뮬레이터의 종류

① **피스톤형** : 실린더 내의 피스톤으로 기체실과 유체실로 구분
② **블래더형(고무 주머니형)** : 본체 내부에 고무 주머니가 기체실과 유체실을 구분
③ **다이어프램형** : 본체 내부에 고무와 가죽의 막이 있어 기체실과 유체실을 구분

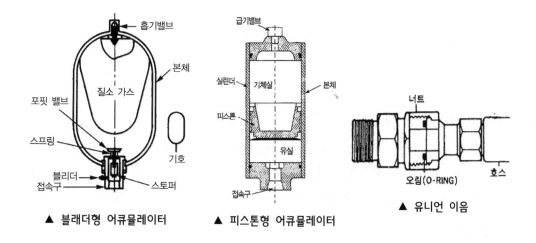

▲ 블래더형 어큐뮬레이터　　▲ 피스톤형 어큐뮬레이터　　▲ 유니언 이음

8 ▶ 유압 파이프 및 호스

　강관이나 철심 고압 호스(플렉시블 호스)를 사용하며, 유니언 이음을 사용한다.
내압성, 내열성 및 내부식성이 커야 된다.

9 ▶ 오일실

① 유압유 누출을 방지하기 위해 사용
② 재질 : 합성고무, 우레탄 등
③ 종류 : O링, U패킹, 금속패킹, 더스트실 등

10 ▶ 유압장치 이상 현상

(1) 캐비테이션 현상(공동현상)

유압이 진공에 가까워져 기포가 생기며, 이것이 찌그러져서 국부적인 고압이나 소음을 발생하는 현상. 조치 사항은 유압회로 내의 압력 변화를 없애준다.

사진출처: http://eswt.net/cavitation

(2) 서지 현상(surge pressure)

긴 관로 속을 유압유가 흐르고 있을 때 관로 말단에 있는 밸브를 갑자기 닫으면 운동하고 있는 물체를 갑자기 정지시킬 때와 같은 심한 충격을 받게 된다. 이때 이 충격은 급격한 압력상승을 일으킨다. 즉, 회로 내에 과도하게 발생한 이상 압력의 최대값을 말한다.

(3) 수격작용

배관 내에서 순간적으로 이상한 충격압을 만들어 음을 발하며 진동하는 것을 말한다. 급수배관 내의 수류를 급속하게 닫거나 응축물 등이 남아 식은 증기관에 다시 증기를 보내는 경우 등에 일어난다. 배관이음매(조인트)를 느슨하게 한다거나 기구에 손상을 주어 누수의 원인이 된다. 워터해머라고도 한다.

(4) 유압실린더의 숨 돌리기 현상

오일 공급 부족으로 피스톤 작동의 불안정, 시간의 지연, 서지압력 발생

(5) 공기 혼입 원인

① 유압유 탱크의 오일 부족
② 유압유 점도 부적당
③ 유압유의 소손 및 스트레이너 막힘
④ 유압펌프 흡인라인 연결부 이완 및 헐거움으로 인해 유압유 누출
⑤ 유압펌프의 마멸이 클 때

(6) 수분 혼입

① 수분이 혼입되는 주원인은 유압유 탱크 내의 공기가 온도 변화로 응축하여 물방울이 되어 혼입
② 수분 혼입이 되면 열화, 유압기기 마멸, 캐비테이션 현상 등의 피해가 생긴다.

11 유압 기호

(1) 유압펌프와 모터의 기호

명칭	기호	명칭	기호
정용량형 유압펌프		정용량형 유압모터	
가변용량형 유압펌프		가변용량형 유압모터	

(2) 실린더 및 압력제어밸브와 조작 방식 기호

명칭	기호	명칭	기호
단동 실린더 스프링 무		릴리프 밸브	
복동 실린더 싱글로드형			
차동실린더		무부하 밸브	

(3) 기타 기호

명칭	기호	명칭	기호
첵 밸브 또는 콕		유량계 순간 지시방식	
압력 스위치		흐름의 방향, 유체의 출입구	▼
어큐뮬레이터		조립 유닛	
전동기	M	조정 가능한 경우	
압력원	●	감압 –밸브	
필터 배수기 없음		가변 유압모터, 펌프	
냉각기		고압 우선형 셔틀밸브	
압력계		복동 실린더 양로드형	
온도계		단동솔레노이드	

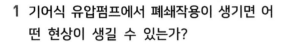
1 기어식 유압펌프에서 폐쇄작용이 생기면 어떤 현상이 생길 수 있는가?

① 출력의 증가
② 기름의 토출
③ 기포의 발생
④ 기어 진동의 소멸

2 유압실린더의 종류에 해당하지 않는 것은?

① 단동실린더 램형
② 복동실린더 더블로드형
③ 단동실린더 배플형
④ 복동실린더 싱글로드형

3 사용 중인 작동유의 수분함유 여부를 현장에서 판정하는 것으로 가장 적합한 방법은?

① 오일의 냄새를 맡아본다.
② 오일을 시험관에 담아서 침전물을 확인한다.
③ 여과지에 약간(3~4방울)의 오일을 떨어뜨려 본다.
④ 오일을 가열한 철판 위에 떨어뜨려 본다.

4 그림의 유압기호는 무엇을 표시하는가?

① 유압펌프
② 유압모터
③ 유압밸브
④ 오일쿨러

5 유압장치에서 펌프의 흡입측에 설치하여 여과작용을 하는 것은?

① 에어 필터
② 리턴 필터
③ 스트레이너
④ 바이패스 필터

6 오일을 한쪽 방향으로만 흐르고 역류를 방지하는 밸브는?

① 체크밸브
② 로터리밸브
③ 파일럿밸브
④ 릴리프밸브

7 유압계통에서 오일 누설 시의 점검사항으로 틀린 것은?

① 오일의 윤활성
② 실의 파손
③ 볼트의 이완
④ 실의 마모

8 유압의 장점으로 틀린 것은?

① 소형으로 힘이 강력하다.
② 오일온도가 변하면 속도가 변한다.
③ 과부하 방지가 간단하고 정확하다.
④ 무단변속이 가능하고 작동이 원활하다.

9 유압장치에 사용되는 오일 실(seal)의 종류 중 O-링이 갖추어야 할 조건은?

① 체결력이 작을 것
② 작동 시 마모가 클 것
③ 오일의 누설이 클 것
④ 탄성이 양호하고 압축변형이 적을 것

10 유압유의 점도에 대한 설명이 아닌 것은?

① 점성계수를 밀도로 나눈 값이다.
② 온도가 내려가면 점도는 높아진다.
③ 점성의 정도를 표시하는 값이다.
④ 온도가 상승하면 점도는 낮아진다.

11 유량제어밸브를 실린더와 병렬로 연결하여 실린더의 속도를 제어하는 회로는?

① 블리드 오프 회로
② 미터 인 회로
③ 미터 아웃 회로
④ 블리드 온 회로

12 유압회로 내의 압력이 설정압력에 도달하면 펌프에서 토출된 오일을 전부 탱크로 회송시켜 펌프를 무부하로 운전시키는데 사용하는 밸브는?

① 릴리프밸브　　② 언로드 밸브
③ 체크 밸브　　　④ 시퀀스 밸브

13 다음의 유압기호가 나타내는 것은?

① 감압 밸브
② 무부하 밸브
③ 순차 밸브
④ 릴리프 밸브

14 다음 유압장치에 사용되는 오일의 종류와 표시는?

① 그리스
② SAE #30
③ API CH4
④ H.D(하이드로닉 오일)

15 유압회로에서 입구 압력을 감압하여 유압실린더 출구 설정 압력 유압으로 유지하는 밸브는?

① 언로딩 밸브
② 리듀싱 밸브
③ 카운터 밸런스 밸브
④ 릴리프 밸브

16 일반적인 오일탱크의 구성품으로 틀린 것은?

① 드레인 플러그
② 스트레이너
③ 배플 플레이트
④ 유압 실린더

17 유압 액추에이터의 설명으로 맞는 것은?

① 유체 에너지를 축적
② 유체 에너지를 생성
③ 기계적인 에너지를 유체 에너지로 변환
④ 유체 에너지를 기계적인 일로 변환

18 작동유가 넓은 온도범위에서 사용되기 위한 조건으로 가장 알맞은 것은?

① 소포성이 좋아야 한다.
② 점도지수가 높아야 한다.
③ 유성이 커야 한다.
④ 산화작용이 양호해야 한다.

19 유압장치 관내를 흐르는 유량의 계산식은?
[단, 유량은 Q (㎤/min), 체적은 V(㎤), 시간은 t (min)]

① Q = v − t
② Q = v × t
③ Q = v / t
④ Q = v + t

20 유압모터의 장점으로 틀린 것은?

① 관성력이 크며, 소음이 크다.
② 전동 모터에 비하여 급속정지가 쉽다.
③ 광범위한 무단 변속을 얻을 수 있다.
④ 작동이 신속, 정확하다.

21 유압탱크내의 오일을 전부 배출시킬 때 사용하는 것은?

① 배플
② 드레인 플러그
③ 리턴라인
④ 스트레이너

22 자체중량에 의한 자유낙하 등을 방지하기 위하여 회로에 배압을 유지하는 밸브는?

① 릴리프밸브
② 카운터밸런스밸브
③ CPR밸브
④ 안전밸브

23 일반적으로 유압계통을 수리할 때 마다 항상 교환해야 하는 것은?

① 터미널 피팅
② 제어밸브
③ 실(seal)
④ 커플링

24 유압펌프에서 사용되는 GPM 의 의미는?

① 계통 내에 형성된 압력
② 흐름의 저항
③ 분당 토출하는 작동유의 양
④ 복동실린더의 치수

25 유압장치에서 방향제어밸브에 대한 설명이 아닌 것은?

① 유압실린더나 유압모터의 작동 방향을 바꾸는 데 사용된다.
② 액추에이터의 속도를 제어한다.
③ 유체의 흐름 방향을 변환한다.
④ 유체의 흐름 방향을 한쪽으로 허용한다.

26 유압펌프가 작동 중 소음이 발생할 때의 원인이 아닌 것은?

① 펌프 축의 편심 오차가 크다.
② 스트레이너가 막혀 흡입용량이 너무 작아졌다.
③ 펌프 흡입관 접합부로부터 공기가 유입된다.
④ 릴리프 밸브 출구에서 오일이 배출되고 있다.

27 유압 모터의 종류에 포함되지 않는 것은?

① 플런저형
② 터빈형
③ 기어형
④ 베인형

28 유압장치에서 작동 및 움직임이 있는 곳의 연결 관으로 적합한 것은?

① 강 파이프
② 구리 파이프
③ PVC 호스
④ 플렉시블 호스

29 건설기계의 유압장치를 가장 적절히 표현한 것은?

① 오일을 이용하여 전기를 생산하는 것
② 오일의 연소에너지를 통해 동력을 생산하는 것
③ 오일의 유체에너지를 이용하여 기계적인 일을 하는 것
④ 기체를 액체로 전환시키기 위해 압축하는 것

30 유압계통에 사용되는 오일의 점도가 너무 낮을 경우 나타날 수 있는 현상으로 틀린 것은?

① 유압회로 내 압력 저하
② 펌프 효율 저하
③ 시동 저항 증가
④ 오일 누설 증가

31 유압 모터와 실린더의 설명으로 맞는 것은?

① 둘 다 회전운동을 한다.
② 모터는 직선운동, 실린더는 왕복운동을 한다.
③ 모터는 회전운동, 실린더는 직선운동을 한다.
④ 둘 다 왕복운동을 한다.

32 유압장치의 작동원리는 어느 이론에 바탕을 둔 것인가?

① 열역학 제 1 법칙
② 파스칼의 법칙
③ 에너지 보존법칙
④ 보일의 법칙

33 다음의 유압기호가 나타내는 것은?

① 릴리프 밸브
② 감압 밸브
③ 순차 밸브
④ 무부하 밸브

34 지게차의 동력조향장치에 사용되는 유압실린더로 가장 적합한 것은?

① 단동 실린더 플런저형
② 복동 실린더 더블 로드형
③ 복동 실린더 싱글 로드형
④ 다단 실린더 텔레스코프형

35 유압장치의 구성요소로 틀린 것은?

① 유압펌프 ② 오일탱크
③ 차동장치 ④ 제어밸브

36 건설기계 유압회로에서 유압유 온도를 알맞게 유지하기 위해 오일을 냉각하는 부품은?

① 유압 밸브   ② 오일 쿨러
③ 어큐뮬레이터   ④ 방향 제어 밸브

37 유압실린더에서 숨돌리기 현상이 생겼을 때 일어나는 현상으로 틀린 것은?

① 오일의 공급이 과대해진다.
② 피스톤 동작이 정지된다.
③ 작동이 불안정하게 된다.
④ 작동 지연 현상이 생긴다.

38 유압모터의 속도를 감속하는데 사용하는 밸브는?

① 체크 밸브
② 디셀러레이션 밸브
③ 변환 밸브
④ 압력스위치

39 유압실린더를 교환 후 우선적으로 시행하여야 할 사항은?

① 시험 작업을 실시한다.
② 엔진을 저속 공회전 시킨 후 공기빼기 작업을 실시한다.
③ 유압장치를 최대한 부하 상태로 유지한다.
④ 엔진을 고속 공회전 시킨 후 공기빼기 작업을 실시한다.

40 유압장치의 단점에 대한 설명이 아닌 것은?

① 작동유 누유로 인해 환경오염을 유발할 수 있다.
② 고압 사용으로 인한 위험성이 존재한다.
③ 전기, 전자의 조합으로 자동제어가 곤란하다.
④ 관로를 연결하는 곳에서 작동유가 누출될 수 있다.

41 유압 작동부에서 오일이 새고 있을 때 일반적으로 먼저 점검해야 하는 것은?

① 밸브(valve)
② 기어(gear)
③ 플런저(plunger)
④ 실(seal)

42 유압모터의 일반적인 특징으로 가장 적합한 것은?

① 직선운동 시 속도조절이 용이하다.
② 각도에 제한 없이 왕복 운동을 한다.
③ 넓은 범위의 무단변속이 용이하다.
④ 운동량을 자동으로 직선 조작할 수 있다.

43 압력의 단위 중 틀린 것은?

① mmhg
② kgf/㎠
③ cal
④ psi

44 작동유의 온도가 과열되었을 때 유압계통에 미치는 영향이 아닌 것은?

① 오일의 점도저하에 의해 누유되기 쉽다.
② 유압펌프의 효율이 높아진다.
③ 온도변화에 의해 유압기기가 열변형되기 쉽다.
④ 오일의 열화를 촉진한다.

45 유압으로 작동되는 작업장치에서 작업 중 힘이 떨어질 때의 원인과 가장 관계가 있는 밸브는?

① 방향 전환 밸브
② 체크(check) 밸브
③ 메이크업 밸브
④ 메인 릴리프 밸브

46 플런저 펌프의 특징으로 가장 거리가 먼 것은?

① 펌프 효율이 높다.
② 구조가 간단하고 값이 싸다.
③ 베어링에 부하가 크다.
④ 일반적으로 토출 압력이 높다.

47 유압 실린더의 지지방식 중 틀린 것은?

① 플렉시블형
② 트러니언형
③ 플렌지형
④ 푸트형

48 유압에너지를 공급받아 회전운동을 하는 유압기기는?

① 유압실린더
② 롤러 리미트
③ 유압밸브
④ 유압모터

49 유압장치의 고장원인 중 틀린 것은?

① 온도의 상승으로 인한 고장
② 분사펌프의 기계적인 고장
③ 이물질, 공기, 물 등의 혼입으로 인한 고장
④ 조립 및 접속불량으로 인한 고장

50 서로 다른 2 종류의 유압유를 혼합하였을 경우에 대한 설명으로 옳은 것은?

① 열화현상을 촉진시킨다.
② 유압유의 성능이 혼합으로 인해 월등해진다.
③ 서로 보완 가능한 유압유의 혼합은 권장사항이다.
④ 점도가 달라지나 사용에는 전혀 지장이 없다.

51 2개 이상의 분기회로가 있을 때 순차적인 작동을 하기 위한 압력 제어 밸브는?

① 릴리프밸브
② 감압밸브
③ 리듀싱 밸브
④ 시퀀스밸브

52 유압유의 온도가 과열되었을 때 유압계통에 미치는 영향으로 틀린 것은?

① 오일의 열화를 촉진한다.
② 오일의 점도 저하에 의해 누유 되기 쉽다.
③ 온도변화에 의해 유압기기가 열변형 되기 쉽다.
④ 유압펌프의 효율이 높아진다.

53 유압장치에서 오일 여과기에 걸러지는 오염 물질의 발생 원인으로 가장 거리가 먼 것은?

① 유압장치의 조립과정에서 먼지 및 이물질 혼입
② 작동중인 기관의 내부 마찰에 의하여 생긴 금속가루 혼입
③ 유압장치를 수리하기 위하여 해체하였을 때 외부로 부터 이물질 혼입
④ 유압유를 장기간 사용함에 있어 고온·고압 하에서 산화생성물이 생김

54 유압장치에서 일일 점검사항 중 틀린 것은?

① 필터의 오염여부 점검
② 호스의 손상여부 점검
③ 이음 부분의 누유 점검
④ 탱크의 오일량 점검

55 유압유 관내에 공기가 혼입되었을 때 일어날 수 있는 현상이 아닌 것은?

① 숨 돌리기 현상
② 기화현상
③ 공동현상
④ 열화현상

56 축압기(어큐뮬레이터)의 기능과 관계가 없는 것은?

① 유압 펌프의 맥동 흡수
② 유압 에너지 축적
③ 충격 압력 흡수
④ 릴리프 밸브 제어

57 유압유의 압력을 제어하는 밸브 중 틀린 것은?

① 릴리프 밸브
② 리듀싱 밸브
③ 시퀀스 밸브
④ 체크 밸브

58 유체 에너지를 이용하여 외부에 기계적인 일을 하는 유압기기는?

① 유압 탱크
② 근접 스위치
③ 기동 전동기
④ 유압 모터

59 유압장치에 주로 사용하는 펌프형식 중 틀린 것은?

① 베인 펌프
② 분사 펌프
③ 기어 펌프
④ 플런저 펌프

60 베인 펌프의 펌핑 작용과 관련되는 주요 구성요소만 나열한 것은?

① 로터, 스풀, 배플
② 베인, 캠링, 로터
③ 배플, 베인, 캠링
④ 캠링, 로터, 스풀

61 압기기의 고정부위에서 누유를 방지하는 것으로 가장 알맞은 것은?

① U-패킹
② O-링
③ L-패킹
④ V-패킹

62 유압 실린더에서 피스톤 행정이 끝날 때 발생하는 충격을 흡수하기 위해서 설치하는 장치는?

① 쿠션기구　　　② 스로틀밸브
③ 압력보상 장치　④ 서보밸브

63 공동(Cavitation)현상이 발생하였을 때의 영향 중 가장 거리가 먼 것은?

① 체적효율이 감소한다.
② 고압부분의 기포가 과포화상태로 된다.
③ 최고압력이 발생하여 급격한 압력파가 일어난다.
④ 유압장치 내부에 국부적인 고압이 발생하여 소음과 진동이 발생된다.

64 유압펌프에서 소음이 발생할 수 있는 원인으로 거리가 가장 먼 것은?

① 오일의 점도가 너무 높을 때
② 유압펌프의 회전속도가 느릴 때
③ 오일 속에 공기가 들어 있을 때
④ 오일의 양이 적을 때

65 유압회로 내의 이물질, 열화 된 오일 및 슬러지 등을 회로 밖으로 배출시켜 회로를 깨끗하게 하는 것을 무엇이라 하는가?

① 언로딩　　　　② 리듀싱
③ 플러싱　　　　④ 푸싱

66 유압작동유의 점도가 너무 높을 때 발생되는 현상은?

① 내부누설 증가
② 펌프효율 증가
③ 동력손실 증가
④ 내부마찰 감소

67 유압회로 내의 밸브를 갑자기 닫았을 때, 오일의 속도 에너지가 압력 에너지로 변경하면서 일시적으로 큰 압력증가가 생기는 현상으로 무엇이라 하는가?

① 캐비테이션 현상
② 에어레이션 현상
③ 채터링 현상
④ 서지 현상

68 작동유의 온도가 과열되었을 때 유압계통에 미치는 영향이 아닌 것은?

① 오일의 점도저하에 의해 누유되기 쉽다.
② 오일의 열화를 촉진한다.
③ 온도변화에 의해 유압기기가 열변형되기 쉽다.
④ 유압펌프의 효율이 높아진다.

69 지게차의 유압 복동 실린더에 대하여 설명한 것이 아닌 것은?

① 싱글 로드형이 있다.
② 수축은 자중이나 스프링에 의해서 이루어진다.
③ 피스톤의 양방향으로 유압을 받아 늘어난다.
④ 더블 로드형이 있다.

70 리듀싱(감압)밸브에 대한 설명으로 맞지 않는 것은?

① 출구의 압력이 감압밸브의 설정압력 보다 높아지면 밸브가 작동하여 유로를 닫는다.
② 유압장치에서 회로 일부의 압력을 릴리프밸브의 설정압력 이하로 하고 싶을 때 사용한다.
③ 상시 폐쇄상태로 되어 있다.
④ 입구의 주회로에서 출구의 감압회로로 유압유가 흐른다.

71 어큐뮬레이터(축압기)의 사용 목적이 틀린 것은?

① 유압회로 내의 압력 상승
② 유체의 맥동 감소
③ 압력보상
④ 충격압력 흡수

72 다음 그림과 같이 안쪽은 내·외측 로터로 바깥쪽은 하우징으로 구성되어 있는 오일펌프는?

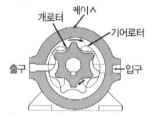

① 기어 펌프
② 베인 펌프
③ 트로코이드 펌프
④ 피스톤 펌프

73 유압장치에서 유압탱크의 기능이 틀린 것은?

① 계통 내에 필요한 압력의 설정
② 배플에 의해 기포 발생 방지 및 소멸
③ 계통 내의 필요한 유량 확보
④ 탱크 외벽의 방열에 의한 적정온도 유지

74 유압장치 기호회로도에 사용되는 유압기호의 표시방법으로 적합하지 않은 것은?

① 각 기기의 기호는 정상상태 또는 중립상태를 표시한다.
② 기호에는 흐름의 방향을 표시한다.
③ 기호는 어떠한 경우에도 회전하여서는 안된다.
④ 기호에는 각 기기의 구조나 작용압력을 표시하지 않는다.

75 유압회로에 사용되는 3 가지 종류의 밸브가 아닌 것은?

① 압력제어밸브
② 유량제어밸브
③ 속도제어밸브
④ 방향제어 밸브

76 유압회로 내의 유압압력을 설정치 이하로 제어하는 밸브가 틀린 것은?

① 릴리프 밸브
② 리듀싱 밸브
③ 언로드 밸브
④ 시퀀스 밸브

77 다음의 유압 기호 중 압력스위치를 나타내는 것은?

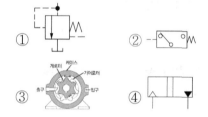

78 유압장치에서 가장 많이 사용되는 유압회로도는?

① 그림 회로도　② 기호 회로도
③ 단면 회로도　④ 조합 회로도

79 순차 작동 밸브라고도 하며, 각 유압 실린더를 일정한 순서로 순차 작동시키고자 할 때 사용하는 것은?

① 릴리프 밸브
② 시퀀스 밸브
③ 언로드 밸브
④ 감압 밸브

80 감압 밸브에 대한 설명으로 틀린 것은?

① 유압장치에서 회로일부의 압력을 릴리프 밸브의 설정압력 이하로 하고 싶을 때 사용한다.
② 입구(1차측)의 주회로에서 흡구(2차측)의 감압 회로로 유압유가 흐른다.
③ 상시 폐쇄 상태로 되어 있다.
④ 상시 개방 상태로 되어 있다.

81 지게차에서 작동유를 한 방향으로는 흐르게 하고 반대 방향으로는 흐르지 않게 하기 위해 사용하는 밸브는?

① 감압 밸브　　② 체크 밸브
③ 릴리프 밸브　　④ 무부하 밸브

82 일반적인 오일탱크의 구성품이 아닌 것은?

① 오일쿨러
② 먼지 등 오염차단 덮게
③ 드레인 플러그
④ 스트레이너

83 일반적으로 유압펌프에 대한 설명으로 가장 거리가 먼 것은?

① 오일을 흡입하여 컨트롤밸브로 송유(토출)한다.
② 원동기의 유압에너지를 기계적에너지로 변환환다.
③ 엔진 또는 모터의 동력으로 구동된다.
④ 동력원이 회전하는 동안에는 항상 회전한다.

84 유압장치의 가장 이상적인 정상작업 온도는?

① 10℃　　② 30℃
③ 65℃　　④ 80℃

85 유압유의 작동원리가 다른 것은?

① 틸트 레버를 밀 때
② 틸트 레버를 당길 때
③ 리프트 레버를 밀 때
④ 리프트 레버를 당길 때

86 다음 유압 기호로 맞는 것은?

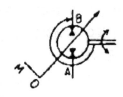

① 가변흡입밸브
② 가변유압펌프
③ 가변유압모터, 펌프
④ 가변토출밸브

87 유압장치에서 방향제어밸브에 해당하는 것은?

① 트로틀밸브　　② 스풀밸브
③ 시퀀스밸브　　④ 릴리프밸브

88 유압 기계의 작업속도를 높이려면?

① 유압모터 토출 압력을 높인다.
② 유압모터 토출 유량을 높인다.
③ 유압펌프 토출유량을 높인다.
④ 유압펌프의 토출 압력을 높인다.

89 유압장치에서 사용되는 가변용량형 유압펌프의 기호는?

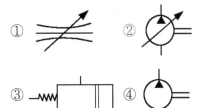

90 건설기계의 유압회로에 사용되는 제어밸브의 종류와 역할의 연결사항으로 아닌 것은?

① 일의 시간 : 속도제어 밸브
② 일의 속도 : 유량제어 밸브
③ 일의 크기 : 압력제어 밸브
④ 일의 방향 : 방향전환 밸브

91 공동현상이라고도 하며 이 현상이 발생하면 소음과 진동이 발생하고, 양정과 효율이 저하되는 현상은?

① 캐비테이션   ② 오버랩
③ 제로랩   ④ 스트로크

92 축압기의 기호표시는?

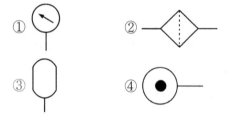

93 방향전환 밸브의 조작 방식에서 단동솔레노이드 기호로 옳은 것은?

① ② ③ ④

94 다음 그림의 회로 기호의 의미로 맞는 것은?

① 회전형 솔레노이드
② 단동형 액추에이터
③ 복동형 액추에이터
④ 회전형 전기 액추에이터

95 유압에너지를 기계적에너지로 바꾸는 장치는?

① 스트레이너   ② 액추에이터
③ 어큐뮬레이터   ④ 인젝터

96 건설기계에서 유압 작동기(액추에이터)의 방향전환밸브로서 원통형 슬리브면에 내접하여 축방향으로 이동하여 유로를 개폐하는 형식의 밸브는?

① 베인 형식
② 스플 형식
③ 카운터밸런스밸브 형식
④ 포핏 형식

97 유압탱크의 구비조건과 가장 거리가 먼 것은?

① 적당한 크기의 주유구 및 스트레이너를 설치한다.
② 드레인(배출밸브)및 유면계를 설치한다.
③ 오일에 이물질이 혼입되지 않도록 밀폐되어야 한다.
④ 오일냉각을 위한 쿨러를 설치한다.

98 유압펌프의 기능을 설명한 것으로 가장 적합한 것은?

① 유압회로 내의 압력을 측정하는 기구이다.
② 어큐뮬레이터와 동일한 기능을 한다.
③ 유압에너지를 동력으로 변환한다.
④ 원동기의 기계적 에너지를 유압에너지로 변환한다.

99 유압에너지의 저장, 충격흡수 등에 이용되는 것은?

① 축압기(accumulator)
② 스트레이너(strainer)
③ 펌프(pump)
④ 오일 탱크(oil tank)

100 유압모터의 단점에 해당 되지 않는 것은?

① 작동유에 먼지나 공기가 침입하지 않도록 특히 보수에 주의해야 한다.
② 작동유가 누출되면 작업 성능에 지장이 있다.
③ 작동유의 점도변화에 의하여 유압모터의 사용에 제약이 있다.
④ 릴리프밸브를 부착하여 속도나 방향제어 하기가 곤란하다.

101 다음 실린더의 유형은 무엇인가?

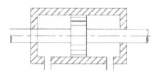

① 단동실린더
② 복동실린더
③ 복동실린더 양로드형
④ 단동실린더 단로드형

102 아래의 기호 중 체크밸브 기호로 맞는 것은?

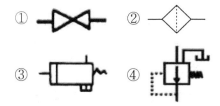

103 케이스 안에서 힘의 방향에 따라 좌, 우로 이동하면서 한쪽은 막고 한쪽은 열리는 밸브는?

① 스풀밸브　　② 체크밸브
③ 감압밸브　　④ 릴리프밸브

104 유압유의 구비조건으로 옳지 않은 것은?

① 비압축성이어야 한다.
② 점도지수가 커야 한다.
③ 체적 탄성계수가 작아야 한다.
④ 인화점 및 발화점이 높아야 한다.

105 유압장치에서 고압 소용량, 저압 대용량 펌프를 조합 운전할 때 작동압력이 일정압력이 되면 무부하 상태로 만들어 동력절감을 위해 사용하는 밸브는?

① 릴리프밸브　　② 시퀀스밸브
③ 감압밸브　　　④ 무부하밸브

106 다음의 유압제어 밸브 중 방향제어 밸브가 아닌 것은?

① 스풀밸브
② 릴리프밸브
③ 디셀러레이션 밸브
④ 셔틀밸브

107 호이스트형 유압호스 연결부에 가장 많이 사용하는 것은?

① 엘보 이음　　② 니플 이음
③ 소켓 이음　　④ 유니온 이음

108 베인 펌프의 일반적인 특성 설명 중 맞지 않는 것은?

① 맥동과 소음이 적다.
② 간단하고 성능이 좋다.
③ 수명이 짧다.
④ 소형·경량이다.

109 고압·소용량, 저압·대용량 펌프를 조합 운전할 경우 회로 내의 압력이 설정압력에 도달하면 저압 대용량 펌프의 토출량을 기름 탱크로 귀환시키는데 사용하는 밸브는?

① 카운터 밸런스 밸브
② 무부하 밸브
③ 체크밸브
④ 시퀀스 밸브

110 다음 보기 항에서 유압계통에 사용되는 오일이 전도가 너무 낮은 경우 나타날 수 있는 현상으로 모두 옳은 것은?

> [보기]
> 펌프효율 저하
> 실린더 및 컨트롤밸브에서 누출 현상
> 계통(회로)내의 압력 저하
> 시동 시 저항 증가

① ㄱ, ㄷ, ㄹ　　② ㄱ, ㄴ, ㄹ
③ ㄱ, ㄴ, ㄷ　　④ ㄴ, ㄷ, ㄹ

111 유압회로에서 어떤 부분회로의 압력을 주회로의 압력보다 저압으로 해서 사용하고자 할 때 사용하는 밸브는?

① 릴리프 밸브
② 체크밸브
③ 카운터 밸런스 밸브
④ 리듀싱 밸브

112 펌프의 토출측에 위치하여 회로전체의 압력을 제어하는 밸브는?

① 카운터 밸런스 밸브(counter balance valve)
② 릴리프 밸브(relief valve)
③ 무부하 밸브(unloading valve)
④ 감압 밸브(reducing valve)

113 일반적으로 유압펌프 중 고압, 고효율이며 최고압력 토출이 가능한 것은?

① 2단베인 펌프　　② 기어펌프
③ 베인펌프　　　　④ 플런저 펌프

114 다음의 유압기호가 나타내는 것은?

① 릴리프 밸브　　② 어큐뮬레이터
③ 무부하 밸브　　④ 필터

115 건설기계에 사용되는 베인펌프의 특징이 아닌 것은?

① 대용량, 고속 가변형에 적합하지만 수명이 짧다.
② 간단하고 성능이 좋다.
③ 소형, 경량이다.
④ 맥동과 소음이 적다.

116 유압장치에서 일의 속도를 바꾸어주는 밸브는?

① 방향 제어 밸브　② 압력 제어 밸브
③ 유량 제어 밸브　④ 첵 밸브

117 일반적으로 캠(cam)으로 조작되는 유압밸브로써 액추에이터의 속도를 서서히 감속시키는 밸브는?

① 카운터밸런스 밸브
② 프레필 밸브
③ 방향제어 밸브
④ 디셀러레이션 밸브

118 압력제어밸브 중 상시 닫혀 있다가 일정조건이 되면 열려 작동하는 밸브가 아닌 것은?

① 감압밸브　　② 릴리프밸브
③ 무부하밸브　④ 시퀀스밸브

119 다음 중 압력제어밸브가 아닌 것은?

① 릴리프 밸브　② 교축 밸브
③ 시퀀스밸브　④ 언로드밸브

120 유압모터의 특징을 설명한 것으로 아닌 것은?

① 원격조작이 가능
② 무단변속이 가능
③ 구조가 간단하다.
④ 관성력이 크다.

121 유압장치에서 기어 펌프의 특징이 아닌 것은?

① 구조가 다른 펌프에 비해 간단하다.
② 유압 작동유의 오염에 비교적 강한 편이다.
③ 피스톤 펌프에 비해 효율이 떨어진다.
④ 가변 용량형 펌프로 적당하다.

122 유체의 힘을 회전으로 바꾸어 주는 유압기기는?

① 유압펌프　　② 유압모터
③ 유압실린더　④ 유압밸브

123 축압기의 종류 중 공기 압축형이 아닌 것은?

① 스프링 하중식(spring loaded type)
② 피스톤식(piston type)
③ 다이어프램식(diaphragm type)
④ 블래더식(bladder type)

124 압력 제어 밸브의 종류가 아닌 것은?

① 언로더 밸브
② 스로틀 밸브
③ 시퀀스 밸브
④ 릴리프 밸브

125 다음 중 유압기호의 설명으로 옳은 것은?

① 정용량형 유압펌프
② 유압모터
③ 정용량 유압모터
④ 가변용량 유압모터

126 유압장치에서 오일의 역류를 방지하기 위한 밸브는?

① 변환 밸브
② 압력 조절 밸브
③ 체크 밸브
④ 흡기 밸브

127 기체-오일식 어큐뮬레이터에 가장 많이 사용되는 가스는?

① 산소　　　　② 질소
③ 아세틸렌　　④ 이산화탄소

128 유압회로에서 호스의 노화 현상이 아닌 것은?

① 호스의 표면에 갈라짐이 발생한 경우
② 코킹부분에서 오일이 누유 되는 경우
③ 액추에이터의 작동이 원활하지 않을 경우
④ 정상적인 압력상태에서 호스가 파손될 경우

129 작업 중에 유압 펌프로부터 토출유량이 필요하지 않게 되었을 때, 토출유를 탱크에 저압으로 귀환시키는 회로는?

① 시퀀스 회로
② 어큐뮬레이터 회로
③ 블리드 오프 회로
④ 언로드 회로

130 유압 실린더 중 피스톤의 양쪽에 유압유를 교대로 공급하여 양방향의 운동을 유압으로 작동시키는 형식은?

① 단동식
② 복동식
③ 다동식
④ 편동식

131 유압장치에서 방향 제어 밸브에 해당하는 것은?

① 셔틀 밸브
② 릴리프 밸브
③ 시퀀스 밸브
④ 언로드 밸브

132 그림의 유압 기호는 무엇을 표시하는가?

① 유압 실린더
② 어큐뮬레이터
③ 오일 탱크
④ 유압 실린더 로드

133 플런저식 유압 펌프의 특징이 아닌 것은?

① 구동축이 회전운동을 한다.
② 플런저가 회전운동을 한다.
③ 가변용량형과 정용량형이 있다.
④ 기어 펌프에 비해 최고 압력이 높다.

134 유압유의 주요기능이 아닌 것은?

① 열을 흡수한다.
② 동력을 전달한다.

③ 필요한 요소사이를 밀봉한다.
④ 움직이는 기계요소를 마모시킨다.

135 날개로 펌핑 동작을 하며, 소음과 진동이 적은 유압 펌프는?

① 기어 펌프
② 베인펌프
③ 나사펌프
④ 플런저 펌프

136 유압 실린더 내부에 설치된 피스톤의 운동 속도를 빠르게 하기 위한 가장 적절한 제어 방법은?

① 회로의 압력을 낮게 한다.
② 고점도 유압유를 사용한다.
③ 회로의 유량을 증가시킨다.
④ 실린더 출구 쪽에 카운터 밸런스 밸브를 설치한다.

137 건설기계 유압기기 부속장치인 축압기의 주요 기능이 아닌 것은?

① 장치 내의 충격 흡수
② 유체의 유속 증가 및 제어
③ 압력 보상
④ 장치 내의 맥동 감쇄

138 지게차를 난기운전 할 때 포크를 올렸다 내렸다 하고, 틸트 레버를 작동시키는데 이것의 목적으로 가장 적합한 것은?

① 유압 실린더 내부의 녹을 제거하기 위해
② 오일 탱크 내의 공기빼기를 위해
③ 유압 작동유의 온도를 높이기 위해
④ 오일 여과기의 오물이나 금속분말을 제거하기 위해

139 유압장치에서 두 개의 펌프를 사용하는 데 있어 펌프의 전체 송출량을 필요로 하지 않을 경우, 동력의 절감과 유온 상승을 방지하는 것은?

① 감압밸브(pressure reducing valve)
② 카운트 밸런스 밸브(count balance valve)
③ 압력스위치(pressure switch)
④ 무부하 밸브(unloading valve)

140 다음의 유압기호에서 "A" 부분의 명칭으로 맞는 것은?

① 유압 모터
② 가변용량 유압 모터
③ 가변용량 유압 펌프
④ 오일 스트레이너

141 체크밸브가 내장되는 밸브로써 유압회로의 흐름에 대해서는 설정된 배압을 생기게 하고 다른 방향의 흐름은 자유롭게 흐르도록 한 밸브는?

① 슬로리턴 밸브
② 셔틀 밸브
③ 언로더 밸브
④ 카운터밸런스 밸브

142 다음 유압 기호가 나타내는 것은?

① 유압 펌프　　② 감압 밸브
③ 축압기　　　④ 여과기

143 건설유압기기에서 유압유의 구비조건으로 가장 적절하지 않은 것은?

① 인화점 및 발화점이 매우 낮아야 한다.
② 적당한 점도와 유동성이 있어야 한다.
③ 열 방출이 잘 되어야 한다.
④ 비중이 적당하고 비압축성 있어야 한다.

144 유압장치에서 압력제어밸브로 틀린 것은?

① 릴리프밸브　　② 시퀀스 밸브
③ 언로드 밸브　　④ 체크 밸브

145 공유압 기호 중 그림이 나타내는 것은?

① 전동기　　　② 공기압동력원
③ 유압동력원　④ 원동기

146 다음 중 밸브의 설치방식에 따른 종류로 틀린 것은?

① 파일럿 작동형
② 서브-플레이트 조립형
③ 샌드위치 플레이트 조립형
④ 배관 연결형

147 2 개 이상의 분기회로를 갖는 회로 내에서 작동순서를 회로의 압력 등에 의하여 제한하는 밸브는?

① 서브 밸브　　② 체크 밸브
③ 시퀀스 밸브　④ 릴리프 밸브

148 기어 펌프에 대한 설명이 아닌 것은?

① 소형이며 구조가 간단하다.
② 플런저 펌프에 비해 효율이 낮다.
③ 다른 펌프에 비해 흡입력이 매우 나쁘다.
④ 초고압에는 사용이 곤란하다.

149 유압모터의 장점으로 가장 알맞은 것은?

① 소형 제작이 불가능하며 무게가 무겁다.
② 소음이 크다.
③ 무단변속의 범위가 비교적 넓다.
④ 공기와 먼지 등의 침투에 큰 영향을 받지 않는다.

150 작동형, 평형피스톤형 등의 종류가 있으며 회로의 압력을 일정하게 유지시키는 밸브는?

① 릴리프 밸브 ② 무부하 밸브
③ 시퀀스 밸브 ④ 메이크업 밸브

151 유압 실린더는 유체의 힘을 어떤 운동으로 바꾸는가?

① 곡선 운동 ② 회전 운동
③ 직선 운동 ④ 비틀림 운동

152 유압 작동유의 점도가 너무 높을 때 발생되는 현상으로 맞는 것은?

① 동력 손실의 증가
② 마찰 마모 감소
③ 펌프 효율의 증가
④ 내부 누설의 증가

153 일반적으로 오일탱크의 구성품으로 틀린 것은?

① 배플 ② 스트레이너
③ 드레인플러그 ④ 압력조절기

154 유압에너지를 공급받아 회전운동을 하는 기기를 무엇이라 하는가?

① 펌프 ② 모터
③ 밸브 ④ 롤러 리미트

155 지게차의 유압밸브 중 작업장치의 속도를 제어하는 밸브로 틀린 것은?

① 분류 밸브
② 가변형교축 밸브
③ 릴리프 밸브
④ 고정형 교축 밸브

156 지게차의 포크하강속도의 빠름과 느림에 관여하는 밸브는?

① 유량제어밸브
② 압력제어밸브
③ 마스트체인 장력조정밸브
④ 방향제어 밸브

157 다음 중 릴리프 밸브의 기호로 맞는 것은?

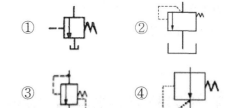

158 유압유의 압력에너지를 기계적에너지로 변화시키는 작용을 하는 것은?

① 액추에이터 ② 어큐뮬레이터
③ 유압펌프 ④ 유압밸브

159 작동유가 넓은 온도범위에서 사용되기 위한 조건으로 가장 알맞은 것은?

① 소포성이 좋아야 한다.
② 점도지수가 높아야 한다.
③ 유성이 커야 한다.
④ 산화작용이 양호해야 한다.

160 유압모터는 어떠한 기능을 하는가?

① 유압장치에서 작동 유압에너지에 의해 연속적으로 회전운동을 함으로서 기계적인 일을 하는 장치이다.
② 기계의 힘을 유체의 에너지로 변환 시키는 역할을 한다.
③ 유압을 제어하는 기능을 한다.
④ 오일 흐름 방향을 제어하는 기능을 한다.

161 방향제어 밸브의 역할이 아닌 것은?

① 유압 실린더나 유압 모터의 작동 방향을 바꾸는데 사용한다.
② 오일의 흐름 방향을 변환 한다.
③ 액추에이터의 속도를 제어 한다.
④ 유체의 흐름 방향을 한쪽 방향으로만 허용 한다.

162 유압장치 속도가 느릴 경우 원인이 아닌 것은?

① 유압유가 부족하다
② 유압유 오일 토출량이 많다.
③ 유압유의 점도가 낮다.
④ 유압유가 누유된다.

163 유압장치에 공기가 유입 되었을 때 나타나는 현상이 아닌 것은?

① 소음 발생
② 캐비테이션 현상 발생
③ 충격 발생
④ 유압 작동이 빨라진다.

164 유압유의 성질에 어긋난 것은?

① 인화점이 낮을 것
② 비중이 적당할 것
③ 강인한 유막을 형성할 것
④ 점성과 온도와의 관계가 양호할 것

165 유압장치에 부착되어 있는 오일탱크의 구성품이 아닌 것은?

① 오일 주입구 캡 ② 배플 플레이트
③ 유면계   ④ 피스톤 로드

166 유압오일의 온도가 상승할 때 나타날 수 있는 결과가 아닌 것은?

① 오일 누설의 저하
② 점도 저하
③ 밸브류의 기능 저하
④ 펌프 효율 저하

167 유압 회로 내에 기포가 생기면 일어나는 현상이 아닌 것은?

① 작동유의 누설저하
② 공동현상
③ 오일탱크의 오버플로
④ 소음증가

168 유압장치의 취급에 옳지 않는 것은?

① 추운 날씨에는 충분한 준비 운전 후 작업한다.
② 종류가 다른 오일이라도 부족하면 보충 할 수 있다.
③ 오일량이 부족하지 않도록 점검 보충한다.
④ 가동 중 이상음이 발생되면 즉시 작업을 중지한다.

169 다음 중 압력, 힘, 면적의 관계식으로 올바른 것은?

① 압력 = 부피 / 면적
② 압력 = 면적 × 힘
③ 압력 = 힘 / 면적
④ 압력 = 부피 × 힘

170 피스톤 펌프의 특징 중 맞지 않은 것은?

① 일반적으로 토출압력이 높다.
② 펌프 효율이 높다.
③ 구조가 간단하고 값이 싸다.
④ 베어링에 부하가 크다.

171 유압펌프에서 소음이 발생하는 원인이 아닌 것은?

① 오일 속에 공기가 들어 있을 때
② 펌프의 속도가 느릴 때
③ 오일의 양이 적을 때
④ 오일의 점도가 너무 높을 때

172 유압계통의 최대압력을 제어하는 밸브는?

① 첵 밸크   ② 릴리프 밸브
③ 오리피스 밸브   ④ 쵸크 밸브

173 일반적으로 건설기계의 유압펌프는 무엇에 의해 구동되는가?

① 엔진의 플라이휠에 의해 구동된다.
② 캠축에 의해 구동된다.
③ 에어 컴프레셔에 의해 구동한다.
④ 변속기 P.T.O 장치에 의해 구동된다.

174 일반적인 유압 실린더의 종류에 해당하지 않는 것은?

① 단동 실린더 피스톤(piston)형
② 단동 실린더 램(ram)형
③ 단동 실린더 레이디얼(radial)형
④ 복동 실린더 양로드(double rod)형

지 · 게 · 차 · 운 · 전 · 기 · 능 · 사

모의고사

● 지게차운전기능사 1회~11회

06

제1회 모의고사

01 4행정 디젤엔진에서 흡입행정 시 실린더 내에 흡입되는 것은?

① 공기　　　　② 연료
③ 스파크　　　④ 혼합기

해설 디젤기관은 흡입행정시 공기만 흡입되고 가솔린기관은 혼합기(공기+연료)가 흡입된다.

02 기관의 냉각팬이 회전할 때 공기가 불어가는 방향은?

① 회전방향　　② 엔진방향
③ 하부방향　　④ 방열기방향

해설 자동차의 경우 달려가면 냉각팬의 바람이 방향이 엔진쪽으로 불어가는 데 지게차의 경우 먼지가 많은 곳에서 사용하므로 바람의 방향이 방열기쪽으로 향한다.

03 수냉식 기관이 과열되는 원인으로 틀린 것은?

① 방열기의 코어가 20%이상 막혔을 때
② 규정보다 높은 온도에서 수온 조절기가 열릴 때
③ 수온 조절기가 열린 채로 고정되었을 때
④ 규정보다 적게 냉각수를 넣었을 때

해설 수온조절기가 열린 채로 고정이 되면 과냉이 되며 겨울철 히터를 틀어도 더운 바람이 나오지 않는다.

04 2행정 사이클 디젤기관의 흡입과 배기행정에 관한 설명으로 틀린 것은?

① 압력이 낮아진 나머지 연소가스가 압출되어 실린더 내로 와류를 동반한 새로운 공기로 가득 차게 된다.
② 연소가스가 자체의 압력에 의해 배출되

는 것을 블로바이라고 한다.
③ 동력행정의 끝 부분에서 배기 밸브가 열리고 연소가스가 자체의 압력으로 배출이 시작한다.
④ 피스톤이 하강하여 소기포트가 열리면 예압된 공기가 실린더 내로 유입된다.

해설 연소가스가 자체압력으로 배출되는 것을 블로다운이라 하며 피스톤링의 마모로 실린더 벽면에서 새는 것을 블로바이라 한다.

05 기계식 분사펌프가 장착된 디젤기관에서 기동 중에 발전기가 고장이 났을 때 단기간 내에 발생할 수 있는 현상으로 틀린 것은?

① 배터리가 방전되어 시동이 꺼지게 된다.
② 충전 경고등에 불이 들어온다.
③ 헤드램프를 켜면 불빛이 어두워진다.
④ 전류계의 지침이 (-)쪽을 가리킨다.

해설 이미 시동이 걸린상태로 발전기가 고장이 나도 시동은 꺼지지 않는다. 다만 발전기가 전기를 생산을 못해 배터리에 전기를 공급하지 못하여 시동을 끈 후 다시 시동하면 그때는 시동이 걸리지 않는다.

06 기관에서 흡입 효율을 높이고 기관의 출력을 높이는 장치는?

① 소음기　　　② 압축기
③ 과급기　　　④ 기화기

해설 일명 터보차저라 하며 배기가스의 힘으로 과급기를 돌려 엔진의 출력을 높인다.

07 엔진의 윤활유 압력이 높아지는 이유는?

① 윤활유의 점도가 너무 높다.
② 윤활유 펌프의 성능이 좋지 않다.
③ 기관 각부의 마모가 심하다.
④ 윤활유량이 부족하다.

08 건설기계기관의 압축압력 측정방법으로 틀린 것은?

① 습식시험을 먼저하고 건식시험을 나중에 한다.
② 배터리의 충전상태를 점검한다.
③ 기관을 정상온도로 작동시킨다.
④ 기관의 분사노즐(또는 점화플러그)은 모두 제거한다.

09 다음 중 커먼레일 연료분사장치의 저압계통이 아닌 것은?

① 1차 연료 공급펌프
② 연료 스트레이너
③ 연료 필터
④ 커먼레일

해설 고압펌프에서 발생된 고압의 연료가 커먼레일 안에 있으므로 고압이다.

10 4행정 기관에서 크랭크축 기어와 캠축 기어와의 지름의 비 및 회전비는 각각 얼마인가?

① 1 : 2 및 2 : 1   ② 2 : 1 및 2 : 1
③ 1 : 2 및 1 : 2   ④ 2 : 1 및 1 : 2

해설 캠축기어는 크랭크축기어보다 2배가 크므로 크랭크축이 두 번 회전하면 캠축은 1번 회전한다.

11 직접분사실식에 가장 적합한 노즐은?

① 구멍형   ② 핀들형
③ 스로틀형   ④ 개방형

해설 직접분사실식에는 구멍형노즐을 사용하나 수명이 짧다.

12 오일 스트레이너에 대한 설명으로 바르지 못한 것은?

① 고정식과 부동식이 있으며 일반적으로 고정식이 많이 사용된다.
② 불순물로 인하여 여과망이 막힐 때에는 오일이 통할 수 있도록 바이패스 밸브가 설치된 것도 있다.
③ 보통 철망으로 만들어져 있으며 비교적 큰 입자의 불순물을 여과한다.
④ 오일필터에 있는 오일을 여과하여 각 윤활부로 보낸다.

13 기관의 기동을 보조하는 장치가 아닌 것은?

① 공기 예열 장치
② 실린더의 감압 장치
③ 과급 장치
④ 연소 촉진제 공급 장치

해설 과급장치(터보차저)는 기관의 출력을 높이는 장치이다.

14 교류 발전기에서 회전하는 구성품이 아닌 것은?

① 로터코일   ② 슬립링
③ 브러시   ④ 로터코어

15 건설기계장비의 기동장치 취급 시 주의사항으로 틀린 것은?

① 기관이 시동 된 상태에서 기동스위치를 켜서는 안된다.
② 기동전동기의 회전속도가 규정 이하이면 오랜 시간 연속 회전시켜도 시동이 되지 않으므로 회전속도에 유의해야 한다.
③ 기동전동기의 연속 사용 시간은 3분 정도로 한다.
④ 전선 굵기는 규정 이하의 것을 사용하면 안 된다.

해설 배터리의 방전과 기동전동기가 과열될 수 있으므로 기동전동기의 최대 연속 사용시간은 30초 이내로 하여야 한다.

16 배터리의 자기방전 원인에 대한 설명으로 틀린 것은?

① 배터리의 구조상 부득이하다.
② 이탈된 작용물질이 극판의 아래 부분에 퇴적되어 있다.
③ 배터리 케이스의 표면에서는 전기 누설이 없다.
④ 전해액 중에 불순물이 혼입되어 있다.

해설 배터리케이스의 표면에 붙어있는 먼지 등으로 전기누설이 일어난다.

17 충전된 축전지라도 방치해두면 사용하지 않아도 조금씩 자연 방전하여 용량이 감소하는 현상은?

① 화학방전　　② 자기방전
③ 강제방전　　④ 급속방전

해설 축전지를 사용하지 않고 방치하여 두면 표면의 붙어있는 먼지와 시계 등의 암전류로 자기스스로 전기가 감소하는 자기방전이 일어난다.

18 방향 지시등 전구에 흐르는 전류를 일정한 주기로 단속, 점멸하여 램프의 광도를 증감시키는 것은?

① 디머 스위치　　② 플래셔 유닛
③ 파일럿 유닛　　④ 방향지시기 스위치

19 지게차 작업장치의 동력전달 기구가 아닌 것은?

① 리프트체인　　② 틸트 실린더
③ 리프트 실린더　　④ 트렌치 호

해설 트렌치 호는 기중기 작업장치이다.

20 지게차의 앞바퀴는 어디에 설치되는가?

① 새클핀에 설치된다.
② 직접프레임에 설치된다.
③ 너클암에 설치된다.
④ 등속이음에 설치된다.

21 지게차를 전·후진 방향으로 서서히 화물을 접근시키거나 빠른 유압작동으로 신속히 화물을 상승 또는 적재 시킬 때 사용하는 것은?

① 인칭조절 페달
② 악셀레이터 페달
③ 디셀레이터 페달
④ 브레이크페달

22 수동변속기에서 변속할 때 기어가 끌리는 소음이 발생하는 원인으로 맞는 것은?

① 브레이크 라이닝 마모
② 변속기 출력축의 속도계 구동기어 마모
③ 클러치가 유격이 너무 클 때
④ 클러치 판의 마모

23 브레이크 드럼이 갖추어야 할 조건으로 틀린 것은?

① 내 마멸성이 적어야 한다.
② 정적, 동적 평형이 잡혀 있어야 한다.
③ 냉각이 잘 되어야 한다.
④ 가볍고 강도와 강성이 커야한다.

해설 브레이크의 드럼은 브레이크 패드와 접촉되는 부분으로 마멸을 견디는 힘. 즉 내마멸성이 커야 한다.

24 지게차를 주차하고자 할 때 포크는 어떤 상태로 하면 안전한가?

① 앞으로 3° 정도 경사지에 주차하고 마스트 전경각을 최대로 포크는 지면에 접하도록 내려놓는다.
② 평지에 주차하고 포크는 녹이 발생하는 것을 방지하기 위하여 10cm 정도 들어놓는다.
③ 평지에 주차하면 포크의 위치는 상관없다.
④ 평지에 주차하고 포크는 지면에 접하도록 내려놓는다.

25 지게차의 틸트 레버를 운전석에서 운전자 몸 쪽으로 당기면 마스트는 어떻게 기울어지는가?

① 운전자의 몸 쪽에서 멀어지는 방향으로 기운다.
② 지면방향 아래쪽으로 내려온다.
③ 지면에서 위쪽으로 올라간다.
④ 운전자의 몸 쪽 방향으로 기운다.

해설 건설기계는 작업레버를 몸쪽으로 당기면 작업장치들이 몸쪽으로 오도록 설계되어 있다.

26 차축의 스플라인 부는 차동장치 어느 기어와 결합되어 있는가?

① 차동 피니언 기어
② 링기어
③ 구동 피니언 기어
④ 차동 사이드 기어

27 도로교통법 상 서행 또는 일시 정지할 장소로 지정된 곳은?

① 교량 위
② 좌우를 확인할 수 있는 교차로
③ 가파른 비탈길의 내리막
④ 안전지대 우측

28 다음 그림의 교통안전표지에 대한 설명으로 맞는 것은?

① 최저시속 30킬로미터 속도제한 표시
② 최고중량 제한표시
③ 30톤 자동차 전용도로
④ 최고시속 30킬로미터 속도제한 표시

29 도로교통 법규 상 주차금지 장소가 아닌 곳은?

① 전신주로부터 20m 이내인 곳
② 소방용 방화 물통으로부터 5m 이내인 곳
③ 터널 안 및 다리 위
④ 화재 경보기로부터 3m 이내인 곳

30 건설기계조종사는 성명, 주민등록번호 및 국적의 변경이 있는 경우에는 주소지를 관할하는 시장, 군수 또는 구청장에게 그 사실을 발생한 날부터 며칠 이내에 변경신고서를 제출해야 하는가?

① 30일   ② 15일
③ 45일   ④ 10일

31 자동차전용 편도 4차로 도로에서 굴삭기와 지게차의 주행차로는?

① 4차로   ② 1차로
③ 3차로   ④ 2차로

32 교통사고 시 사상자가 발생하였을 때, 도로교통법 상 운전자가 즉시 취하여야 할 조치사항 중 가장 옳은 것은?

① 즉시 정차 - 신고 - 위해방지
② 즉시 정차 - 사상자 구호 - 신고
③ 즉시 정차 - 위해방지 - 신고
④ 증인확보 - 정차 - 사상자 구호

33 건설기계의 조종에 관한 교육과정을 이수한 경우 조종사 면허를 받은 것으로 보는 소형건설기계가 아닌 것은?

① 5톤 이상의 기중기
② 5톤 미만의 불도저
③ 3톤 미만의 지게차
④ 3톤 미만의 굴삭기

34 건설기계검사의 종류가 아닌 것은?

① 예비검사   ② 정기검사
③ 구조변경검사   ④ 신규등록검사

35 차마가 도로 이외의 장소에 출입하기 위하여 보도를 횡단하려고 할 때 가장 적절한 통행방법은?

① 보행자가 없으면 빨리 주행한다.
② 보행자가 있어도 차마가 우선 출입한다.
③ 보행자 유무에 구애받지 않는다.
④ 보도 직전에서 일시 정지하여 보행자의 통행을 방해하지 말아야 한다.

36 건설기계의 정기검사 연기사유에 해당되지 않는 것은?

① 7일 이내의 기계정비
② 건설기계의 도난
③ 건설기계의 사고발생
④ 천재지변

해설 천재지변, 건설기계의 도난, 사고발생, 압류, 1월 이상의 걸친 정비일 경우 정기검사 연기사유에 해당 된다.

37 기어식 유압펌프에서 폐쇄작용이 생기면 어떤 현상이 생길 수 있는가?

① 기포의 발생
② 기름의 토출
③ 출력의 증가
④ 기어 진동의 소멸

해설 기어펌프의 출구부분이 막히면 펌프에서 발생한 유압유가 나가지(토출) 못하여 기포가 발생한다.

38 유압실린더의 종류에 해당하지 않는 것은?

① 복동실린더 더블로드형
② 단동실린더 램형
③ 단동실린더 배플형
④ 복동실린더 싱글로드형

39 사용 중인 작동유의 수분함유 여부를 현장에서 판정하는 것으로 가장 적합한 방법은?

① 오일을 가열한 철판 위에 떨어뜨려 본다.
② 오일을 시험관에 담아서 침전물을 확인한다.
③ 여과지에 약간(3~4방울)의 오일을 떨어뜨려 본다.
④ 오일의 냄새를 맡아본다.

40 그림의 유압기호는 무엇을 표시하는가?

① 유압펌프   ② 유압밸브
③ 유압모터   ④ 오일쿨러

41 유압장치에서 펌프의 흡입측에 설치하여 여과작용을 하는 것은?

① 에어 필터   ② 바이패스 필터
③ 스트레이너   ④ 리턴 필터

42 오일을 한쪽 방향으로만 흐르게 하는 밸브는?

① 체크밸브   ② 로터리밸브
③ 파일럿밸브   ④ 릴리프밸브

43 유압 모터의 종류에 해당하지 않는 것은?

① 기어 모터   ② 베인 모터
③ 플런저 모터   ④ 직권형 모터

44 유압계통에서 오일 누설 시의 점검사항이 아닌 것은?

① 볼트의 이완   ② 실의 마모
③ 오일의 윤활성   ④ 실의 파손

45 유압의 장점이 아닌 것은?

① 과부하 방지가 간단하고 정확하다.
② 오일온도가 변하면 속도가 변한다.
③ 소형으로 힘이 강력하다.
④ 무단변속이 가능하고 작동이 원활하다.

해설 유압유는 점성유체이므로 온도가 변하면 점도가 변하여 속도에 영향을 주어 단점에 해당된다.

46 압력제어밸브 중 상시 닫혀 있다가 일정조건이 되면 열려서 작동하는 밸브가 아닌 것은?

① 감압밸브　　　② 무부하밸브
③ 릴리프밸브　　④ 시퀀스밸브

해설 감압밸브(리듀싱밸브)는 항상 열려저 작동하는 상시 개회로이다.

47 연소 조건에 대해 설명으로 틀린 것은?

① 산화되기 쉬운 것일수록 타기 쉽다.
② 열전도율이 적은 것일수록 타기 쉽다.
③ 발열량이 적은 것일수록 타기 쉽다.
④ 산소와의 접촉면이 클수록 타기 쉽다.

48 산업안전보건법상 산업재해의 정의로 맞는 것은?

① 고의로 물적 시설의 파손한 것도 산업재해에 포함하고 있다.
② 일상 활동에서 발생하는 사고로서 인적 피해뿐만 아니라 물적 손해까지 포함하는 개념이다.
③ 근로자가 업무에 관계되는 작업이나 기타 업무에 기인하여 사망 또는 부상하거나 질병에 걸리게 되는 것을 말한다.
④ 운전 중 본인의 부주의로 교통사고가 발생된 것을 말한다.

49 장갑을 끼고 작업할 때 가장 위험한 작업은?

① 타이어 교환 작업
② 오일 교환 작업
③ 해머 작업
④ 건설기계운전 작업

해설 장갑을 끼고 작업을 하면 미끄러우므로 안전에 유의하여야 한다.

50 방호장치의 일반원칙으로 옳지 않은 것은?

① 외관상의 안전화
② 기계특성에의 부적합성
③ 작업방해의 제거
④ 작업점의 방호

51 동력기계 장치의 표준 방호덮개 설치 목적이 아닌 것은?

① 동력전달장치와 신체의 접촉방지
② 주유나 검사의 편리성
③ 방음이나 집진
④ 가공물 등의 낙하에 의한 위험방지

52 안전, 보건표지의 종류와 형태에서 그림의 안전표지판이 사용되는 곳은?

① 폭발성의 물질이 있는 장소
② 발전소나 고전압이 흐르는 장소
③ 방사능 물질이 있는 장소
④ 레이저광선에 노출될 우려가 있는 장소

53 해머작업의 안전 수칙으로 가장 거리가 먼 것은?

① 해머를 사용할 때 자루 부분을 확인할 것
② 공동으로 해머 작업 시에는 호흡을 맞출 것
③ 열처리 된 장비의 부품은 강하므로 힘껏 때릴 것
④ 장갑을 끼고 해머작업을 하지 말 것

해설 열처리된 부품을 힘껏 때리게 되면 부품이 훼손될 수 있다.

54 스크루 또는 머리에 홈이 있는 볼트를 박거나 뺄 때 사용하는 스크루 드라이버의 크기는 무엇으로 표시하는가?

① 손잡이를 제외한 길이
② 생크(shank)의 두께
③ 포인트(tip)의 너비
④ 손잡이를 포함한 전체 길이

55 지게차 작업장치중 둥근 목재나 파이프적재에 알맞은 것은?

① 사이드 시프트　② 하이 마스트
③ 힌지드 포크　　④ 블록클램프

해설 힌지드 포크는 전경이나 후경이 일반지게차 보다 많이 되어 둥근 목재 등이 떨어지지 않도록 안전하게 작업할 수가 있다.

56 사고의 직접원인으로 가장 옳은 것은?

① 성격결함
② 불완전한 행동 및 상태
③ 사회적 환경요인
④ 유전적인 요소

해설 작업자가 안전수칙 등을 지키지 않는 불안전한 행동 및 상태가 전체재해의 88%를 차지한다.

57 깨지기 쉬운 화물이나 불안전한 화물의 낙하를 방지하기 위해 포크상단에 상하 작동할 수 있는 압력판을 부착한 지게차는?

① 하이 마스트
② 사이드 시프트 마스트
③ 로드 스테빌라이져
④ 3단 마스트

58 지게차의 일반적인 조향방식은?

① 앞바퀴 조향
② 뒷바퀴 조향
③ 허리꺽기 조향
④ 작업조건에 따라 바뀔 수 있다.

해설 지게차는 앞바퀴(전륜)구동 뒷바퀴(후륜)조향이며 조향 유압실린더로 작동되어 조향이 빠르고 조향각도가 자동차 보다 크므로 안전에 유의하여 작업하여야 한다.

59 지게차 전기회로의 보호장치로 맞는 것은?

① 안전밸브　　　② 퓨저블 링크
③ 캠버　　　　　④ 턴 시그널 램프

해설 퓨저블링크란 배터리(+)선에 배선모양으로 달려 있다가 과전류가 흐르게 되면 전기적부하에 의하여 끊어지게 되어 지게차의 각종전기, 전자장치를 보호할 목적으로 설치되어 있으나 통상 퓨즈박스로 이해하면 된다.

60 지게차의 동력전달순서로 맞는 것은?

① 엔진 - 변속기 - 토크컨버터 - 종감속기어 및 차동장치 - 최종감속기 - 앞구동축 - 차륜
② 엔진 - 변속기 - 토크컨버터 - 종감속기어 및 차동장치 - 앞구동축 - 최종감속기 - 차륜
③ 엔진 - 토크컨버터 - 변속기 - 앞구동축 - 종감속기어 및 차동장치 - 최종감속기 - 차륜
④ 엔진 - 토크컨버터 - 변속기 - 종감속기어 및 차동장치 - 앞구동축 - 최종감속기 - 차륜

정답

1	①	11	①	21	①	31	①	41	③	51	②
2	④	12	④	22	③	32	②	42	①	52	④
3	③	13	③	23	①	33	①	43	④	53	③
4	②	14	③	24	①	34	①	44	③	54	①
5	①	15	③	25	①	35	①	45	②	55	③
6	③	16	③	26	④	36	①	46	①	56	②
7	①	17	②	27	①	37	①	47	①	57	③
8	①	18	②	28	①	38	③	48	③	58	②
9	④	19	④	29	①	39	①	49	④	59	②
10	①	20	②	30	①	40	①	50	②	60	④

지게차운전기능사

제2회 모의고사

01 라디에이터 캡의 스프링이 파손되는 경우 발생하는 현상은?

① 냉각수 비등점이 높아진다.
② 냉각수 비등점이 낮아진다.
③ 냉각수 순환이 불량해진다.
④ 냉각수 순환이 빨라진다.

해설 라디에이터 캡의 스프링이 냉각수 주입구를 눌러주어 냉각수의 끓는점(비등점)을 높이기 위하여 있는데 파손되는 경우 눌러주는 효과가 없어 비등점이 낮아진다.

02 엔진 윤활유의 기능이 아닌 것은?

① 방청작용　　② 연소작용
③ 냉각작용　　④ 윤활작용

03 커먼레일 디젤기관의 센서에 대한 설명으로 틀린 것은?

① 연료온도 센서는 연료온도에 따른 연료량 보정신호로 사용된다.
② 크랭크 포지션센서는 밸브개폐시기를 감지한다.
③ 수온센서는 기관의 온도에 따른 냉각 팬 제어신호로 사용된다.
④ 수온센서는 기관의 온도에 따른 연료량 증감하는 보정신호로 사용된다.

04 2행정 디젤기관의 소기방식에 속하지 않는 것은?

① 단류소기식　　② 복류소기식
③ 횡단소기식　　④ 루프소기식

05 라이너식 실린더에 비교한 일체식 실린더의 특징으로 틀린 것은?

① 라이너 형식보다 내마모성이 높다.
② 부품수가 적고 중량이 가볍다.
③ 강성 및 강도가 크다.
④ 냉각수 누출 우려가 적다.

해설 엔진이 폭발행정을 하면 실린더벽의 상사점부분이 마모 및 마멸이 발생되는데 이를 보완하고자 둥그런 원통을 집어넣어 마모 시 교환하는 방식을 라이너식이라 한다. 따라서 일체식 실린더는 마모를 견디는 힘 즉 내마모성이 작다.

06 산소 가스 용기의 도색으로 맞는 것은?

① 녹색　　② 노란색
③ 흰색　　④ 갈색

07 윤활장치에서 오일의 여과 방식이 아닌 것은?

① 합류식　　② 전류식
③ 분류식　　④ 샨트식

08 현재 가장 많이 사용되고 있는 수온조절기의 형식은?

① 펠릿형　　② 바이메탈형
③ 벨로즈형　　④ 블래더형

해설 현재 수온조절기는 내부에 왁스를 봉입한 펠릿형을 많이 사용한다.

09 4행정 사이클 디젤기관의 동력행정에 관한 설명으로 틀린 것은?

① 피스톤이 상사점에 도달하기 전 소요의 각도 범위 내에서 분사를 시작한다.
② 분사시기의 진각에는 연료의 착화 늦음을 고려한다.
③ 연료는 분사됨과 동시에 연소를 시작한다.
④ 연료분사 시작점은 회전속도에 따라 진각된다.

10 디젤기관 연료장치 내에 있는 공기를 배출하기 위하여 사용하는 펌프는?

① 인젝션 펌프　② 연료펌프
③ 프라이밍펌프　④ 공기펌프

11 디젤기관에서 실화할 때 나타나는 현상으로 옳은 것은?

① 기관이 과냉된다.
② 기관회전이 불량해진다.
③ 연료소비가 감소한다.
④ 냉각수가 유출 된다.

해설 실화란 Miss Fire로 폭발에 문제가 생겨 기관의 회전이 불량해진다.

12 기관의 배기가스 색이 회백색이면 고장 예측으로 가장 적절한 것은?

① 소음기의 막힘　② 피스톤 링 마모
③ 흡기필터의 막힘　④ 노즐의 막힘

해설 기관이 정상이면 배기가스의 색이 무색이며 피스톤링이 마모되면 벽면에 많이 묻어있는 엔진오일이 같이 연소하여 배기가스의 색이 회백색이 된다.

13 건설기계 장비의 충전장치에서 가장 많이 사용하고 있는 발전기는?

① 단상 교류발전기　② 3상 교류발전기
③ 직류발전기　④ 와전류발전기

14 그림과 같이 12V용 축전지 2개를 사용하여 24V용 건설기계를 시동하고자 할 때 연결 방법으로 옳은 것은?

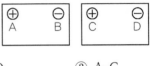

① B-D　② A-C
③ A-B　④ B-C

15 건설기계에서 기동전동기가 회전하지 않을 경우 점검할 사항으로 틀린 것은?

① 타이밍벨트의 이완 여부
② 축전지의 방전 여부
③ 배터리 단자의 접촉 여부
④ 배선의 단선 여부

16 에어컨시스템에서 기화된 냉매를 액화하는 장치는?

① 응축기　② 컴프레셔
③ 건조기　④ 증발기

17 축전지의 방전은 어느 한도 내에서 단자 전압이 급격히 저하하며 그 이후는 방전능력이 없어지게 된다. 이때의 전압을 ( ) 이라고 한다. ( )에 들어갈 용어는?

① 종지전압　② 방전전압
③ 방전종지전압　④ 누전전압

18 6기통 디젤기관의 병렬로 연결된 예열플러그 중 3번 기통의 예열플러그가 단선 되었을 때 나타나는 현상에 대한 설명으로 옳은 것은?

① 2, 4번 실린더 예열플러그도 작동이 안 된다.
② 3번 실린더 예열플러그만 작동이 안 된다.
③ 축전지 용량의 배가 방전된다.
④ 예열플러그 전체가 작동이 안 된다.

19 다음의 산업안전표시의 명칭으로 맞는 것은?

① 안전제일　　② 임산부
③ 비상구　　　④ 안전복 착용

20 지게차에서 자동차와 같이 스프링을 사용하지 않는 이유를 설명한 것 중 옳은 것은?

① 많은 하중을 받기 때문이다.
② 롤링이 생기면 적하물이 떨어지기 때문이다.
③ 앞차축이 구동축이기 때문이다.
④ 현가장치가 있으면 조향이 어렵기 때문이다.

21 지게차의 운전방법으로 틀린 것은?

① 화물 운반 시 내리막길은 후진으로 오르막길은 전진으로 주행한다.
② 화물 운반 시 포크는 지면에서 20 ~ 30cm 가량 띄운다.
③ 화물 운반 시 마스트를 뒤로 4° 가량 경사시킨다.
④ 화물 운반은 항상 후진으로 주행한다.

22 운전 중 좁은 장소에서 지게차를 방향 전환시킬 때 가장 주의할 점으로 맞는 것은?

① 뒷바퀴 회전에 주의하여 방향 전환한다.
② 포크높이를 높게 하여 방향 전환한다.
③ 앞바퀴 회전에 주의하여 방향 전환한다.
④ 포크를 땅에 닿게 내리고 방향 전환한다.

23 제동장치의 마스터실린더 조립 시 무엇으로 세척하는 것이 좋은가?

① 브레이크 액　　② 석유
③ 솔벤트　　　　④ 경유

24 지게차의 조향원리는 무슨 형식인가?

① 애커먼 장토식　② 포토래스 형
③ 전부동식　　　④ 빌드업 형

25 유체 클러치에 대한 설명으로 틀린 것은?

① 터빈은 변속기 입력측에 설치되어 있다.
② 오일의 맴돌이 흐름(와류)를 방지하기 위하여 가이드 링을 설치한다.
③ 펌프는 기관의 크랭크축에 설치되어 있다.
④ 오일의 흐름 방향을 바꾸어 주기 위하여 스테이터를 설치한다.

해설　스테이터는 토크컨버터에 있는 장치이다.

26 지게차 운전 종료 후 점검사항과 가장 거리가 먼 것은?

① 각종 게이지
② 타이어의 손상 여부
③ 연료량
④ 기름 누설 부위

27 자동차 1종 대형면허로 조종할 수 없는 건설기계는?

① 아스팔트 피니셔
② 콘크리트 믹서트럭
③ 아스팔트 살포기
④ 덤프트럭

28 건설기계조종사면허를 받은 자가 면허의 효력이 정지된 때에는 며칠 이내에 관할 행정청에 그 면허증을 반납해야 하는가?

① 10일 이내   ② 20일 이내
③ 30일 이내   ④ 60일 이내

해설 반납 10일 변경 30일 임시운행 15일의 기간이 주어진다.

29 도로 교통법규 상 주차금지 장소가 아닌 것은?

① 소방용 기계기구가 설치된 곳으로부터 15m 이내
② 터널 안
③ 소방용 방화 물통으로부터 5m 이내
④ 화재경보기로 부터 3m 이내

30 건설기계관리법상 건설기계가 국토교통부장관이 실시하는 검사에 불합격하여 정비명령을 받았음에도 불구하고 건설기계 소유자가 이 명령을 이행하지 않았을 때 벌칙은?

① 500만원 이하의 벌금
② 300 만원 이하의 벌금
③ 1000만원 이하의 벌금
④ 700만원 이하의 벌금

31 차마가 도로의 중앙이나 좌측 부분을 통행할 수 있는 경우는 도로 우측 부분의 폭이 몇 미터에 미달하는 도로에서 앞지르기 할 때인가?

① 3미터   ② 5미터
③ 6미터   ④ 10미터

32 지게차의 정기검사 검사유효기간은?

① 1년   ② 2년
③ 3년   ④ 6개월

33 교통안전시설이 표시하는 신호와 경찰공무원의 수신호가 다른 경우 통행방법으로 옳은 것은?

① 신호기 신호를 우선적으로 따른다.
② 수신호는 보조 신호이므로 따르지 않아도 된다.
③ 경찰공무원의 수신호에 따른다.
④ 자기가 판단하여 위험이 없다고 생각되면 아무 신호에 따라도 된다.

34 건설기계 정기검사 연기 사유가 아닌 것은?

① 건설기계의 사고가 발생했을 때
② 건설기계를 건설현장에 투입했을 때
③ 건설기계를 도난당했을 때
④ 1개월 이상에 걸친 정비를 하고 있을 때

35 건설기계 대여업의 등록 시 필요 없는 서류는?

① 주기장시설보유확인서
② 모든 종업원의 신원증명서
③ 건설기계 소유 사실을 증명하는 서류
④ 사무실의 소유권 또는 사용권이 있음을 증명하는 서류

36 다음 중 도로교통법을 위반한 경우는?

① 밤에 교통이 빈번한 도로에서 전조등을 계속 하향했다.
② 낮에 어두운 터널 속을 통과할 때 전조등을 켰다.
③ 노면이 얼어붙은 곳에서 최고 속도의 20/100을 줄인 속도로 운행했다.
④ 소방용 방화 물통으로부터 10m 지점에 주차하였다.

37 유압장치에 사용되는 오일 실(seal) 의 종류 중 O-링이 갖추어야 할 조건은?

① 체결력이 작을 것
② 작동 시 마모가 클 것
③ 오일의 누설이 클 것
④ 탄성이 양호하고 압축변형이 적을 것

38 유압유의 점도에 대한 설명으로 틀린 것은?

① 점성계수를 밀도로 나눈 값이다.
② 온도가 상승하면 점도는 낮아진다.
③ 점성의 정도를 표시하는 값이다.
④ 온도가 내려가면 점도는 높아진다.

39 플런저 펌프의 특징으로 가장 거리가 먼 것은?

① 펌프 효율이 높다.
② 일반적으로 토출 압력이 높다.
③ 구조가 간단하고 값이 싸다.
④ 베어링에 부하가 크다.

40 유압 모터와 유압실린더의 설명으로 맞는 것은?

① 모터는 회전운동, 실린더는 직선운동을 한다.
② 모터는 직선운동, 실린더는 왕복운동을 한다.
③ 둘 다 왕복운동을 한다.
④ 둘 다 회전운동을 한다.

41 유압장치의 작동원리는 어느 이론에 바탕을 둔 것인가?

① 에너지 보존법칙
② 파스칼의 법칙
③ 보일의 법칙
④ 열역학 제 1 법칙

42 유량제어밸브를 실린더와 병렬로 연결하여 실린더의 속도를 제어하는 회로는?

① 블리드 온 회로
② 미터 인 회로
③ 미터 아웃 회로
④ 블리드 오프 회로

43 유압회로 내의 압력이 설정압력에 도달하면 펌프에서 토출된 오일을 전부 탱크로 회송시켜 펌프를 무부하로 운전시키는데 사용하는 밸브는?

① 시퀀스 밸브　　② 체크 밸브
③ 언로드 밸브　　④ 릴리프밸브

44 다음의 유압기호가 나타내는 것은?

① 무부하 밸브　　② 릴리프 밸브
③ 감압 밸브　　　④ 순차 밸브

45 유압장치에서 내구성이 강하고 작동 및 움직임이 있는 곳에 사용하기 적합한 호스는?

① 플렉시블 호스
② 구리 파이프 호스
③ 강 파이프 호스
④ PVC 호스

46 지게차의 동력조향장치에 사용되는 유압실린더로 가장 적합한 것은?

① 단동 실린더 플런저형
② 다단 실린더 텔레스코프형
③ 복동 실린더 싱글 로드형
④ 복동 실린더 더블 로드형

47 정비작업 시 안전에 가장 위배되는 것은?

① 연료를 비운 상태에서 연료통을 용접한다.
② 가연성 물질을 취급 시 소화기를 준비한다.
③ 회전 부분에 옷이나 손이 닿지 않도록 한다.
④ 깨끗하고 먼지가 없는 작업환경을 조성한다.

48 재해 발생원인 중 직접원인이 아닌 것은?

① 불량 공구 사용
② 교육 훈련 미숙
③ 기계 배치의 결함
④ 작업 조명의 불량

49 벨트를 풀리(pulley)에 장착 시 기관의 상태로 옳은 것은?

① 고속으로 회전 상태
② 저속으로 회전 상태
③ 중속으로 회전 상태
④ 회전을 중지한 상태

50 지게차의 포크는 운전 중 지면에서 어느 정도 들고 운전하는 것이 적당한가?

① 15~30cm   ② 30~50cm
③ 50~80cm   ④ 80~100cm

51 일반적으로 장갑을 착용하고 작업을 하게 되는데, 안전을 위해서 오히려 장갑을 사용하지 않아야 하는 작업은?

① 오일교환 작업
② 타이어 교환 작업
③ 해머작업
④ 전기 용접 작업

52 점검주기에 따른 안전점검의 종류에 해당되지 않는 것은?

① 정기점검   ② 구조점검
③ 특별점검   ④ 수시점검

53 작업안전 상 보호안경을 사용하지 않아도 되는 작업은?

① 용접 작업
② 연마 작업
③ 전기용접 작업
④ 타이어 교환 작업

54 화재에 대한 설명으로 틀린 것은?

① 화재가 발생하기 위해서는 가연성 물질, 산소, 발화원이 반드시 필요하다.
② 가연성 가스에 의한 화재를 D급 화재라 한다.
③ 전기 에너지가 발화원이 되는 화재를 C급 화재라 한다.
④ 화재는 어떤 물질이 산소와 결합하여 연소하면서 열을 방출시키는 산화반응을 말한다.

해설 A급: 재를 남기는 화재, B급: 유류, 가스화재
C급: 전기화재   D급: 금속화재

55 다음중 양중기에 해당되지 않는 것은?

① 곤돌라   ② 리프트
③ 지게차   ④ 크레인

해설 건설기계관리법에서 양중기라 함은 곤돌라, 리프트, 크레인이라 명시되어 있다.

56 기관에서 완전연소 시 배출되는 가스 중에서 인체에 가장 해가 없는 가스는?

① NOx   ② HC
③ CO   ④ CO_2

57 지게차 리프트 실린더 상승력이 부족한 원인과 거리가 먼 것은?

① 오일 필터의 막힘
② 유압펌프의 불량
③ 리프트 실린더에서 유압유 누출
④ 틸트 로크 밸브의 밀착 불량

58 지게차를 주차시킬 때 포크의 적당한 위치는?

① 지상에서 80cm 위치
② 지상에서 20cm 위치
③ 지면에 내려놓는다.
④ 아무위치나 상관이 없다.

59 지게차 작업에 대한 안전 사항 중 맞지 않는 것은?

① 전방시야가 불투명해도 작업 보조자를 승차 시켜서는 안 된다.
② 주행방향(전·후진)을 바꿀 때에는 저속 위치에서 변속하면 된다.
③ 지게차를 주차할 때에는 포크를 하강시켜 지면에 내려놓는다.
④ 시야가 제한 된 곳은 앞지르기를 하지 않는다.

60 지게차의 포크를 하강시키려고 한다. 가장 적당한 것은?

① 가속 페달을 밟고 리프트 레버를 앞으로 민다.
② 가속 페달을 밟고 리프트 레버를 뒤로 당긴다.
③ 가속 페달을 밟지 않고 리프트 레버를 뒤로 당긴다.
④ 가속 페달을 밟지 않고 리프트 레버를 앞으로 민다.

해설 가속페달을 밟는다는 것은 작업을 빨리하기 위하여 브레이크 대신에 왼발로 인칭페달을 밟고 오른발로 가속페달을 밟는데, 리프트를 내릴 시에는 자중에 의하여 내려오므로 가속페달을 밟을 필요가 없다.

정답

1	②	11	②	21	④	31	③	41	②	51	③
2	②	12	②	22	①	32	②	42	④	52	②
3	②	13	②	23	①	33	③	43	③	53	④
4	②	14	④	24	①	34	②	44	②	54	②
5	①	15	①	25	④	35	②	45	①	55	③
6	①	16	①	26	①	36	③	46	④	56	④
7	①	17	③	27	①	37	④	47	①	57	④
8	①	18	②	28	①	38	①	48	②	58	③
9	③	19	④	29	①	39	③	49	④	59	②
10	③	20	②	30	③	40	①	50	①	60	④

01 디젤기관에서 연료가 정상적으로 공급되지 않아 시동이 꺼지는 현상이 발생되었다. 그 원인으로 적합하지 않은 것은?

① 연료파이프 손상
② 프라이밍 펌프 고장
③ 연료필터 막힘
④ 연료탱크 내 오물 과다

해설 프라이밍펌프는 연료라인에 공기가 들어갔을 때 공기를 빼는 작업을 할 때 사용한다.

02 지게차에 짐을 싣고 작업 시(최대 들어올림 용량) 최대 높이의 작업 기준은?

① 지면과 수평상태로 쇠스랑을 지면에서 3천밀리미터 높이
② 지면과 수평상태로 쇠스랑을 지면에서 3백밀리미터 높이
③ 지면과 수평상태로 쇠스랑을 지면에서 2천밀리미터 높이
④ 지면과 수평상태로 쇠스랑을 지면에서 4천밀리미터 높이

03 안전, 보건표지의 종류와 형태에서 그림의 안전 표지판이 사용되는 곳은?

① 폭발성의 물질이 있는 장소
② 발전소나 고전압이 흐르는 장소
③ 방사능 물질이 있는 장소
④ 레이저광선에 노출될 우려가 있는 장소

04 아래의 보기를 보고 맞는 것을 고르시오.

> 지면으로 부터의 높이가 300mm인 수평상태(주행시에는 마스트를 가장 안쪽으로 기운인 상태를 말한다)의 지게차의 쇠스랑의 위면에 하중이 가해지지 아니한 상태를 말한다.

① 지게차의 기준 부하상태
② 최대올림 높이
③ 지게차의 기준 무부하 상태
④ 기준하중 중심

05 다음 유압장치에 사용되는 오일의 종류와 표시는?

① 그리스
② SAE #30
③ API CH4
④ H.D(하이드로닉 오일)

06 직류발전기와 비교한 교류발전기의 특징 중 틀린 것은?

① 전류조정기만 필요하다.
② 소형 경량이다.
③ 브러시 수명이 길다.
④ 소음이 작다.

해설 교류발전기는 전압조정기만 필요하며 전류조정기는 직류발전기에만 있다.

07 작업할 때 안전성 및 균형을 잡아주기 위해 지게차 장비 뒤쪽에 설치되어 있는 것은?

① 변속기
② 기관
③ 클러치
④ 발란스웨이트

08 화학물질 드럼통 작업 운반 시 필요한 지게차는?

① 힌지드 포크 　② 하이마스트
③ 사이드 시프트 　④ 클램프

해설 클램프지게차는 포크대신에 집게(클램프)가 달려있어 드럼통 같은 작업에 유리하다.

09 오일을 한쪽 방향으로만 흐르고 역류를 방지하는 밸브는?

① 체크밸브 　② 로터리밸브
③ 파일럿밸브 　④ 릴리프밸브

10 지게차에서 자동차와 같이 스프링을 사용하지 않는 이유를 설명한 것 중 옳은 것은?

① 많은 하중을 받기 때문이다.
② 롤링이 생기면 적하물이 떨어지기 때문이다.
③ 앞차축이 구동축이기 때문이다.
④ 현가장치가 있으면 조향이 어렵기 때문이다.

11 압력식 라디에이터 캡에 대한 설명으로 적합한 것은?

① 냉각장치 내부압력이 규정보다 낮을 때 공기밸브는 열린다.
② 냉각장치 내부압력이 규정보다 높을 때 진공밸브는 열린다.
③ 냉각장치 내부압력이 부압이 되면 진공밸브는 열린다.
④ 냉각장치 내부압력이 부압이 되면 공기밸브는 열린다.

12 고압 펌프는 엔진 구동 중 필요로 하는 고압을 발생시키고 커먼레일 내에 높은 압력의 연료를 지속적으로 보내주는 역할을 한다. 이때, 고압 펌프의 구동은 어떠한 기기가 작동하는가?

① 오일펌프 　② 크랭크축
③ 엔진의 캠축 　④ 피니언기어

13 유압회로에서 입구 압력을 감압하여 유압실린더 출구 설정 압력 유압으로 유지하는 밸브는?

① 릴리프 밸브 　② 리듀싱 밸브
③ 언로딩 밸브 　④ 카운터 밸런스밸브

14 중량물 운반에 대한 설명으로 틀린 것은?

① 무거운 물건을 운반할 경우 주위사람에게 인지하게 한다.
② 무거운 물건을 상승시킨 채 오랫동안 방치하지 않는다.
③ 규정 용량을 초과해서 운반하지 않는다.
④ 흔들리는 중량물은 사람이 붙잡아서 이동한다.

15 도로교통법 상 철길 건널목을 통과할 때 방법으로 가장 적합한 것은?

① 신호등이 없는 철길 건널목을 통과할 때에는 서행으로 통과 하여야 한다.
② 신호등이 있는 철길 건널목을 통과할 때에는 건널목 앞에서 일시 정지하여 서행으로 통과 하여야 한다.
③ 신호기가 없는 철길 건널목을 통과할 때에는 건널목 앞에서 일시 정지하여 안전한지의 여부를 확인한 후에 통과하여야 한다.
④ 신호기와 관련 없이 철길 건널목을 통과할 때에는 건널목 앞에서 일시 정지하여 안전한지의 여부를 확인한 후에 통과하여야 한다.

16 옴의 법칙에 대한 설명으로 옳은 것은?

① 도체에 흐르는 전류는 도체의 저항에 정비례한다.
② 도체에 저항은 도체 길이에 비례한다.
③ 도체에 저항은 도체에 가해진 전압에 반비례한다.
④ 도체에 흐르는 전류는 도체의 전압에 반비례한다.

17 드럼통, 두루마리 같은 원통형의 제품을 꽉 잡아주는 역할을 하며, 주로 제지회사, 인쇄사, 신문사 등 여러 곳에서 용이하게 사용할 수 있는 지게차는?

① 롤 클램프 ② 힌지드 버켓
③ 하이마스트 ④ 클램프지게차

18 지게차의 방향을 바꾸지 않고도 백레스트와 포크를 좌우로 움직여 적재, 적하작업을 할 수 있는 지게차는?

① 사이드 시프트
② 로드스테빌 라이져
③ 프리리프트 마스트
④ 회전포크

19 전기용접 시 주의사항에 대한 설명 중 틀린 것은?

① 용접기의 내부에 함부로 손을 대지 않는다.
② 홀더나 용접봉은 절대로 맨손으로 취급하지 않는다.
③ 가죽장갑, 앞치마, 발 덮개 등 규정된 보호구를 반드시 착용한다.
④ 땀, 물 등에 의해 습기 찬 작업복, 장갑, 구두 등을 착용하여도 이상 없다.

해설 전기 용접시 감전의 우려로 습기와 물을 멀리 하여야 한다.

20 제1종 운전면허를 받을 수 없는 사람은?

① 한쪽 눈을 보지 못하고, 색체 식별이 불가능한 사람
② 양쪽 눈의 시력이 각각 0.5이상인 사람
③ 두 눈을 동시에 뜨고 잰 시력이 0.8이상인 사람
④ 적색, 황색, 녹색의 색체 식별이 가능한 사람

해설 1종 운전면허의 경우 각안시력 0.5 양안시력 0.8 건설기계의 경우 각안 0.3 양안0.7에 해당된다.

21 건설기계관리법상 건설기계가 국토교통부장관이 실시하는 검사에 불합격하여 정비 명령을 받았음에도 불구하고 건설기계 소유자가 이 명령을 이행하지 않았을 때 벌칙은?

① 500만원 이하의 벌금
② 300만원 이하의 벌금
③ 1000만원 이하의 벌금
④ 700만원 이하의 벌금

22 타이어에서 고무로 피복된 코드를 여러 겹으로 겹친 층에 해당되며 타이어의 골격을 이루는 부분은?

① 카커스 부 ② 트레드 부
③ 숄더 부 ④ 비드 부

23 유압장치의 취급에 옳지 않는 것은?

① 추운 날씨에는 충분한 준비 운전 후 작업한다.
② 종류가 다른 오일이라도 부족하면 보충할 수 있다.
③ 오일량이 부족하지 않도록 점검 보충한다.
④ 가동 중 이상음이 발생되면 즉시 작업을 중지한다.

24 수공구 사용 방법으로 옳지 않은 것은?

① 사용한 공구는 지정된 장소에 보관한다.
② 사용 후에는 손잡이 부분에 오일을 발라둔다.
③ 공구는 올바른 방법으로 사용한다.
④ 공구는 크기별로 구별하여 보관한다.

25 축전지 터미널의 식별 방법이 아닌 것은?

① 굵기 ② 요철
③ 문자 ④ 부호

26 차마 서로 간의 통행 우선순위로 바르게 연결된 것은?

① 긴급자동차 → 긴급자동차 외의 자동차 → 자동차 및 원동기장치자전거 외의 차마 → 원동기장치자전거

② 긴급자동차 외의 자동차 → 긴급자동차 → 자동차 및 원동기장치자전거 외의 차마 → 원동기장치자전거

③ 긴급자동차 외의 자동차 → 긴급자동차 → 원동기 장치자전거 → 자동차 및 원동기 장치 자전거 외의 차마

④ 긴급자동차 → 긴급자동차 외의 자동차 → 원동기 장치자전거 → 자동차 및 원동기 장치 자전거 외의 차마

27 안전관리 상 인력운반으로 중량물을 운반하거나 들어 올릴 때 발생할 수 있는 재해와 가장 거리가 먼 것은?

① 낙하   ② 협착(압상)
③ 단전(정전)   ④ 충돌

28 건설기계 운전 중 점검사항이 아닌 것은?

① 경고등 점멸여부
② 라디에이터 냉각수량 점검
③ 작동중 기계 이상음 점검
④ 작동상태 이상 유무 점검

29 지게차를 전면이나 후면에서 보았을 때 자체 양쪽에 돌출된 엑슬, 포크 캐리지, 펜더, 타이어 등의 폭 중에서 제일 긴 것을 기준으로 한 거리를 무엇이라 하는가?

① 축간거리   ② 전폭
③ 윤간거리   ④ 전장

30 다음 중 클러치의 구비 조건이 아닌 것은?

① 동력의 차단이 신속하고 확실할 것
② 동력의 전달을 시작할 경우에는 미끄러지면서 서서히 전달될 것
③ 클러치가 접속된 후에는 미끄러지는 일이 없을 것
④ 회전관성이 클 것

31 클러치에서 압력판의 역할로 맞는 것은?

① 클러치 판을 밀어서 플라이 휠에 압착시키는 역할을 한다.
② 제동 역할을 위해 설치한다.
③ 릴리스 베어링의 회전을 용이하게 한다.
④ 엔진의 동력을 받아 속도를 조절한다.

32 타이어에서 트래드 패턴과 관련 없는 것은?

① 제동력, 구동력 및 견인력
② 타이어의 배수효과
③ 편평율
④ 조향성, 안전성

33 현장에서 오일의 열화를 확인하는 인자가 아닌 것은?

① 오일 점도   ② 오일 냄새
③ 오일의 색   ④ 오일의 유동

34 브레이크 파이프 내에 베이퍼록이 생기는 원인과 관계 없는 것은?

① 드럼의 과열
② 지나친 브레이크 조작
③ 잔압의 저하
④ 라이닝과 드럼의 간극 과대

해설 라이닝과 드럼의 간극 과대일 경우 마찰열이 일어나지 않아 베이퍼록이 생기지 않는다.

35 사용압력에 따른 타이어의 분류에 속하지 않는 것은?

① 고압타이어   ② 초고압타이어
③ 저압타이어   ④ 초저압타이어

36 실드빔 형식의 전조등을 사용하는 건설기계 장비에서 전조등 밝기가 흐려 야간 운전에 어려움이 있을 때 올바른 조치 방법으로 맞는 것은?

① 렌즈를 교환　② 전조등을 교환
③ 반사경을 교환　④ 전구를 교환

해설 실드빔 형식은 전조등을 전부 교환하여야 하며 세미실드 빔 형식은 전구만 교환하면 된다.

37 교류발전기의 부품이 아닌 것은?

① 다이오드　② 슬립링
③ 스테이터 코일　④ 전류 조정기

38 유류, 전기화재에 사용되나 실내 사용 시 질식 위험이 있는 소화기는?

① C급 소화기　② 하론소화기
③ 분말소화기　④ 포말소화기

39 다음의 유압기호에서 "A"부분의 명칭으로 맞는 것은?

① 유압 모터
② 오일 스트레이너
③ 가변용량 유압 펌프
④ 가변용량 유압 모터

40 건식 공기청정기의 효율저하를 방지하기 위한 세척방법으로 가장 적합한 것은?

① 기름으로 닦는다.
② 마른걸레로 닦아야 한다.
③ 압축공기로 안에서 바깥으로 먼지 등을 털어 낸다.
④ 물로 깨끗이 세척한다.

해설 건식 공기청정기는 여과지식 엘리먼트를 사용하므로 압축공기로 불어 재사용이 가능하다

41 전기화재에 적합하며 화점에 분사하는 소화기로 산소를 차단하는 소화기는?

① 포말 소화기
② 이산화탄소 소화기
③ 분말 소화기
④ 증발 소화기

해설 전기화재의 경우 포말소화기를 사용하면 액체의 상태로 감전의 우려가 있어 이산화탄소 소화기를 사용한다.

42 AC발전기의 각 구성품의 기능에 대한 설명으로 틀린 것은?

① 로터는 공급되는 전류에 의해 발생 전류를 조정할 수 있다.
② 스테이터는전류가 발생하는 부분이다.
③ 다이오드는 스테이터에서 발생한 교류를 직류로 정류한다.
④ 전류조정기는 교류발전기에만 필요하다.

43 동력전달 장치에서 두 축 간의 충격완화와 각도변화를 융통성 있게 동력 전달하는 기구는?

① 슬립이음(slip joint)
② 유니버설 조인트(universal joint)
③ 파워 시프트(power shift)
④ 크로스 멤버(cross member)

44 엔진에서 라디에이터의 방열기 캡을 열어 냉각수를 점검했더니 기름이 떠있었다. 그 원인으로 옳은 것은?

① 피스톤 링과 실린더 마모
② 밸브간격 과다
③ 압축압력이 높아 역화 현상
④ 실린더 헤드 가스켓 파손

45 도로교통법 상 반드시 서행하여야 할 장소로 지정된 곳으로 가장 적절한 것은?

① 안전지대 우측
② 비탈길의 고개 마루 부근
③ 교통정리가 행하여지고 있는 교차로
④ 교통정리가 행하여지고 있는 횡단보도

46 전조등 회로의 구성으로 틀린 것은?

① 퓨즈　　　　　② 점화 스위치
③ 라이트 스위치　④ 디머 스위치

47 MF(Maintenance Free) 축전지에 대한 설명으로 적합하지 않은 것은?

① 정상일 경우 점검창의 색깔은 녹색이다.
② 무보수용 배터리다.
③ 밀봉 촉매마개를 사용한다.
④ 증류수는 매 15일 마다 보충한다.

해설 MF배터리는 흑연촉매 마개가 있어 충전 시 발생하는 산소와 수소를 포집하여 물로 만들어 순환시키는 구조로 증류수를 보충하지 않아도 된다.

48 지게차 작업장치의 종류에 해당되지 않은 것은?

① 하이마스트　　② 리퍼
③ 사이드클램프　④ 힌지드 버킷

해설 리퍼는 불도저에 들어가는 장치로 나무뿌리 등을 빼낼 때 사용한다.

49 차체에 용접 시 주의사항이 아닌 것은?

① 용접부위에 인화될 물질이 없나를 확인한 후 용접한다.
② 유리 등에 불통이 튀어 흔적이 생기지 않도록 보호막을 씌운다.
③ 전기용접 시 접지선을 스프링에 연결한다.
④ 전기용접 시 필히 차체의 배터리 접지선을 제거한다.

50 노킹이 발생되었을 때 디젤기관에 미치는 영향이 아닌 것은?

① 배기가스의 온도가 상승한다.
② 연소실 온도가 상승한다.
③ 엔진에 손상이 발생할 수 있다.
④ 출력이 저하된다.

51 글로우 플러그를 설치하지 않아도 되는 연소실은?(커먼레일은 제외)

① 직접분사실식　② 와류실식
③ 공기실식　　　④ 예연소실식

해설 글로우플러그는 예열플러그를 뜻하여 직접분사실식의 경우 흡기가열식 히트레인지를 사용한다.

52 일반적인 오일탱크의 구성품이 아닌 것은?

① 유압 실린더　　② 스트레이너
③ 드레인 플러그　④ 배플 플레이트

53 디젤기관의 출력을 저하시키는 원인으로 틀린 것은?

① 흡기계통이 막혔을 때
② 흡입공기 압력이 높을 때
③ 연료 분사량이 적을 때
④ 노킹이 일어난 때

54 지게차의 유압 복동 실린더에 대하여 설명한 것 중 틀린 것은?

① 싱글 로드형이 있다.
② 더블 로드형이 있다.
③ 수축은 자중이나 스프링에 의해서 이루어진다.
④ 피스톤의 양방향으로 유압을 받아 늘어난다.

해설 복동실린더는 유압이 들어가는 유압유 유입구가 2개이고, 단동실린더는 1개인 리프트실린더에 사용하며 리프트를 올릴 때만 유압의 힘으로 작동하고 내릴 때에는 자중 또는 스프링으로 내려온다.

55 유압 액추에이터의 설명으로 맞는 것은?

① 유체 에너지를 기계적인 일로 변환
② 유체 에너지를 생성
③ 유체 에너지를 축적
④ 기계적인 에너지를 유체 에너지로 변환

56 서로 다른 2종류의 유압유를 혼합하였을 경우에 대한 설명으로 옳은 것은?

① 서로 보완 가능한 유압유의 혼합은 권장사항이다.
② 연하현상은 촉진시킨다.
③ 유압유의 성능이 혼합으로 인해 월등해진다.
④ 점도가 달라지나 사용에는 전혀 지장이 없다.

해설 건설기계에 사용되는 유압유는 다른 회사의 제품과 같이 섞여서 사용하면 열화(변질)가 촉진되므로 사용에 유의하여야 한다.

57 안전교육의 목적으로 맞지 않는 것은?

① 능률적인 표준작업을 숙달시킨다.
② 소비절약 능력을 배양한다.
③ 작업에 대한 주의심을 파악할 수 있게 한다.
④ 위험에 대처하는 능력을 기른다.

58 지게차의 마스트를 구성하고 있는 구성품이 아닌 것은?

① 백레스트
② 블레이드
③ 롤러 서포트
④ 핑거보드

해설 블레이드란 불도저 또는 굴착기에 사용되는 토류판에 해당되므로 지게차와는 관련이 없다.

59 기동전동기는 정상 회전하지만 피니언기어가 링기어와 물리지 않을 경우 고장원인이 아닌 것은?

① 전동기축의 스플라인 접동부가 불량일 때
② 기동전동기의 클러치 피니언 앞 끝이 마모되었을 때
③ 마그네틱 스위치의 플런저가 튀어나오는 위치가 틀릴 때
④ 정류자 상태가 불량일 때

해설 정류자의 상태가 불량하면 기동전동기 자체가 회전하지 않는다.

60 좌식 지게차로 틸트 레버를 밀었을 때 마스트의 전경각도는?

① 8~10°　　② 5~6°
③ 7~9°　　④ 10~12°

해설 지게차의 포크가 앞으로 숙여지는 것을 전경이라 하며 좌식지게차의 경우 전경은 5~6° 후경은 2배인 10~12°로 설계되어 있다.

정답

1	②	11	③	21	③	31	①	41	②	51	①
2	①	12	③	22	①	32	③	42	④	52	①
3	④	13	②	23	④	33	④	43	④	53	④
4	③	14	④	24	②	34	④	44	④	54	③
5	④	15	③	25	②	35	②	45	②	55	①
6	①	16	②	26	④	36	②	46	②	56	②
7	④	17	①	27	④	37	④	47	④	57	②
8	④	18	①	28	②	38	②	48	②	58	②
9	①	19	④	29	②	39	④	49	③	59	④
10	②	20	①	30	④	40	③	50	①	60	②

지게차운전기능사

제4회 모의고사

01 엔진오일의 압력이 낮은 원인이 아닌 것은?

① 플라이밍 펌프의 파손
② 오일 파이프의 파손
③ 오일 펌프의 고장
④ 오일에 다량의 연료 혼입

해설 플라이밍 펌프는 연료에 공기침입시 공기배기작업을 할 수가 있다.

02 기관의 예방정비 시에 운전자가 해야 할 정비와 관계가 먼 것은?

① 연료파이프의 풀림 상태 조임
② 냉각수 보충
③ 딜리버리 밸브 교환
④ 연료 여과기의 엘리먼트 점검

03 소음기나 배기관 내부에 많은 양의 카본이 부착되면 배압은 어떻게 되는가?

① 높아진다.
② 저속에는 높아졌다가 고속에는 낮아진다.
③ 낮아진다.
④ 영향을 미치지 않는다.

04 디젤기관에서 회전속도에 따라 연료의 분사시기를 조절하는 장치는?

① 타이머　　　② 과급기
③ 기화기　　　④ 조속기

05 예열플러그가 15~20초에서 완전히 가열되었을 경우의 설명으로 옳은 것은?

① 정상상태이다.
② 접지 되었다.
③ 단락 되었다.
④ 다른 플러그가 모두 단선 되었다.

06 4행정 사이클 디젤기관이 작동 중 흡입밸브와 배기밸브가 동시에 닫혀있는 행정은?

① 흡입행정　　　② 동력행정
③ 배기행정　　　④ 소기행정

해설 흡배기 밸브가 동시에 닫혀있는 행정은 압축행정과 동력 (폭발)행정이다.

07 냉각장치에서 냉각수가 줄어드는 원인과 정비방법으로 틀린 것은?

① 서머스타트 하우징 불량 : 개스킷 및 하우징 교체
② 히터 혹은 라디에이터 호스 불량 : 수리 및 교환
③ 라디에이터 캡 불량 : 부품교환
④ 워터펌프 불량 : 조정

해설 워터펌프가 불량이면 교환하여야 한다.

08 공기청정기의 종류 중 특히 먼지가 많은 지역에 적합한 것은?

① 건식　　　② 유조식
③ 복합식　　　④ 습식

09 엔진의 윤활유 소비량이 과다해지는 가장 큰 원인은?

① 기관의 과냉
② 냉각펌프 손상
③ 오일 여과기 필터 불량
④ 피스톤 링 마멸

10 기관의 냉각장치에 해당하지 않는 부품은?

① 방열기　　　　② 수온조절기
③ 팬 및 벨트　　④ 릴리프밸브

11 디젤기관의 특성으로 가장 거리가 먼 것은?

① 전기 점화장치가 없어 고장율이 적다.
② 연료의 인화점이 높아서 화재의 위험성이 적다.
③ 연료소비율이 적고 열효율이 높다.
④ 예열플러그가 필요 없다.

12 디젤기관의 연료분사펌프에서 연료 분사량 조정은?

① 플라이밍 펌프를 조정
② 플런저 스프링의 장력조정
③ 리미트 슬리브를 조정
④ 컨트롤슬리브와 피니언의 관계위치를 변화하여 조정

13 다음 배선의 색과 기호에서 파랑색(blue)의 기호는?

① B　　　　　　② L
③ K　　　　　　④ P

해설 검정은 "B"를 사용하며, 파랑의 경우 Light Blue로 "L"이 사용된다.

14 도체 내의 전류의 흐름을 방해하는 성질은?

① 전압　　　　② 전하
③ 전류　　　　④ 저항

15 축전지의 소비된 전기에너지를 보충하기 위한 충전 방법이 아닌 것은?

① 정전압 충전　　② 정전류 충전
③ 급속충전　　　④ 초충전

해설 초충전은 배터리회사에서 배터리를 만들고 최초로 하는 충전을 말한다.

16 엔진이 기동된 다음에는 피니언기어가 공회전하여 링기어에 의해 엔진의 회전력이 기동전동기에 전달되지 않도록 하는 장치는?

① 피니언기어
② 전기자
③ 정류자
④ 오버런닝클러치

17 건설기계에서 12V 동일한 용량의 축전지 2개를 직렬로 접속하면?

① 전압이 높아진다.
② 전류가 증가한다.
③ 저항이 감소한다.
④ 용량이 감소한다.

18 축전지를 충전기에 의해 충전 시 정전류 충전 범위로 틀린 것은?

① 최대충전전류 : 축전지 용량의 20%
② 최소충전전류 : 축전지 용량의 5%
③ 최대충전전류 : 축전지 용량의 50%
④ 표준충전전류 : 축전지 용량의 10%

19 지게차작업 시 작업 능력이 떨어지는 원인으로 맞는 것은?

① 트랙 슈에 주유가 안됨
② 아워미터 고장
③ 조향핸들 유격 과다
④ 릴리프밸브 조정 불량

20 다음 중 지게차에 사용되는 부속 장치가 아닌 것은?

① 사이드 롤러　② 틸트 실린더
③ 리프트 실린더　④ 현가 스프링

21 지게차로 팔레트의 화물을 이동시킬 때 주의할 점으로 틀린 것은?

① 작업 시 클러치 페달을 밟고 작업한다.
② 적재 장소에 물건 등이 있는지 살핀다.
③ 포크를 팔레트에 평행하게 넣는다.
④ 포크를 적당한 높이까지 올린다.

22 클러치 디스크 구조에서 댐퍼스프링 작용으로 옳은 것은?

① 회전력을 증가시킴
② 디스크 마멸 방지
③ 압력판 마멸 방지
④ 회전충격 흡수

23 다음 중 지게차의 조종 레버 명칭이 아닌 것은?

① 리프트 레버　② 틸트 레버
③ 밸브 레버　④ 변속 레버

24 토크변환기에 사용되는 오일의 구비조건으로 맞는 것은?

① 점도가 낮을 것
② 비점이 낮을 것
③ 비중이 작을 것
④ 착화점이 낮을 것

25 주차 및 정차 금지 장소는 건널목의 가장자리로부터 몇 미터 이내인 곳인가?

① 5m　② 10m
③ 2 m　④ 30m

26 지게차 리프트 실린더 상승력이 부족한 원인과 거리가 먼 것은?

① 오일 필터의 막힘
② 유압펌프의 불량
③ 리프트 실린더에서 유압유누출
④ 틸트 로크 밸브의 밀착 불량

해설 틸트 로크 밸브는 전, 후경을 담당하는 밸브로 틸트가 된 상태에서 갑자기 시동이 꺼지면 틸트가 움직이지 않도록 잠가준다(LOCK).

27 최고주행속도 15km/h 미만의 타이어식 건설기계가 필히 갖추어야 할 조명장치가 아닌 것은?

① 후부반사기
② 제동등
③ 비상점멸 표시등
④ 전조등

28 지게차의 마스트가 2단으로 확장되어 높은 곳의 물건을 옮길 수 있는 것은?

① 하이마스트 지게차
② 클램프형 지게차
③ 3단마스트 지게차
④ 힌지드형 지게차

해설 일반지게차를 하이마스트라 한다.

29 건설기계관리법상 정기검사 연기 사유가 아닌 것은?

① 건설기계를 도난당한 때
② 건설기계를 건설현장에 투입했을 때
③ 1개월 이상에 걸친 정비를 하고 있을 때
④ 건설기계의 사고가 발생했을 때

30 건설기계관리법령상 정비업의 범위에서 제외되는 행위로 틀린 것은?

① 창유리 또는 배터리 교환
② 트랙의 장력 조정
③ 엔진 흡·배기 밸브의 간극 조정
④ 에어크리너 엘리먼트 및 필터류의 교환

31 건설기계 조종사면허의 취소 사유가 아닌 것은?

① 부정한 방법으로 면허를 받은 때
② 술에 만취한 상태에서 건설기계를 조종한 때
③ 건설기계 조종 중 과실로 2명의 사망자가 발생한 때
④ 약물(마약, 대마, 환각물질)을 투여한 상태에서 조종한 때

32 도로교통법상 벌점의 누산 점수 초과로 인한 면허취소 기준 중 1년간 누산 점수는 몇 점인가?

① 121점   ② 190점
③ 201점   ④ 271점

33 건설기계를 도난당한 때 등록말소사유 확인 서류로 적당한 것은?

① 주민등록등본
② 봉인 및 번호판
③ 수출신용장
④ 경찰서장이 발행한 도난신고 접수 확인원

34 도로교통법에 위반되는 행위는?

① 철도건널목 바로 전에 일시 정지 하였다.
② 다리 위에서 앞지르기를 하였다.
③ 주간에 방향을 전환할 때 방향 지시등을 켰다.
④ 야간에 마주보고 진행시 전조등의 광도를 감하였다.

35 건설기계조종사 면허를 거짓이나 부정한 방법으로 받았거나 도로나 타인의 토지에 방치한 자에 대한 벌칙은?

① 1년 이하의 징역 또는 1000만원 이하의 벌금
② 2년 이하의 징역 또는 2000만원 이하의 벌금
③ 2000만원 이하의 벌금
④ 1000만원 이하의 벌금

36 지게차 작업 중 재산손실 50만원 상당의 피해를 입혔을 시 면허효력정지 기간은 며칠인가?

① 면허효력정지 1일
② 면허효력정지 2일
③ 면허효력정지 3일
④ 면허효력정지 10일

37 작동유가 넓은 온도범위에서 사용되기 위한 조건으로 가장 알맞은 것은?

① 산화작용이 양호해야 한다.
② 점도지수가 높아야 한다.
③ 소포성이 좋아야 한다.
④ 유성이 커야 한다.

38 유압장치 관내를 흐르는 유량의 계산식은? [단, 유량은 Q (㎤/min), 체적은 V(㎤), 시간은 t (min)]

① $Q = V - t$
② $Q = V + t$
③ $Q = V \times t$
④ $Q = V / t$

39 유압모터의 장점이 아닌 것은?

① 관성력이 크며, 소음이 크다.
② 전동 모터에 비하여 급속정지가 쉽다.
③ 광범위한 무단 변속을 얻을 수 있다.
④ 작동이 신속. 정확하다.

40 유압탱크 내의 오일을 전부 배출시킬 때 사용하는 것은?

① 배플   ② 스트레이너
③ 드레인 플러그 ④ 리턴라인

해설 액체에 해당되는 것은 드레인이라 표현하고 기체의 경우 벤트로 표현한다.

41 자체중량에 의한 자유낙하 등을 방지하기 위하여 회로에 배압을 유지하는 밸브는?

① 릴리프밸브   ② 안전밸브
③ CPR밸브   ④ 카운터밸런스밸브

42 일반적으로 유압계통을 수리할 때 마다 항상 교환해야 하는 것은?

① 커플링   ② 제어밸브
③ 터미널 피팅   ④ 실(seal)

해설 정비 조립시 고무재질로 되어 있는 실이 망가지면 누유의 우려가 있어 항상 새것으로 교체하여야 한다.

43 유압이 진공에 가까워짐으로 기포가 생기며, 국부적인 고압이나 소음이 발생하는 현상을 무엇이라 하나?

① 채터링 현상   ② 오리피스 현상
③ 시효경화 현상 ④ 캐비테이션 현상

44 유압 실린더의 종류에 해당하지 않은 것은?

① 복동 실린더 더블로드형
② 단동 실린더 배플형
③ 복동 실린더 싱글로드형
④ 단동 실린더 램형

45 유압계통에서 오일 누설 시의 점검사항이 아닌 것은?

① 오일의 윤활성
② 실(seal) 의 마모
③ 실(seal) 의 파손
④ 볼트의 이완

46 유압펌프에서 사용되는 GPM의 의미는?

① 계통 내에 형성된 압력
② 복동 실린더의 치수
③ 분당 토출하는 작동유의 양
④ 흐름의 저항

해설 GPM이란 Gallon/min을 뜻하며 분당 뿜어내는 작동유의 양을 말한다.

47 장갑을 끼고 작업할 때 가장 위험한 작업은?

① 건설기계 운전작업
② 오일 교환작업
③ 해머작업
④ 타이어 교환작업

48 안전적인 측면에서 병속에 들어있는 약품의 냄새를 알아보고자 할 때 가장 좋은 방법은?

① 조금씩 쏟아서 확인
② 손바람을 이용하여 확인
③ 숟가락으로 떠내어 확인
④ 종이로 적셔서 알아본다.

49 유압유의 기능이 아닌 것은?

① 윤활작용
② 냉각작용
③ 동력전달작용
④ 압축작용

50 다음은 재해발생시 조치요령이다. 조치순서로 가장 적합한 것은?

> 1. 운전정지
> 2. 관련된 또다른 재해방지
> 3. 피해자 구조
> 4. 응급조치

① 1-2-3-4　　② 3-2-4-1
③ 3-4-1-2　　④ 1-3-4-2

51 정 작업 시 안전수칙으로 부적합한 것은?

① 담금질한 재료를 정으로 쳐서는 안된다.
② 머리가 벗겨진 것은 사용하지 않는다.
③ 기름을 깨끗이 닦은 후에 사용한다.
④ 차광안경을 착용한다.

해설 정은 공작물의 면을 깎거나 귀퉁이의 홈 등을 파는 일을 하는 도구로 차광안경은 용접시에 사용함으로 앞이 안보여 작업에 지장이 있다.

52 지게차 체인 장력 조정법이 아닌 것은?

① 좌우 체인이 동시에 평행한가를 확인한다.
② 포크를 지상에서 10~15cm 들어올린다.
③ 손으로 체인을 눌러보아 양쪽으로 다르면 조정너트로 조정한다.
④ 조정 후 로크너트를 확인하지 않는다.

해설 체인의 장력을 조종너트로 조정 후 로크너트로 풀리지 않도록 확인 후 단단하게 조여야 한다.

53 다음 중 일일 점검 사항이 아닌 것은?

① 외부의 누유, 누수, 볼트의 풀림 등 점검
② 냉각수의 점검
③ 크랭크 케이스의 유량점검
④ 연료탱크의 침전물 배출

54 지게차를 주차 시킬 때 포크의 적당한 위치는?

① 지상으로부터 20cm 위치
② 지상으로부터 30cm 위치
③ 땅위에 내려놓는다.
④ 아무 위치나 상관없다.

55 지게차의 앞축의 중심부로부터 뒤축의 중심부까지의 수평거리를 말한다. 즉, 앞 타이어의 중심에서 뒤 타이어의 중심까지의 거리를 무엇이라 하는가?

① 축간거리　　② 전폭
③ 윤간거리　　④ 전장

56 지게차의 주차 및 정차에 대한 안전 사항이다. 맞지 않은 것은?

① 마스트를 전방으로 틸트하고 포크를 바닥에 내려놓는다.
② 키 스위치를 OFF에 놓고 주차 브레이크를 고정 시킨다.
③ 주·정차 후에는 항상 지게차에 키를 꽂아 놓는다.
④ 막힌 통로나 비상구에는 주차하지 않는다.

57 산업안전보건표지에서 안내표지의 바탕색상은?

① 적색　　② 황색
③ 청색　　④ 녹색

58 지게차의 작업 후 점검 사항에 맞지 않는 것은?

① 연료탱크를 가득 채운다.
② 포크의 작동상태를 점검한다.
③ 파이프나 실린더의 누유점검
④ 다음날 작업이 계속되므로 차의 내·외부를 그대로 둔다.

59 다음 그림과 같은 교통표지의 설명으로 맞는 것은?

① 좌로 일방통행 표지이다.
② 우로 일반통행 표지이다.
③ 일단정지 표지이다.
④ 진입금지 표지이다.

60 아래 교통안전규제표지에서 차높이 제한 표지로 맞는 것은?

① ②

③ ④

해설 ① 차중량 제한 ② 차폭 제한
③ 차간거리 확보 ④ 차높이 제한

정답

1	①	11	④	21	①	31	③	41	④	51	④
2	③	12	④	22	④	32	①	42	④	52	④
3	①	13	②	23	③	33	④	43	④	53	④
4	①	14	④	24	①	34	②	44	②	54	③
5	①	15	④	25	②	35	①	45	①	55	①
6	②	16	④	26	④	36	①	46	③	56	③
7	④	17	①	27	③	37	②	47	③	57	④
8	②	18	③	28	①	38	④	48	②	58	④
9	④	19	④	29	②	39	①	49	④	59	④
10	④	20	④	30	③	40	③	50	④	60	④

제5회 모의고사

01 특별표지판 부착 대상인 대형 건설기계가 아닌 것은?

① 길이가 15m인 건설기계
② 너비가 2.8m인 건설기계
③ 높이가 6m인 건설기계
④ 총중량 45톤인 건설기계

해설 특별표지판은 대형건설기계에 적용되며, 길이 16.7m, 너비 2.5m, 최소회전반경 12m, 높이가 4m, 총중량 40톤, 축하중 10톤을 초과하는 경우에 부착대상이 된다.

02 건설기계의 구조 변경 가능 범위에 속하지 않는 것은?

① 수상작업용 건설기계 선체의 형식 변경
② 적재함의 용량 증가를 위한 변경
③ 건설기계의 깊이, 너비, 높이 변경
④ 조종장치의 형식 변경

03 건설기계 운전자가 조종 중 고의로 인명피해를 입히는 사고를 일으켰을 때 면허처분 기준은?

① 면허취소
② 면허효력 정지 30일
③ 면허효력 정지 20일
④ 면허효력 정지 180일

04 건설기계 등록번호표의 표시내용이 아닌 것은?

① 기종
② 등록 번호
③ 등록 관청
④ 장비 연식

해설 장비연식은 명판에 표시되어 있다.

05 성능이 불량하거나 사고가 자주 발생하는 건설기계의 안전성 등을 점검하기 위하여 실시하는 검사는?

① 예비검사
② 구조변경검사
③ 수시검사
④ 정기검사

06 건설기계의 등록 전에 임시운행 사유에 해당되지 않는 것은?

① 장비 구입 전 이상 유무 확인을 위해 1일간 예비 운행을 하는 경우
② 등록신청을 하기 위하여 건설기계용 등록지로 운행하는 경우
③ 수출을 하기 위하여 건설기계를 선적지로 운행하는 경우
④ 신개발 건설기계를 시험·연구의 목적으로 운행하는 경우

07 커먼레일 디젤기관의 연료장치 시스템에서 출력요소는?

① 공기 유량 센서
② 인젝터
③ 엔진 ECU
④ 브레이크 스위치

08 기동 전동기 구성품 중 자력선을 형성하는 것은?

① 전기자
② 계자 코일
③ 슬립링
④ 브러시

09 디젤기관의 예열 장치에서 코일형 예열 플러그와 비교한 실드형 예열플러그의 설명 중 틀린 것은?

① 발열량이 크고 열용량도 크다.
② 예입 플러그들 사이의 회로는 병렬로 결선되어 있다.
③ 기계적 강도 및 가스에 의한 부식에 약하다.
④ 예열 플러그 하나가 단선되어도 나머지는 작동된다.

해설 실드형 예열플러그는 코일부분에 뚜껑을 씌어 놓아 수명이 길며 1개가 고장 나도 나머지는 작동하도록 병렬로 결선되어 있다.

10 엔진오일이 연소실로 올라오는 주된 이유는?

① 피스톤 링 마모
② 피스톤 핀 마모
③ 커넥팅로드 마모
④ 크랭크축 마모

11 4행정 기관에서 1사이클을 완료할 때 크랭크축은 몇 회전 하는가?

① 1회전   ② 2회전
③ 3회전   ④ 4회전

12 축전지의 전해액으로 알맞은 것은?

① 순수한 물   ② 과산화납
③ 해면상납   ④ 묽은 황산

13 디젤기관 연료여과기에 설치된 오버플로우 밸브(overflow valve)의 기능이 아닌 것은?

① 여과기 각 부분 보호
② 연료공급펌프 소음발생 억제
③ 운전 중 공기 배출 작용
④ 인젝터의 연료분사시기 제어

14 교류발전기의 다이오드가 하는 역할은?

① 전류를 조정하고, 교류를 정류한다.
② 전압을 조정하고, 교류를 정류한다.
③ 교류를 정류하고, 역류를 방지한다.
④ 여자전류를 조정하고, 역류를 방지한다.

해설 자동차에 쓰이는 전기는 직류가 사용되나 교류발전기에서 발생한 교류를 다이오드가 직류로 변환시킨다.

15 라디에이터(Radiator)에 대한 설명으로 틀린 것은?

① 라디에이터의 재료 대부분은 알루미늄 합금이 사용된다.
② 단위 면적당 방열량이 커야한다.
③ 냉각 효율을 높이기 위해 방열판이 설치된다.
④ 공기 흐름 저항이 커야 냉각 효율이 높다.

16 디젤기관의 연소실 중 연료 소비율이 낮으며 연소 압력이 가장 높은 연소실 형식은?

① 예연소실식   ② 와류실식
③ 직접분사실식   ④ 공기실식

해설 직접분사실실은 연료소비율이 낮으나 노즐의 수명이 짧다.

17 유압장치에서 방향제어밸브에 대한 설명으로 틀린 것은?

① 유체의 흐름 방향을 변환한다.
② 액추에이터의 속도를 제어한다.
③ 유체의 흐름 방향을 한쪽으로 허용한다.
④ 유압실린더나 유압모터의 작동 방향을 바꾸는데 사용된다.

18 유압펌프가 작동 중 소음이 발생할 때의 원인으로 틀린 것은?

① 펌프 축의 편심 오차가 크다.
② 펌프 흡입관 접합부로부터 공기가 유입된다.
③ 릴리프 밸브 출구에서 오일이 배출되고 있다.
④ 스트레이너가 막혀 흡입용량이 너무 작아졌다.

19 터보차저의 터빈 베어링의 윤활방법으로 맞는 것은?

① 기어오일   ② 유압유
③ 미션오일   ④ 기관오일

20 교류발전기의 다이오드를 냉각시키는 것으로 맞는 것은?

① 벨트풀리
② 로터
③ 스테이더
④ 히트 싱크

21 유압 모터의 종류에 포함되지 않는 것은?

① 기어형   ② 베인형
③ 플런저형   ④ 터빈형

22 유압장치에 사용되는 오일 실(seal)의 종류 중 0-링이 갖추어야 할 조건은?

① 체결력이 작을 것
② 압축변형이 작을 것
③ 작동 시 마모가 클 것
④ 오일의 입·출입이 가능할 것

23 유압장치에서 작동 및 움직임이 있는 곳의 연결 관으로 적합한 것은?

① 플렉시블 호스   ② 구리 파이프
③ 강 파이프   ④ PVC 호스

해설 플렉시블 호스란 움직임이 있는 부분에 사용하는 것으로 강선에 고무코팅이 되어 있다.

24 건설기계의 유압장치를 가장 적절히 표현한 것은?

① 오일을 이용하여 전기를 생산하는 것
② 기체를 액체로 전환시키기 위해 압축하는 것
③ 오일의 연소에너지를 통해 동력을 생산하는 것
④ 오일의 유체에너지를 이용하여 기계적인 일을 하는 것

25 유압계통에 사용되는 오일의 점도가 너무 낮을 경우 나타날 수 있는 현상이 아닌 것은?

① 시동 저항 증가
② 펌프 효율 저하
③ 오일 누설 증가
④ 유압회로 내 압력 저하

해설 오일의 점도가 높으면 시동저항이 증가된다.

26 제동 유압장치의 작동원리는 어느 이론에 바탕을 둔 것인가?

① 열역학 제1법칙   ② 보일의 법칙
③ 파스칼의 원리   ④ 가속도 법칙

27 전기 기기에 의한 감전 사고를 막기 위하여 필요한 설비로 가장 중요한 것은?

① 접지설비
② 방폭등 설비
③ 고압계 설비
④ 대지 전위 상승 설비

28 유류 화재 시 소화방법으로 부적절한 것은?

① 모래를 뿌린다.
② 다량의 물을 부어 끈다.
③ ABC소화기를 사용한다.
④ B급 화재 소화기를 사용한다.

29 소화 작업의 기본요소가 아닌 것은?

① 가연물질을 제거하면 된다.
② 산소를 차단하면 된다.
③ 점화원을 제거시키면 된다.
④ 연료를 기화시키면 된다.

30 밀폐된 공간에서 엔진을 가동할 때 가장 주의해야 할 사항은?

① 소음으로 인한 추락
② 배출가스 중독
③ 진동으로 인한 직업병
④ 작업 시간

31 벨트를 교체 할 때 기관의 상태는?

① 고속상태　　② 중속상태
③ 저속상태　　④ 정지상태

32 진동 장애의 예방대책이 아닌 것은?

① 실외작업을 한다.
② 저진동 공구를 사용한다.
③ 진동업무를 자동화 한다.
④ 방진장갑과 귀마개를 착용한다.

33 화재 및 폭발의 우려가 있는 가스발생장치 작업장에서 지켜야 할 사항으로 맞지 않는 것은?

① 불연성 재료 사용금지
② 화기 사용금지
③ 인화성 물질 사용금지
④ 점화원이 될 수 있는 기재 사용금지

34 해머 작업 시 틀린 것은?

① 장갑을 끼지 않는다.
② 작업에 알맞은 무게의 해머를 사용한다.
③ 해머는 처음부터 힘차게 때린다.
④ 자루가 단단한 것을 사용한다.

35 다음 중 드라이버 사용방법으로 틀린 것은?

① 날 끝 홈의 폭과 깊이가 같은 것을 사용한다.
② 전기 작업 시 자루는 모두 금속으로 되어 있는 것을 사용한다.
③ 날 끝이 수평이어야 하며 둥글거나 빠진 것은 사용하지 않는다.
④ 작은 공작물이라도 한손으로 잡지 않고 바이스 등으로 고정하고 사용한다.

36 다음 중 도로교통법을 위반한 경우는?

① 밤에 교통이 빈번한 도로에서 전조등을 계속 하향했다.
② 낮에 어두운 터널 속을 통과할 때 전조등을 켰다.
③ 노면이 얼어붙은 곳에서 최고 속도의 20/100을 줄인 속도로 운행했다.
④ 소방용 방화 물통으로부터 10m 지점에 주차하였다.

37 지게차의 포크가이드에 대한 설명으로 맞는 것은?

① 포크를 이용하여 다른 짐을 이동할 목적으로 사용
② 파레트를 이동할 때 사용
③ 물건의 뒤를 받칠 때 사용
④ 포크와 같이 엔진을 이동할 때 사용

38 유압유의 점도에 대한 설명으로 틀린 것은?

① 점성계수를 밀도로 나눈 값이다.
② 온도가 상승하면 점도는 낮아진다.
③ 점성의 정도를 표시하는 값이다.
④ 온도가 내려가면 점도는 높아진다.

해설 점도란 오일의 끈적함을 말하며, 점도가 낮으면 묽고 높으면 오일이 걸쭉하다.

39 플런저 펌프의 특징으로 가장 거리가 먼 것은?

① 펌프 효율이 높다.
② 일반적으로 토출 압력이 높다.
③ 구조가 간단하고 값이 싸다.
④ 베어링에 부하가 크다.

해설 플런저펌프는 피스톤 펌프라고도 하며 큰 힘이 필요한 곳에 사용하고 구조가 복잡하다 구조가 간단하고 값이 싼 것은 기어 펌프에 해당된다.

40 유압 모터와 실린더의 설명으로 맞는 것은?

① 모터는 회전운동, 실린더는 직선운동을 한다.
② 모터는 직선운동, 실린더는 왕복운동을 한다.
③ 둘 다 왕복운동을 한다.
④ 둘 다 회전운동을 한다.

41 도로교통법규상 4차로 이상 고속도로에서 건설기계의 최저속도는?

① 갈수 없다   ② 40km
③ 50km   ④ 60km

42 유량제어밸브를 실린더와 병렬로 연결하여 실린더의 속도를 제어하는 회로는?

① 블리드 온 회로
② 미터 인 회로
③ 미터 아웃 회로
④ 블리드 오프 회로

43 유압회로 내의 압력이 설정압력에 도달하면 펌프에서 토출된 오일을 전부 탱크로 회송시켜 펌프를 무부하로 운전시키는데 사용하는 밸브는?

① 시퀀스 밸브
② 체크 밸브
③ 언로드 밸브
④ 릴리프 밸브

44 아래의 보기에서 지게차부품의 역할구조가 다른 것은?

① 체인   ② 백레스트
③ 포크   ④ 오버헤드가드

해설 오버헤드가드의 경우 사람을 보호하는 장치이며 나머지는 화물과 관련되어 있다.

45 지게차의 리프트 실린더에 사용하는 유압실린더의 형식으로 맞는 것은?

① 단동식   ② 복동식
③ 왕복식   ④ 틸트식

해설 리프트 실린더는 유압유가 들어가는 부분이 하나로 단동식에 해당되며, 틸트실린더와 조향실린더는 복동식이 사용된다.

46 정비작업 시 안전에 가장 위배되는 것은?

① 연료를 비운 상태에서 연료통을 용접한다.
② 가연성 물질을 취급 시 소화기를 준비한다.
③ 회전 부분에 옷이나 손이 닿지 않도록 한다.
④ 깨끗하고 먼지가 없는 작업환경을 조성한다.

해설 연료를 비운상태로 용접을 하면 연료통안의 유증기가 반응하여 폭발의 우려가 있으므로 물을 채우고 용접한다.

47 지게차의 정기점검 불합격 후 재점검 기간으로 맞는 것은?

① 10일   ② 20일
③ 2개월   ④ 1개월

48 왕복운동이나, 벨트, 풀리 등 일어나는 사고로 기계의 부분사이에 신체가 끼는 사고는?

① 충격   ② 전도
③ 얽힘   ④ 협착

49 벨트를 풀리(pulley)에 장착 시 기관의 상태로 옳은 것은?

① 고속으로 회전 상태
② 저속으로 회전 상태
③ 중속으로 회전 상태
④ 회전을 중지한 상태

50 다음 중 지게차에 사용되는 부속 장치가 아닌 것은?

① 사이드 롤러
② 틸트 실린더
③ 리프트 실린더
④ 현가 스프링

해설 지게차에는 현가장치가 있을 경우 롤링이 생겨 적재물이 떨어질 염려가 있어 현가장치가 없다. 따라서 경사지에서 조작에 유의하여야 한다.

51 일반적으로 장갑을 착용하고 작업을 하게 되는데, 안전을 위해서 오히려 장갑을 사용하지 않아야 하는 작업은?

① 오일교환 작업
② 타이어 교환 작업
③ 해머작업
④ 전기 용접 작업

52 점검주기에 따른 안전점검의 종류에 해당되지 않는 것은?

① 정기점검   ② 구조점검
③ 특별점검   ④ 수시점검

53 작업안전 상 보호안경을 사용하지 않아도 되는 작업은?

① 용접 작업   ② 연마 작업
③ 전기용접 작업   ④ 타이어 교환 작업

54 화재에 대한 설명으로 틀린 것은?

① 화재가 발생하기 위해서는 가연성 물질, 산소, 발화원이 반드시 필요하다.
② 가연성 가스에 의한 화재를 D급 화재라 한다.
③ 전기 에너지가 발화원이 되는 화재를 C급 화재라 한다.
④ 화재는 어떤 물질이 산소와 결합하여 연소하면서 열을 방출시키는 산화반응을 말한다.

해설 가연성가스에 의한 화재는 유류(B급)화재로 분류된다.

55 연료 분사의 3요소가 아닌 것은?

① 무화   ② 관통
③ 착화   ④ 분포

해설 연료분사는 인젝터의 노즐을 통하여 연료가 분사되는데 디젤기관의 경우 압축된 공기를 뚫고 나갈 수 있도록 관통되어야 하며 고압으로 실린더 내에 골고루 전달(분포)될 수 있도록 안개처럼(무화) 분사된다.

56 기관에서 완전연소 시 배출되는 가스 중에서 인체에 가장 해가 없는 가스는?

① NOx ② HC
③ CO ④ CO_2

57 도로교통법상 모든 차의 운전자가 서행하여야 하는 장소에 해당하지 않는 것은?

① 도로가 구부러진 부근
② 비탈길의 고개 마루 부근
③ 편도 2차로 이상의 다리 위
④ 가파른 비탈길의 내리막

58 그림의 교통안전 표지는?

① 좌·우회전 표지
② 좌·우회전 금지표지
③ 양측방 일방 통행표지
④ 양측방 통행 금지표지

59 도로교통법상에서 정의된 긴급자동차가 아닌 것은?

① 응급 전신·전화 수리공사에 사용되는 자동차
② 긴급한 경찰업무수행에 사용되는 자동차
③ 위독환자의 수혈을 위한 혈액 운송 차량
④ 학생운송 전용버스

60 승차 또는 적재의 방법과 제한에서 운행상의 안전기준을 넘어서 승차 및 적재가 가능한 경우는?

① 도착지를 관할하는 경찰서장의 허가를 받은 때
② 출발지를 관할하는 경찰서장의 허가를 받은 때
③ 관할 시·군수의 허가를 받은 때
④ 동·읍 면장의 허가를 받은 때

정답

1	①	11	②	21	④	31	④	41	③	51	③
2	②	12	④	22	②	32	①	42	④	52	②
3	①	13	④	23	①	33	①	43	③	53	④
4	④	14	③	24	④	34	③	44	④	54	②
5	③	15	④	25	①	35	②	45	①	55	③
6	①	16	③	26	③	36	③	46	①	56	④
7	②	17	②	27	①	37	①	47	④	57	③
8	②	18	③	28	②	38	①	48	④	58	①
9	③	19	④	29	④	39	③	49	④	59	④
10	①	20	④	30	②	40	①	50	④	60	②

지게차운전기능사

제6회 모의고사

01 무부하상태에서 지게차의 최저속도로 가능한 최소의 회전을 할 때 지게차후단부가 그리는 원의 반경을 무엇이라 하는가?

① 최소회전 반지름
② 축간거리
③ 전장
④ 최소회전반경

해설 무부하상태란 포크에 짐이 실리지 않은 상태를 말하며, 지게차의 뒷부분인 평형추를 후단부라 한다.

02 지게차의 등록번호표를 지워 없애거나 그 식별을 곤란하게 한 자의 벌금은?

① 2천만원
② 일천만원
③ 50만원
④ 100만원

해설 식별이 곤란하다는 것은 번호표가 거의 안 보이는 상태이며, 알아보기 곤란하다는 것은 일부 번호를 식별할 수 있다는 것을 말한다.

03 등록번호표를 가리거나 훼손하여 알아보기 곤란하게 한자 또는 그러한 건설기계를 운행한자에 대한 벌은?

① 천만원이하의 벌금
② 천만원이하의 과태료
③ 100만원이하의 벌금
④ 100만원 이하의 과태료

04 저압타이어에 11.00-20-12PR 이란 표시 중 숫자 11의 의미는?

① 타이어의 내경을 인치로 표시한 것
② 타이어의 폭을 센티미터로 표시한 것
③ 타이어 외경을 인치로 표시한 것
④ 타이어 폭을 인치로 표시한 것

05 물품적재 시 정지한 후 조작해야 하는 지게차의 작업장치는?

① 리프트레버
② 틸트레버
③ 인칭 페달
④ 브레이크 페달

해설 인칭페달은 브레이크 대신 작업을 빨리하기 위하여 브레이크의 역할을 하나 반박자 늦어 안전에 유의하여야 한다.

06 레버를 조작 시 유압유가 들어가서 작동하는 것과 다른 것은?

① 틸트레버를 당길 때
② 틸트레버를 밀 때
③ 리프트레버를 당길 때
④ 리프트레버를 밀 때

해설 리프트레버를 밀 때는 피스톤 로드가 수축되며, 스프링 또는 자중으로 내려온다.

07 도로교통 법규 상 주차금지 장소가 아닌 곳은?

① 전신주로부터 12m 이내인 곳
② 소방용 방화 물통으로부터 5m 이내인 곳
③ 터널 안 및 다리 위
④ 화재 경보기로부터 3m 이내인 곳

08 고압전기 작업 시 사용하는 장갑으로 맞는 것은?

① 화섬장갑
② 고무장갑
③ 면장갑
④ 절연장갑

09 안전기준을 초과하는 화물의 적재허가를 받은 자는 그 길이 또는 폭의 양 끝에 몇 cm 이상의 빨간 헝겊으로 된 표지를 달아야 하는가?

① 너비 : 15cm, 길이 : 30cm
② 너비 : 20cm, 길이 : 40cm
③ 너비 : 30cm, 길이 : 50cm
④ 너비 : 60cm, 길이 : 90cm

10 이너마스트가 갑자기 내려오는 것을 방지하고자 할 때 사용되는 유압밸브는?

① 릴리프밸브
② 안전밸브
③ CPR밸브
④ 카운터밸런스밸브

해설 마스트는 아웃마스트, 이너마스트로 구분되며 자유낙하 방지를 위하여 카운터 밸런스밸브가 사용된다.

11 다음의 도로명 주소에서 건물번호판의 관공서를 나타내는 것은?

①

②

③

④

12 해머작업에 대한 내용으로 잘못된 것은?

① 녹슨 재료 사용 시 보안경을 착용한다.
② 보안경의 헤드밴드 불량 시 교체하여야 한다.
③ 작업자가 서로 마주보고 타격한다.
④ 처음에는 작게 휘두르고 차차 크게 휘두른다.

13 미등록 건설기계를 사용하거나 운행한 자의 벌칙은?

① 1년 이하의 징역 또는 1000만원 이하의 벌금
② 2년 이하의 징역 또는 2000만원 이하의 벌금
③ 20만원 이하의 벌금
④ 10만원 이하의 벌금

14 아래의 산업안전표시의 명칭으로 맞는 것은?

① 안전제일   ② 임산부
③ 비상구   ④ 안전복 착용

15 디젤기관에서 연료장치 공기빼기 순서가 바른 것은?

① 공급펌프 → 연료여과기 → 분사펌프
② 공급펌프 → 분사펌프 → 연료여과기
③ 연료여과기 → 공급펌프 → 분사펌프
④ 연료여과기 → 분사펌프 → 공급펌프

16 안전·보건표시의 종류와 형태에서 그림의 안전표시판이 나타내는 것은?

① 사용금지   ② 탑승금지
③ 보행금지   ④ 물체이동금지

17 영구자석의 전류로 영구자석을 이용하여 바늘을 움직이는 것은?

① 속도계   ② 유압계
③ 유량계   ④ 전류계

18 다음 중 유압실린더의 동작으로 맞지 않는 것은?

① 리프트실린더를 밀면 리프트가 내려간다.
② 틸트 레버를 밀면 틸트 실린더가 팽창된다.
③ 리프트실린더를 당기면 리프트가 올라간다.
④ 틸트 레버를 당기면 틸트 실린더가 팽창된다.

해설 틸트 레버를 당기면 틸트 실린더의 로드가 수축되어 마스트가 후경된다.

19 지게차의 작업부분 중 기둥부분으로 핑거보드와 백레스트가 있으며 포크가 미끄럼상하 운동을 하는 레일부분의 명칭으로 맞는 것은?

① 리프트체인   ② 마스트
③ 리프트실린더   ④ 틸트실린더

20 다음의 유압기호에서 "A"부분의 명칭으로 맞는 것은?

① 유압 모터
② 오일 스트레이너
③ 가변용량 유압 펌프
④ 가변용량 유압 모터

해설 오일 스트레이너는 탱크 안에서 제일 먼저 오일을 빨아드리는 부분으로 얇은 철망이 붙어 있어 오일의 두꺼운 찌꺼기를 먼저 분리한다.

21 야간운전 시 도로에서 정차 할 때 반드시 켜야 할 등화로 맞는 것은?

① 전조등   ② 방향지시등
③ 미등, 차폭등   ④ 실내등

22 지게차체인의 관리중 거리가 먼 것은?

① 체인의 연결부를 확인한다.
② 체인에 엔진오일을 바른다.
③ 체인의 제작사를 확인한다.
④ 좌우체인의 유격상태를 확인한다.

23 다음 중 자가용 지게차의 등록번호판의 색으로 맞는 것은?

① 주황색   ② 노란색
③ 흰색   ④ 녹색

해설 개정된 법령에 의하여 자가용번호판은 녹색에서 흰색으로 변경되었다.

24 지게차를 경사면에서 운전할 때 적당한 짐의 방향은?

① 짐이 언덕 위쪽으로 가도록 한다.
② 짐이 언덕 아래쪽으로 가도록 한다.
③ 운전에 편리하도록 짐의 방향을 정한다.
④ 짐의 크기에 따라 방향이 정해진다.

25 탁상용 연삭기 사용 시 안전수칙으로 바르지 못한 것은?

① 받침대는 숫돌차의 중심보다 낮게 하지 않는다.
② 숫돌차의 주변과 받침대는 일정 간격으로 유지해야 한다.
③ 숫돌차를 나무 해머로 가볍게 두드려 보아 맑은 음이 나는가 확인한다.
④ 숫돌차의 측면에 서서 연삭해야 하며 반드시 차광안경을 착용한다.

26 지게차로 짐을 적재 시 마스트가 수직으로 받는 하중의 각도로 맞는 것은?

① 30°   ② 45°
③ 60°   ④ 90°

27 연삭기의 안전한 사용방법이 아닌 것은?

① 숫돌과 덮개 설치 후 작업
② 숫돌 측면 사용 제한
③ 보안경과 방진 마스크착용
④ 숫돌과 받침대 간격을 가능한 넓게 유지

28 축전지의 전해액으로 알맞은 것은?

① 순수한 물　　② 과산화납
③ 해면상납　　④ 묽은 황산

해설 축전지의 전해액은 물 65% 황산 35% 정도로 구성되어 있다.

29 도로 교통법상 모든 차의 운전자가 서행하여 야 하는 장소에 해당하지 않는 것은?

① 도로가 구부러진 부근
② 비탈길의 고개 마루 부근
③ 편도 2차로 이상의 다리 위
④ 가파른 비탈길의 내리막

30 지게차에서 체인과 가이드롤러가 달려 있는 장치는??

① 틸트 실린더　　② 리프트 실린더
③ 마스트　　④ 오버헤드가드

해설 지게차의 체인은 마스트안쪽에 체인이 달려 있으며 상단 하단에 롤러가 달려 있다.

31 타이어의 트레드에 대한 설명으로 가장 옳지 못한 것은?

① 트레드가 마모되면 구동력과 선회능력 이 저하 된다.
② 트레드가 마모되면 지면과 접촉 면적이 크게 됨으로써 마찰력이 증대되어 제동 성능은 좋아진다.
③ 타이어의 공기압이 높으면 트레드의 양 단부보다 중앙부의 마모가 크다.
④ 트레드가 마모되면 열의 발산이 불량하 게 된다.

해설 트레드란 타이어의 바깥부분으로 노면에 접촉되는 부분으 로 홈이 파져 있어 열을 발산하고 배수효과, 절상의 확산 방지, 구동력과 선회능력을 향상시키기 위하여 있다.

32 유압장치에서 방향제어밸브에 대한 설명으로 틀린 것은?

① 유체의 흐름 방향을 변환한다.
② 액추에이터의 속도를 제어한다.
③ 유체의 흐름 방향을 한쪽으로 허용한다.
④ 유압실린더나 유압모터의 작동 방향을 바꾸는데 사용된다.

33 유체클러치에서 와류를 감소시키는 장치는?

① 스테이터　　② 가이드링
③ 펌프　　④ 임펠러

해설 유체클러치는 내부에 가이드링이 있고, 토크컨버터는 스테이터가 있다.

34 현재 널리 사용되고 있는 할로겐램프에 대하 여 운전사 두 사람(A, B)이 아래와 같이 서로 주장하고 있다 어느 운전사의 말이 옳은가?

> 운전사 A : 실드빔 형이다
> 운전사 B : 세미실드빔 형이다

① A가 맞다
② B가 맞다.
③ A, B 모두 맞다
④ A, B 모두 틀리다.

해설 전조등의 전구만 교환하는 세미빌드빔 형식을 사용한다.

35 호이스트형 유압호스 연결부에 가장 많이 사 용하는 것은?

① 엘보 조인트　　② 니플 조인트
③ 소켓 조인트　　④ 유니온 조인트

해설 유니온 조인트란 유압호스를 체결 시 연결되는 부위의 나사부분이 회전하여 꼬임을 방지한다.

36 벨브 스템엔드와 로커암(태핏)사이의 간극을 무엇이라고 하는가?

① 로커암 간극 ② 캠간극
③ 스템간극 ④ 밸브간극

37 건설기계를 신규로 등록 할 때 실시하는 검사는?

① 신규등록 검사 ② 정기검사
③ 구조변경검사 ④ 형식승인 검사

38 사이드 포크형 지게차 마스트의 전경각 기준으로 알맞은 것은?

① 4도 이하일 것
② 5도 이하일 것
③ 6도 이하일 것
④ 7도 이하일 것

해설 사이드포크 지게차란 포크가 앞쪽에 있지 않고, 지게차의 옆면에 위치하여 전경각이 좌식보다 작다.

39 건설기계 운전자의 과실로 중상 1명이 발생했을 경우 처벌기준은?

① 15일 ② 30일
③ 면허취소 ④ 1개월

해설 과실로 인명피해를 입혔을 경우 사망 45일 중상 15일 경상 5일 면허효력정지가 적용된다. 단 고의로 인명피해를 입혔을 경우는 면허 취소이다.

40 차체에 드릴 작업 시 주의 사항으로 틀린 것은?

① 작업 시 내부의 파이프는 관통 시킨다
② 작업 시 내부에 배선이 없는지 확인한다.
③ 작업 후 내부에서 드릴 날 끝으로 인해 손상된 부품이 없는지 확인한다.
④ 작업 후 반드시 녹의 발생을 방지하기 위해 드릴 구멍에 페인트칠을 해둔다.

41 먼지가 많이 나는 장소에서 사용하는 마스크는?

① 송기마스크 ② 방독면
③ 방진 마스크 ④ 산소마스크

42 교류 발전기의 특징이 아닌 것은?

① 브러시 수명이 길다.
② 전류 조정기만 있다.
③ 저속 회전 시 충전이 양호하다.
④ 경량이고 출력이 크다.

해설 교류발전기는 전압조정기만 있다.

43 MF(Maintenance Free) 축전지에 점검창에 대한 설명으로 적합하지 않은 것은?

① 충전된 상태는 녹색이다.
② 충전이 필요하면 검정색이다.
③ 축전지교환시점은 흰색이다.
④ 정상일 경우 무색이다.

해설 MF축전지는 증류수를 보충하지 않으며 점검창으로 축전지의 상태를 점검할 수 있으며, 정상일 경우는 녹색이다.

44 4행정기관에서 많이 쓰이는 오일펌프의 종류는?

① 로터리식, 나사식, 베인식
② 로터리식, 기어식, 베인식
③ 기어식, 플런저식, 나사식
④ 플런저식, 기어식, 베인식

45 흙이나 소금과 같은 흘러내리기 쉬운 물품을 자동차에 실을 때 사용하는 지게차로 맞는 것은?

① 하이마스트 ② 힌지드 포크
③ 삼단마스트 ④ 힌지드버켓

해설 힌지의 뜻은 경첩처럼 많이 접할 수 있다는 뜻으로 힌지드버켓은 힌지드 포크에 버켓을 씌워 작업하며, 전경 및 후경각도가 많아 작업이 용이하다.

46 클러치의 토션스프링에 대한 설명으로 맞는 것은?

① 클러치의 마멸방지
② 압력판 마멸방지
③ 회전충격 흡수
④ 수직충격 흡수

47 유압 액추에이터의 설명으로 맞는 것은?

① 유체 에너지를 기계적인 일로 변환
② 유체 에너지를 생성
③ 기계적인 에너지를 유체 에너지로 변환
④ 유체 에너지를 축적

48 지게차를 뒤에서 보았을 때 바퀴의 위쪽이 벌어져 있는 것을 무엇이라 하는가?

① 토인　　　　② 캐스터
③ 킹핀경사각　④ 캠버

49 12V 축전지 2개로 24V의 기능을 발휘 시키는 방법으로 맞는 연결방법은?

① 직렬연결　　② 병렬연결
③ 완전충전　　④ 직병렬연결

해설　직렬연결은 전압이 상승하며, 병렬연결은 용량이 상승한다.

50 다음 중 지게차 주행 시 안전수칙으로 틀린 것은?

① 운전 시야 불량 시 유도자의 지시에 따라 전후·좌우를 충분히 관찰 후 운행한다.
② 진입로, 교차로 등 시야가 제한되는 장소에서는 주행속도를 줄이고 운행한다.
③ 경사로 및 좁은 통로등에서 급주행, 급정지, 급선회를 한다.
④ 다른 차량과 안전 차간 거리를 유지한다.

51 다음의 유압기호의 명칭으로 맞는 것은?

① 유압펌프　　② 가변유압펌프
③ 유압모터　　④ 가변유압모터

해설　기호안의 까만 삼각형은 유압을 뜻하며 삼각형의 꼭지점이 안쪽을 향하면 유압모터, 바깥쪽을 향하면 펌프가 된다. 또한 화살표가 있으면 가변용량, 없으면 정용량이 된다.

52 다음의 표시가 나타내는 의미는?

① 방사능　　　② 폭발물, 인화
③ 어름조각　　④ 독성위험

53 건설기계의 현장검사가 허용되는 경우가 아닌 것은?

① 도서지 지역에 있는 건설기계
② 너비가 2.0미터를 초과하는 건설기계
③ 최고속도가 시간당 35킬로미터 미만 건설기계
④ 차체중량이 40톤을 초과하거나 축중이 10톤을 초과하는 건설기계

54 유압장치에서 두 개의 펌프를 사용하는데 있어 펌프의 전체 송출량을 필요로 하지 않을 경우, 동력의 절감과 유온 상승을 방지하는 것은?

① 압력스위치(pressure switch)
② 카운트 밸런스 밸브(count balance valve)
③ 감압밸브(pressure reducing valve)
④ 무부하 밸브(unloading valve)

55 다음현상의 보기가 맞게 연결된 것은?

> 1. 배기행정의 초기에 배기밸브가 열려 연소가스의 압력에 의해 배출되는 현상
> 2. 압축 및 폭발행정에서 가스가 피스톤 과 실린더사이로 누출되는 현상

① 블로바이, 블로다운
② 블로다운, 블로바이
③ 블로다운, 블로 백
④ 블로백, 피스톤 슬랩

56 유압으로 작동되는 작업 장치에서 작업 중 힘이 떨어지는 원인으로 가장 관계가 있는 것은?

① 메인릴리프 밸브
② 첵밸브
③ 방향전환 밸브
④ 메이크업 밸브

해설 릴리프 밸브는 최고압력을 제한하는 역할을 한다.

57 2V 납산축전지의 방전종지 전압은?

① 12V   ② 10.5V
③ 7.5V   ④ 1.75V

해설 방전종지전압이란 배터리를 더 이상 사용할 수 없어 교환하여야 하는 기준을 이야기 한다.

58 작업 전 지게차의 워밍업 운전 및 점검 사항으로 틀린 것은?

① 시동 후 작동유의 유온을 정상 범위 내에 도달하도록 고속으로 전 후진 주행을 2회 실시
② 엔진 시동 후 5분간 저속운전 실시
③ 틸트 레버를 사용하여 전 행정으로 전후 경사 운동 2~3회 실시
④ 리프트 레버를 사용하여 상승, 하강 운동 을 전행정으로 2~3회 실시

해설 워밍업이란 작업전 장비의 엔진과 유압유의 온도를 정상 온도로 만들기 위하여 하며 이때 엔진은 저속으로 하여야 한다.

59 지게차에 붙어있는 명판에 적혀있는 사항 중 올바른 표기는?

① 모델명, 일련번호, 하중, 정격출력, 장비 중량, 제조년도
② 소재지, 일련번호, 하중, 정격출력, 장비 중량, 제조년도
③ 모델명, 일련번호, 하중, 소재지, 장비중 량, 제조년도
④ 모델명, 일련번호, 하중, 정격출력, 장비 중량, 소재지

60 자격증이 없는 무면허 운전자가 건설기계를 운전하다 적발되었다. 다음 중 맞는 것은?

① 벌금 50만원 이하
② 벌금 1000만원 이하
③ 벌금 300만원 이하
④ 벌금 500만원 이하

해설 무면허운전은 1년 이하의 징역 또는 1,000만원 이하의 벌금이 적용되며 고용주 또는 작업을 시킨 사람도 같이 1년 이하의 징역 또는 1,000만원 이하의 벌금이 처벌되 는 양벌규정이다.

정답

1	④	11	③	21	③	31	②	41	③	51	②
2	②	12	③	22	②	32	②	42	②	52	②
3	④	13	②	23	③	33	②	43	④	53	②
4	④	14	④	24	①	34	②	44	②	54	④
5	③	15	①	25	④	35	④	45	②	55	②
6	④	16	④	26	④	36	④	46	③	56	①
7	①	17	②	27	④	37	②	47	①	57	④
8	④	18	④	28	④	38	②	48	②	58	①
9	④	19	②	29	③	39	④	49	①	59	①
10	④	20	②	30	③	40	①	50	③	60	②

지게차운전기능사

제7회 모의고사

01 경사지에서 지게차 조종 요령으로 틀린 것은?

① 경사지를 올라갈 때는 포크의 앞 끝 또는 파레트 부분이 노면에 닿지 않도록 한다.

② 경사지를 짐을 싣고 내려갈 때는 경사지를 피하기 위해 S코스를 그리며 전진으로 주행한다.

③ 경사지를 짐을 싣고 내려갈 때는 후진하여 내려가야 한다.

④ 내리막길에서는 변속 레버를 중립에 놓고 엔진을 끈 상태로 타력에 의해서 내려가서는 안된다.

해설 경사지에 짐을 싣고 내려갈 때에는 짐의 방향이 언덕방향으로 하여 후진하며 S자를 그리면 전복의 위험이 있어 조심하여 운행해야 한다.

02 일반적으로 지게차의 장비 중량에 포함되지 않는 것은?

① 휴대공구   ② 운전자
③ 냉각수   ④ 연료

해설 장비중량은 운전자가 포함되지 않으며, 장비총중량은 운전자(65kg기준)를 포함한다.

03 건설기계관리법상 건설기계를 유효기간이 끝난 후에 계속 운행하고자 할 때 어느 검사를 받아야 하는가?

① 수시검사   ② 구조변경 검사
③ 예비검사   ④ 정기검사

04 지게차에 대한 설명으로 틀린 것은?

① 화물을 싣기 위해 마스트를 약간 전경시키고 포크를 끼워 화물을 싣는다.

② 틸트레버는 앞으로 밀면 마스트가 앞으로 기울고 따라서 포크가 앞으로 기운다.

③ 포크를 상승시킬 때는 리프트레버를 뒤쪽으로 하강시킬 때는 앞쪽으로 민다.

④ 목적지에 도착 후 화물을 내리기위해 틸트실린더를 후경시켜 전진한다.

05 교통안전시설이 표시하는 신호와 경찰공무원의 수신호가 다른경우 통행방법으로 옳은 것은?

① 신호를 우선적으로 따른다.

② 수신호는 보조 신호이므로 따르지 않아도 된다.

③ 경찰공무원의 수신호에 따른다.

④ 자기가 판단하여 위험이 없다고 생각되면 아무 신호에 따라도 된다.

06 운전 중 좁은 장소에서 지게차를 방향 전환시킬 때 가장 주의할 점으로 맞는 것은?

① 뒷바퀴 회전에 주의하여 방향 전환한다.

② 포크높이를 높게 하여 방향 전환한다.

③ 앞바퀴 회전에 주의하여 방향 전환한다.

④ 포크를 땅에 닿게 내리고 방향 전환한다.

07 교류발전기의 구성품이 아닌 것은?

① 로터
② 플라이 휠
③ 스테이터
④ 다이오드

08 지게차가 무부하상태에서 최대조향각으로 운행시 가장 바깥쪽바퀴의 접지자국 중심점이 그리는 원의 반경을 무엇이라고 하는가?

① 최대선회 반지름
② 최소회전 반지름
③ 최소직각 통로폭
④ 윤간거리

09 다음은 지게차의 스프링 장치에 대한 설명이다. 맞는 것은?

① 텐덤 드라이브 장치이다.
② 코일 스프링 장치이다.
③ 판 스프링 장치이다.
④ 스프링 장치가 없다.

해설 지게차는 짐이 롤링에 의하여 짐이 떨어지지 않도록 현가장치가 없다.

10 작업 전 지게차의 워밍업 운전 및 점검 사항으로 틀린 것은?

① 시동 후 작동유의 유온을 정상 범위 내에 도달하도록 고속으로 전 후진 주행을 2회 실시
② 엔진 시동 후 5분간 저속운전 실시
③ 틸트 레버를 사용하여 전 행정으로 전후 경사 운동 2~3회 실시
④ 리프트 레버를 사용하여 상승, 하강 운동을 전 행정으로 2~3회 실시

11 다음 중 지게차 차량중량에서 제외되는 것으로 맞는 것은?

① 냉각수
② 연료
③ 휴대용공구
④ 예비타이어

12 건설기계 작업 중 고의로 경상 2명에게 상해를 입혔을 경우 면허정지 기간으로 맞는 것은?

① 면허 취소
② 30일
③ 60일
④ 180일

13 축전지와 전동기를 동력원으로 하는 지게차는?

① 전동지게차
② 유압지게차
③ 엔진지게차
④ 수동지게차

해설 전동지게차는 엔진 대신에 축전지와 전동기를 동력원으로 사용한다.

14 건설기계등록번호표에 대한 설명으로 틀린 것은?

① 등록관청, 용도, 기종 및 등록번호 표시한다.
② 압형으로 제작한다.
③ 재질은 철판 또는 알루미늄판으로 한다.
④ 두께는 정해져 있으니 세로, 가로는 마음대로 한다.

15 지게차에 대한 설명으로 틀린 것은?

① 암페어메타의 지침이 방전되면 (-)쪽을 가리킨다.
② 오일압력경고등은 시동 후 워밍업 되기 전에 점등 되어진다.
③ 연료탱크의 연료가 비어있으면 연료게이지는 "E"를 가리킨다.
④ 히터시그널은 연소실 그로우 플러그의 가열상태를 표시한다.

16 사고의 직접원인으로 가장 옳은 것은?

① 성격결함

② 불완전한 행동 및 상태

③ 사회적 환경요인

④ 유전적인 요소

해설 사람이 지키지 않은 안전수칙 즉 불안전한 행동이 전체재해에 88%를 차지한다.

17 화물을 적재하고 주행할 때 포크와 지면과의 간격으로 가장 적당한 것은?

① 80~85cm ② 지면에 밀착

③ 20~30cm ④ 50~55cm

18 지게차 운전 종료 후 점검사항과 가장 거리가 먼 것은?

① 각종 게이지

② 타이어의 손상 여부

③ 연료량

④ 기름 누설 부위

해설 운전종료 후 게이지는 전원이 차단되어 0의 상태에 있으며 연료량은 연료캡을 열고 파악할 수가 있다.

19 지게차 포크의 간격은 파레트 폭의 어느 정도로 하는 것이 가장 적당한가?

① 파레트 폭의 1/2~1/3

② 파레트 폭의 1/3~2/3

③ 파레트 폭의 1/2~2/3

④ 파레트 폭의 1/2~3/4

해설 포크의 간격은 파레트 폭의 가운데 또는 넓을수록 안전하게 작업할 수가 있다

20 과실로 1명을 중상시켰을 때 면허효력정지 취소 처분은?

① 45일 ② 30일

③ 15일 ④ 5일

21 도로교통법규상 4차로 이상 고속도로에서 건설기계의 최저, 최고속도는?

① 30,100km ② 20,40km

③ 50,80km ④ 40,60km

22 건설기계조종사 면허를 거짓이나 부정한 방법으로 받았거나 도로나 타인의 토지에 방치한 자에 대한 벌칙은?

① 1년 이하의 징역 또는 1000만원 이하의 벌금

② 2년 이하의 징역 또는 2000만원 이하의 벌금

③ 2000만원 이하의 벌금

④ 1000만원 이하의 벌금

23 화재발생시 연소조건이 아닌 것은?

① 점화원 ② 산소

③ 발화시기 ④ 가연성물질

24 다음의 유압기호가 나타내는 것은?

① 릴리프 밸브 ② 무부하 밸브

③ 감압 밸브 ④ 순차 밸브

25 지게차의 포크를 내리는 역할을 하는 부품은?

① 틸트실린더 ② 리프트 실린더

③ 볼실린더 ④ 조향실린더

26 폭우·폭설·안개 등으로 가시거리가 100미터 이내일 때 속도는 얼마나 줄여야 하는가?

① 20% ② 50%

③ 60% ④ 80%

27 다음 중 현장에서 사용되는 특수지게차의 종류에 해당되는 것은?

① 트럭지게차   ② 텔레스코픽지게차
③ 기중지게차   ④ 덤프지게차

28 산업안전보건에서 안전표지의 종류가 아닌 것은?

① 위험표지   ② 경고표지
③ 금지표지   ④ 안내표지

해설 산업안전표지는 안경금지 즉 안내, 경고, 금지, 지시로 4종류가 있다

29 지게차 인칭조절장치에 대한 설명으로 맞는 것은?

① 트랜스미션 내부에 있다.
② 브레이크드럼 내부에 있다.
③ 디셀레이터 페달이다.
④ 작업장치의 유압상승을 억제한다.

30 지게차 주행 중 조향핸들이 떨리는 원인으로 맞지 않는 것은?

① 타이어밸런스가 맞지 않을 때
② 휠이 휘었을 때
③ 스티어링 기어의 마모가 심할 때
④ 포크가 휘었을 때

31 지게차의 리프트 작동회로에 사용되는 플로우 레귤레이터(슬로우 리턴 밸브)의 역할은?

① 포크의 하강속도를 조절하여 천천히 내려오게 한다.
② 짐을 하강시킬 때 신속하게 내려오게 한다.
③ 포크 상승 중 중간에서 정지 시 실린더 내부 누유방지
④ 포크 상승 시 작동유의 압력을 높여 준다.

32 지게차로 차체앞쪽에 화물을 실었을 때 안전성 및 균형을 잡아주기 위해 지게차 장비 뒤쪽에 설치되어 있는 것은?

① 변속기   ② 기관
③ 클러치   ④ 평형추

33 지게차 포크를 하강시키는 방법으로 가장 적합한 것은?

① 가속페달을 밟고 리프트레버를 앞으로 민다.
② 가속페달을 밟고 리프트레버를 뒤로 당긴다.
③ 가속페달을 밟지 않고 리프트레버를 뒤로 당긴다.
④ 가속페달을 밟지 않고 리프트레버를 앞으로 민다.

34 건설기계관리법상 건설기계의 소유자는 건설기계를 취득한 날부터 얼마 이내에 건설기계 등록신청을 해야 하는가?

① 2개월 이내   ② 3개월 이내
③ 6개월 이내   ④ 1년 이내

35 유압이 진공에 가까워짐으로 기포가 생기며, 국부적인 고압이나 소음이 발생하는 현상을 무엇이라 하나?

① 채터링 현상   ② 오리피스현상
③ 시효경화 현상   ④ 캐비테이션

36 지게차의 좌우높이가 다를 경우 조정하는 부위는?

① 리프트밸브로 조정
② 리프트체인의 길이 조정
③ 틸트레버로 조정
④ 틸트실린더로 조정

37 지게차 하역 작업 시 안전한 방법이 아닌 것은?

① 무너질 위험이 있는 경우 화물위에 사람이 올라간다.
② 가벼운 것은 위로, 무거운 것은 밑으로 적재한다.
③ 굴러갈 위험이 있는 물체는 고임목으로 고인다.
④ 허용적재 하중을 초과하는 화물의 적재는 금한다.

38 현장에서 작업 시 옷이 말려 들어갈 수 있는 것으로 맞는 것은?

① 커플링   ② 스위치
③ 콘센트   ④ 벨트

39 전동지게차의 동력전달 순서로 맞는 것은?

① 축전지 - 제어기구 - 구동모터 - 변속기 - 종감속 및 차동장치 - 앞바퀴
② 축전지 - 변속기 - 토크컨버터 - 종감속기어 및 차동장치 - 앞구동축 - 최종감속기 - 차륜
③ 축전지 - 토크컨버터 - 변속기 - 앞구동축 - 종감속기어 및 차동장치 - 최종감속기 - 차륜
④ 엔진 - 토크컨버터 - 변속기 - 종감속기어 및 차동장치 - 앞구동축 - 최종감속기 - 차륜

40 선반작업, 드릴작업,목공기계작업,연삭작업, 해머작업등을 할 때 착용하면 불안전한 보호구는?

① 장갑   ② 귀마개
③ 방진안경   ④ 안전복

41 아세틸렌 용접장지의 방호장치는?

① 덮개   ② 제동장치
③ 안전기   ④ 자동전격방지기

42 건설기계 장비의 충전장치에서 가장 많이 사용하고 있는 발전기는?

① 단상 교류발전기
② 3상 교류발전기
③ 직류발전기
④ 와전류발전기

43 특별표지판을 부착하지 않아도 되는 건설기계는?

① 길이가 17m인 건설기계
② 너비가 3m인 건설기계
③ 높이가 3m인 건설기계
④ 최소회전반경이 13m 건설기계

44 작동유가 넓은 온도범위에서 사용되기 위한 조건으로 가장 알맞은 것은?

① 산화작용이 양호해야 한다.
② 점도지수가 높아야 한다.
③ 소포성이 좋아야 한다.
④ 유성이 커야 한다.

45 건설기계의 정기검사신청기간 내에 정기검사를 받은 경우, 다음 정기검사 유효 기간의 산정방법으로 옳은 것은?

① 정기검사를 받은 날부터 기산한다.
② 정기검사를 받은 날의 다음날부터 기산한다.
③ 종전 검사유효기간 만료일부터 기산한다.
④ 종전 검사유효기간 만료일의 다음날부터 기산한다.

46 납산 배터리액체를 취급하기에 가장 적합한 복장은?

① 고무로 만든 옷
② 가죽으로 만든 옷
③ 무명으로 만든 옷
④ 화학섬유로 만든 옷

47 고속도로통행이 허용되지 않는 건설기계로 맞는 것은?

① 콘크리트믹서트럭
② 덤프트럭
③ 지게차
④ 트럭 기중기

48 다음의 유압기호가 나타내는 것은?

① 릴리프 밸브
② 무부하 밸브
③ 어큐뮬레이터
④ 필 터

49 유압펌프의 종류로 적합하지 않은 것은?

① 기어펌프
② 포막펌프
③ 피스톤펌프
④ 베인펌프

50 점검주기에 따른 안전점검의 종류에 해당되지 않는 것은?

① 정기점검　　② 구조점검
③ 특별점검　　④ 수시점검

51 지게차 체인의 관리 중 거리가 먼 것은?

① 체인의 연결부를 확인한다.
② 체인에 엔진오일을 바른다.
③ 체인의 제작사를 확인한다.
④ 좌우체인의 유격상태를 확인한다.

52 다음의 도로 표지판의 설명으로 맞지 않는 것은?

![도로 표지판: 반포대로23길 Banpo-daero 23-gil 1←65]

① 도로의 시작지점에 설치되어 있다
② 반포대로의 230m지점 분기점에 설치되어 있다.
③ 전체 도로의 길이가 약 650m 가량이다.
④ 도로의 종료지점에 설치되어 있다.

53 화물의 운행이나 하역작업 중 화물상부를 지지할 수 있는 압력판이 부착되어 있는 지게차는?

① 로드스테빌라이저
② 하이마스트
③ 램형지게차
④ 스키드 포크

54 지게차 전기회로의 보호장치로 맞는 것은?

① 안전밸브　　② 퓨저블 링크
③ 캠버　　　　④ 턴 시그널 램프

55 고압·소용량, 저압·대용량 펌프를 조합 운전할 경우 회로 내의 압력이 설정압력 도달하면 저압 대용량 펌프의 토출량을 기름 탱크로 귀환시키는데 사용하는 밸브는?

① 무부하 밸브
② 카운터 밸런스 밸브
③ 체크밸브
④ 시퀀스 밸브

56 2개 이상의 분기회로가 있을 때 순차적인 작동을 하기 위한 압력제어 밸브는?

① 시퀀스 밸브　② 감압 밸브
③ 릴리프 밸브　④ 리듀싱 밸브

57 액추에이터에 설치되어 배압을 주어 속도를 규제하고 자유낙하를 방지하는 압력 제어 밸브는?

① 릴리프 밸브
② 리듀싱 밸브
③ 카운터 밸런스 밸브
④ 체크밸브

58 일반적으로 유압펌프 중 고압, 고효율이며 최고압력 토출이 가능한 것은?

① 베인펌프
② 기어펌프
③ 2단베인 펌프
④ 플런저 펌프

59 차량이 앞쪽 방향으로 진행 중일 때, 그림의 도로명표지에 대한 설명으로 틀린 것은?

① 300m 전방의 교차로에서 우회전하면 6번 도로 새문안로로 갈 수 있다.
② 계속 직진하면 독립문으로 갈 수 있다.
③ 300m 전방의 교차로에서 우회전하여 주행하면 건물번호가 작아진다.
④ 300m 전방의 교차로에서 우회전하여 주행하면 건물번호가 커진다.

해설 도로명 주소의 부여기준은 서에서 동으로 남에서 북으로 적용되므로 ,300m 전방의 교차로에서 우회전하여 주행하면 동쪽이 되므로 건물번호가 커진다.

60 다음 중 도로교통표지판의 이름으로 맞는 것은?

① 철길건널목, 통행금지, 유턴, 차중량제한
② 우좌로 이중굽은 도로, 주정차금지, 회전형 교차로, 우합류도로
③ 좌우로 이중굽은도로 , 진입금지, 로터리, 좌합류 도로
④ 굽은도로, 주정차금지, 원형교차로, 우합류도로

정답

1	②	11	④	21	③	31	①	41	③	51	③
2	②	12	①	22	①	32	④	42	②	52	①
3	④	13	①	23	④	33	④	43	③	53	①
4	④	14	④	24	②	34	①	44	②	54	②
5	③	15	②	25	②	35	④	45	④	55	①
6	①	16	②	26	②	36	②	46	①	56	①
7	②	17	③	27	①	37	①	47	③	57	③
8	②	18	①	28	①	38	④	48	④	58	④
9	④	19	④	29	①	39	①	49	②	59	③
10	①	20	③	30	④	40	①	50	②	60	②

01 그림과 같은 교통표지의 설명으로 옳은 것은?

① 회전교차로표지
② 우회전표지
③ 유턴표지
④ 좌측면통행표지

02 4행정 사이클 기관의 행정 순서로 맞는 것은?

① 흡입 → 동력 → 압축 → 배기
② 압축 → 흡입 → 동력 → 배기
③ 흡입 → 압축 → 동력 → 배기
④ 압축 → 동력 → 흡입 → 배기

해설 엔진은 흡입, 압축, 동력(폭발), 배기를 하며 크랭크축은 2회전 캠축은 1회전한다.

03 건설기계의 임시운행 기간으로 맞게 설명한 것은?

① 60일
② 30일
③ 15일
④ 5일

04 다음 유압 기호가 나타내는 것은?

① 축압기
② 감압 밸브
③ 유압 펌프
④ 여과기

05 지게차 리프트 체인의 장력 점검 및 조정 방법으로 틀린 것은?

① 포크를 지면에 완전히 내려놓고 체인을 양손으로 밀어 점검한다.
② 지게차를 평평한 장소에 세우고 마스트를 수직으로 세운다.
③ 포크에 지게차의 정격 하중에 해당하는 화물을 올린다.
④ 한 쪽 체인의 장력이 너무 크거나 작으면 체인을 앵커볼트로 조정한다.

06 지게차가 취급할 화물의 중량의 한계를 초과하면 발생되는 현상으로 가장 적절하지 않은 것은?

① 차체 여러 부분의 수명 단축의 원인이 된다.
② 후륜이 들린다.
③ 마스트가 뒤로 기울어진다.
④ 조향이 곤란해진다.

해설 중량의 한계를 초과하면 마스트는 앞으로 기울고 뒷바퀴가 지면에서 들리므로 허용된 범위 안에서 작업 하여야 한다.

07 지게차 운행 시 운전자가 주의할 사항으로 틀린 것은?

① 높은 장소에서 작업이 필요할 때 포크에 사람을 승차시켜 작업한다.
② 한눈을 팔면서 운행하지 않는다.
③ 포크 끝단으로 화물을 들어 올리지 않는다.
④ 큰 화물로 인해 전면 시야가 방해 받을 때는 후진 운행한다.

08 지게차의 일반적인 조향 방식은?

① 작업조건에 따른 가변방식
② 뒷바퀴 조향방식
③ 굴절(허리꺾기) 조향방식
④ 앞바퀴 조향방식

해설 지게차는 전륜 구동 후륜 조향장치이다.

09 건설기계 유압기기 부속장치인 축압기의 주요 기능으로 틀린 것은?

① 장치 내의 충격 흡수
② 압력 보상
③ 유체의 유속 증가 및 제어
④ 장치 내의 맥동 감쇄

10 지게차 틸트 레버를 당길 때 좌, 우 마스트의 한쪽이 늦게까지 작동하는 주 이유는?

① 좌·우 틸트 실린더의 작동거리(행정)가 다르다.
② 유압탱크의 유량이 적다.
③ 유압탱크의 유량이 많다.
④ 좌·우 틸트 실린더의 작동거리(행정)가 같다.

11 건설기계법령상 건설기계조종사의 결격사유에 해당하지 않는 자는?

① 듣지 못하는 사람

② 18세 미만인 사람
③ 알코올 중독자
④ 파산자로서 복권되지 아니한 자

12 유압장치의 기본 구성요소가 아닌 것은?

① 유압 펌프
② 종감속 기어
③ 유압 제어 밸브
④ 유압 실린더

13 유압장치에서 입력제어밸브가 아닌 것은?

① 릴리프 밸브 　② 시퀀스 밸브
③ 언로드 밸브 　④ 체크 밸브

해설 체크밸브는 방향제어 밸브에 해당된다.

14 다음 중 오일 팬에 있는 오일을 흡입하여 기관의 각 운동부분에 압송하는 오일펌프로 가장 많이 사용되는 것은?

① 기어 펌프, 원심 펌프, 베인 펌프
② 나사 펌프, 원심 펌프, 기어 펌프
③ 로터리펌프, 기어 펌프, 베인 펌프
④ 피스톤펌프, 나사 펌프, 원심 펌프

15 작동 중인 교류 발전기의 소음발생 원인과 가장 거리가 먼 것은?

① 벨트장력이 약하다.
② 고정볼트가 풀렸다.
③ 베어링이 손상되었다.
④ 축전지가 방전되었다.

16 일반적으로 재해 발생 원인에는 직접원인, 간접원인이 있다. 직접원인이 아닌 것은?

① 교육 훈련 미숙
② 불충분한 지지 또는 방호
③ 불량 공구 사용
④ 작업 조명의 불량

17 압력식 라디에이터 캡을 사용하여 얻는 이점은?

① 냉각 팬을 제거할 수 있다.
② 라디에이터의 구조를 간단하게 할 수 있다.
③ 물 펌프의 성능을 향상시킬 수 있다.
④ 냉각수의 비등점을 올릴 수 있다.

18 일반 화재 발생장소에서 화염이 있는 곳으로부터 대피하기 위한 요령이다. 보기 항에서 맞는 것을 모두 고른 것은?

> a. 머리카락, 얼굴, 발, 손 등을 불과 닿지 않게 한다.
> b. 수건에 물을 적셔 코와 입을 막고 탈출한다.
> c. 몸을 낮게 엎드려서 통과한다.
> d. 옷을 물로 적시고 통과한다.

① a, b, c, d
② a, b, c
③ a, c
④ a

19 건설유압기기에서 유압유의 구비조건으로 가장 적절하지 않은 것은?

① 비중이 적당하고 비압축성있어야 한다.
② 적당한 점도와 유동성이 있어야 한다.
③ 인화점 및 발화점이 매우 낮아야 한다.
④ 열 방출이 잘 되어야 한다.

20 건설기계 조종사가 장비 확인 및 점검을 위하여 갖추어야 할 작업복에 대한 설명으로 가장 적절하지 않은 것은?

① 상의의 옷자락이 밖으로 나오도록 입는다.
② 기름이 밴 작업복은 입지 않도록 한다.
③ 소매나 바지 자락은 조여지도록 한다.
④ 작업복은 몸에 맞는 것을 착용한다.

21 건설기계 관련 작업장에서 그림과 같은 안내 표지의 명칭은?

① 금연
② 탑승금지
③ 차량통행금기
④ 사용금지

22 지게차의 타이어에서 고무로 피복된 코드를 여러 겹으로 겹친 층에 해당되며 타이어 골격을 이루는 부분은?

① 트레드   ② 비드
③ 숄더   ④ 카커스

23 지게차의 구성품 중 메인 프레임의 맨 뒤 끝에 설치된 것으로 화물 적재 및 적하 시 균형을 유지하게 하는 장치는?

① 평형추   ② 핑거보드
③ 포크   ④ 마스트

24 먼지가 많이 나는 장소에서 사용하는 마스크는?

① 송기 마스크   ② 방독면
③ 방진 마스크   ④ 산소 마스크

25 건설기계 조종수로서 장비 안전 점검 및 확인을 위하여 해머작업 시 안전 수칙으로 거리가 가장 먼 것은?

① 공동으로 해머 작업 시 호흡을 맞출 것
② 해머를 사용할 때 자루 부분을 확인할 것
③ 면장갑을 끼고 해머작업을 하지 말 것
④ 강한 타격력이 요구될 때에는 연결대에 끼워서 작업할 것

26 2개 이상의 분기회로를 갖는 회로 내에서 작동순서를 회로의 압력 등에 의하여 제한하는 밸브는?

① 시퀀스 밸브 ② 체크 밸브

③ 서브 밸브 ④ 릴리프 밸브

27 일반적인 오일탱크의 구성품이 아닌 것은?

① 드레인 플러그

② 스트레이너

③ 유압 실린더

④ 배플 플레이트

28 보기에 나타난 도로 표지판의 내용 중 틀린 것은?

① 현재 진행도로는 사임당로이며 시작점으로부터 약 920m이다.

② 현재 진행도로에서 계속직진하면 사임당로가 나타난다.

③ 현재 진행도로의 전체길이는 2500m이다.

④ 현재 진행도로는 8차선이상의 도로가 아니다.

29 작업장 안전 관리에 대한 설명으로 옳지 않은 것은?

① 작업대, 기계 사이의 통로는 안전을 위한 일정한 너비가 필요하다.

② 바닥에 폐유를 뿌려, 먼지 등이 일어나지 않도록 한다.

③ 전원 콘센트 및 스위치 등에 물을 뿌리지 않는다.

④ 항상 청결을 유지한다.

30 건설기계등록번호표의 도색이 흰색판에 검은색 문자인 경우는?

① 영업용 ② 군용

③ 대여사업용 ④ 자가용

> **해설** 2023년도에 바뀐 규정으로 자가용의 경우 녹색번호판에서 흰색번호판으로 변경되었다.

31 내연기관을 사용하는 지게차의 구동과 관련한 설명으로 옳은 것은?

① 뒷바퀴로 구동한다.

② 앞바퀴로 구동한다.

③ 복륜식은 앞바퀴 좌·우 각각 1개인 구동륜을 말한다.

④ 기동성 위주로 사용되는 지게차는 복동륜을 사용한다.

> **해설** 복륜식이란 앞바퀴가 좌우 각각2개인 구동륜을 말한다.

32 방향전환 밸브의 조작 방식에서 단동솔레노이드 기호로 옳은 것은?

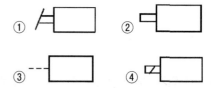

33 연삭기에서 연삭칩의 비산을 막기 위한 안전방호장치는?

① 양수 조작식 방호장치

② 안전 덮개

③ 광전식 안전 방호장치

④ 급정지 장치

> **해설** 연삭기라 함은 그라인더를 말하며 안전을 위하여 쇳가루(연삭칩)가 퍼지지 않도록 덮개가 있으며 워크래스트(받침대)의 경우 연삭숫돌과 3mm 이내로 고정되어야 한다.

34 기관의 실린더 수가 많을 때의 장점이 아닌 것은?

① 연료 소비가 적고 큰 동력을 얻을 수 있다.
② 가속이 원활하고 신속하다.
③ 기관의 진동이 적다.
④ 저속 회전이 용이하고 큰 동력을 얻을 수 있다.

35 지게차의 틸트 실린더에 대한 설명 중 옳은 곳은?

① 틸트 레버를 뒤로 당기면 피스톤 로드가 팽창되어 마스트가 뒤로 기울어진다.
② 틸트 레버를 앞으로 밀면 피스톤 로드가 수축되어 마스트가 뒤로 기울어진다.
③ 틸트 레버를 앞으로 밀면 피스톤 로드가 팽창되어 마스트가 앞으로 기울어진다.
④ 틸트 레버를 뒤로 당기면 피스톤 로드가 수축되어 마스트가 앞으로 기울어진다.

해설 틸트레버의 경우 복동실린더로 레버를 당기면 피스톤로드가 수축되며, 밀면 피스톤로드가 팽창한다.

36 건설기계 등록말소 사유 중 시·도지사의 직권으로 등록 말소되는 경우가 아닌 것은?

① 정기 검사를 받지 아니한 경우
② 거짓 그 밖의 부정한 방법으로 등록을 한 경우
③ 건설기계를 수출하는 경우
④ 건설기계 차대가 등록 시의 차대와 다른 경우

37 L자형으로서 2개이며 핑거보드에 체결되어 화물을 떠받쳐 운반하는 데 사용하는 것은?

① 파레트   ② 체인
③ 마스트   ④ 포크

해설 포크의 다른 용어로 "쇠스랑"이라고도 표현한다.

38 기동 전동기의 구성품 중 전류를 받아서 자력선을 형성하는 것은?

① 슬립링
② 계자 코일
③ 오버런닝 클러치
④ 브러시

39 지게차의 작업일과를 마치고 지면에 안착시켜 놓아야 할 것은?

① 프레임   ② 카운터 웨이트
③ 차축   ④ 포크

40 차량이 남쪽에서부터 북쪽 방향으로 진행 중일 때, 다음과 같은 「2방향 도로명 예고표지」에 대한 설명으로 틀린 것은?

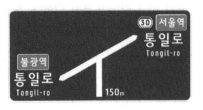

① 차량을 우회전하는 경우 '통일로'로 진입할 수 있다.
② 차량을 좌회전하여 진행하는 경우 '통일로'의 건물에 부착된 건물번호판의 숫자가 커진다.
③ 차량을 좌회전하는 경우 '통일로'로 진입할 수 있다.
④ 차량을 좌회전하여 진행하는 경우 '통일로'의 건물에 부착된 건물번호판의 숫자가 작아진다.

해설 도로명 주소의 부여기준은 서에서 동으로 남에서 북으로 번호가 부여 되며 이출제문제의 경우 서울역 방향이 남쪽, 불광역방향이 북쪽으로, 좌회전하여 진행하면 부착된 건물번호판의 숫자가 커진다.

41 건설기계 유압기기에서 유압유 온도를 알맞게 유지하기 위해 오일을 냉각하는 부품은?

① 오일 쿨러
② 방향 제어 밸브
③ 유압 밸브
④ 어큐뮬레이터

42 지게차 브레이크 드럼의 구비조건으로 틀린 것은?

① 견고하고 무거울 것
② 정적, 동적 평형이 잡혀 있을 것
③ 방열이 잘될 것
④ 마찰면의 내마멸성이 우수할 것

43 건설기계 운전 중 좌회전시 교차로에 진입하였을 때 노랑불이 등화 되었다. 통행방법으로 맞는 것은?

① 일시 정지 한다.
② 후진 한다.
③ 그 자리에 있는다.
④ 신속히 좌회전 한다.

44 자동 변속기의 특징으로 옳지 않은 것은?

① 구동축을 연결한 상태로 밀거나 끌어서는 안된다.
② 클러치 조작 없이 출발이 가능하다.
③ 연료 소비율이 수동 변속기에 비해 작다.
④ 각 부분에 진동을 오일이 흡수한다.

45 지게차에서 틸트 레버를 운전자쪽으로 당기면 마스트는 어떻게 기울어지는가? (단, 방향은 지게차의 진행방향 기준임)

① 뒤쪽으로
② 위쪽으로
③ 아래쪽으로
④ 앞쪽으로

46 일시정지를 하지 않고도 철길건널목을 통과할 수 있는 경우는?

① 차단기가 내려가 있을 때
② 경보기가 울리지 않을 때
③ 신호등이 진행신호 표시일 때
④ 앞차가 진행하고 있을 때

47 정기검사 유효기간을 1개월 경과한 후에 정기검사를 받은 경우 다음 정기 검사 유효기간 산정 기산일은?

① 종전검사 신청기간 만료일의 다음 날부터
② 종전검사 유효기간 만료일의 다음 날부터
③ 검사를 신청한 날부터
④ 검사를 받은 날의 다음 날부터

해설 정기검사를 1개월 먼저 받거나 1개월 뒤에 받더라도 종전검사 유효기간의 만료일은 변하지 않는다.

48 유압식 지게차의 동력 전달 순서는?

① 엔진 → 변속기 → 토크변환기 → 차동장치 → 차축 → 앞바퀴
② 엔진 → 변속기 → 토크변환기 → 차축 → 차동장치 → 앞바퀴
③ 엔진 → 토크변환기 → 변속기 → 차축 → 차동장치 → 앞바퀴
④ 엔진 → 토크변환기 → 변속기 → 차동장치 → 차축 → 앞바퀴

49 기어 펌프에 대한 설명으로 틀린 것은?

① 다른 펌프에 비해 흡입력이 매우 나쁘다.
② 플런저 펌프에 비해 효율이 낮다.
③ 소형이며 구조가 간단하다.
④ 초고압에는 사용이 곤란하다.

해설 기어펌프는 소형이지만 흡입능력이 우수하며 구조가 간단하나 대신 수명이 짧다.

50 지게차 운행 전 안전작업을 위한 점검사항으로 가장 적절하지 않은 것은?

① 시동 전에 전·후진 레버를 중립 위치에 둔다.
② 방향지시등과 같은 신호장치의 작동상태를 점검한다.
③ 작업 장소의 노면 상태를 확인한다.
④ 화물 이동을 위해 마스트를 앞으로 기울여 둔다.

해설 화물이동시 마스트는 운전자쪽으로 후경을 하여야 물건이 쏟아지지 않는다.

51 차량 운행 시 보도와 차도가 구분된 도로에서 도로 외의 곳으로 출입하기 위하여 보도를 횡단하려고 할 때 가장 적절한 방법은?

① 보행자가 있어도 차마가 우선 출입한다.
② 보행자가 없으면 주의하며 빨리 진입한다.
③ 보도에 진입하기 직전에 일시 정지하여 좌측과 우측을 살핀 후 보행자의 통행을 방해하지 않게 횡단하여야 한다.
④ 보행자 유무에 구애받지 않는다.

52 건설기계관리법령상 건설기계의 등록번호를 가리거나 훼손하여 알아보기 곤란하게 한 자에게 부과하는 벌금 또는 과태료로 옳은 것은?

① 1000만원 이하
② 300만원 이하
③ 500만원 이하
④ 100만원 이하

해설 등록번호를 가리거나 훼손하여 알아보기 곤란하게 한 자에게 부과하는 과태료는 100만원이며, 등록번호를 지워 없애거나 그 식별을 곤란하게 한 자는 1000만원의 벌금이 과금된다.

53 좌·우측 전조등 회로의 연결 방법으로 옳은 것은?

① 직·병렬 연결　② 직렬 연결
③ 단식 배선　④ 병렬 연결

해설 전조등 회로는 병렬로 연결되어 있어 한쪽의 전조등이 고장이 나도 다른 한쪽은 점등될 수 있도록 설계 되어 있다.

54 엔진지게차의 동력으로 맞게 설명한 것은?

① 휘발유　② 디젤
③ LPG　④ 전기

55 유압모터의 장점으로 가장 알맞은 것은?

① 소형 제작이 불가능하며 무게가 무겁다.
② 무단변속의 범위가 비교적 넓다.
③ 공기와 먼지 등의 침투에 큰 영향을 받지 않는다.
④ 소음이 크다.

56 디젤 기관 인젝션 펌프에서 딜리버리 밸브의 기능으로 틀린 것은?

① 잔압 유지　② 역류 방지
③ 유량 조정　④ 후적 방지

57 흘러내리기 쉬운 물건 및 화학제품을 대량으로 취급하거나 운반하는 화학제품 공장 및 하차장에서 주로 사용할 수 있는 작업장치로 가장 적절한 것은?

① 힌지드 버킷
② 다단 마스트형
③ 사이드 클램프
④ 블록 클램프

58 장비 점검 및 확인을 위하여 사용하는 공구 중 볼트 머리나 너트 주위를 완전히 감싸기 때문에 사용 중에 미끄러질 위험성이 적은 렌치는?

① 오픈 엔드 렌치
② 복스 렌치
③ 파이프 렌치
④ 조정 렌치

59 디젤기관의 출력이 저하되는 원인으로 틀린 것은?

① 연료분사량이 적을 때
② 흡기계통이 막혔을 때
③ 흡입공기 압력이 높을 때
④ 노킹이 일어 날 때

60 건설기계 조종수가 장비 점검 및 확인을 위하여 렌치를 사용할 때 안전수칙으로 옳은 것은?

① 스패너에 파이프 등 연장대를 끼워서 사용한다.
② 스패너는 충격이 약하게 가해지는 부위에는 해머대신 사용 할 수 있다.
③ 너트보다 약간 큰 것을 사용하여 여유를 가지고 사용한다.
④ 파이프렌치는 정지장치를 확인하고 사용한다.

정답

1	③	11	④	21	④	31	②	41	①	51	③
2	③	12	②	22	④	32	④	42	①	52	④
3	③	13	④	23	①	33	②	43	④	53	④
4	③	14	③	24	③	34	①	44	③	54	②
5	③	15	④	25	④	35	③	45	①	55	②
6	③	16	①	26	①	36	③	46	③	56	③
7	①	17	④	27	③	37	④	47	②	57	①
8	②	18	①	28	②	38	②	48	④	58	②
9	③	19	③	29	②	39	④	49	①	59	③
10	①	20	①	30	④	40	④	50	④	60	④

제9회 모의고사

01 기관의 냉각팬에 대한 설명 중 틀린 것은?

① 유체 커플링식은 냉각수의 온도에 따라서 작동된다.
② 전동팬은 냉각수의 온도에 따라 작동된다.
③ 전동팬이 작동되지 않을 때는 물 펌프도 회전하지 않는다.
④ 전동팬의 작동과 관계없이 물 펌프는 항상 회전한다.

해설 전동팬식 냉각팬은 냉각수의 온도에 따라 작동되며, 물펌프는 시동 후 항상 회전되어야 엔진의 과열을 막을 수가 있다.

02 기관 과열의 주요 원인이 아닌 것은?

① 라디에이터 코어의 막힘
② 냉각장치 내부의 물때 과다
③ 냉각수의 부족
④ 엔진 오일량 과다

04 디젤기관에서 시동이 되지 않는 원인으로 맞는 것은?

① 연료공급 펌프의 연료공급 압력이 높다.
② 가속 페달을 밟고 시동하였다.
③ 배터리 방전으로 교체가 필요한 상태이다.
④ 크랭크축 회전속도가 빠르다.

해설 시동이 되지 않는 원인은 연료공급이 불량하거나 배터리의 방전과 관계가 있다.

03 다음 중 연소 시 발생하는 질소산화물(NOx)의 발생 원인과 가장 밀접한 관계가 있는 것은?

① 높은 연소 온도
② 가속 불량
③ 흡입 공기 부족
④ 소염 경계층

해설 질소산화물(NOx)은 매연으로 가속 시 발생하는 높은 연소와 관련되어 있다.

05 디젤기관에서 사용하는 분사노즐의 종류에 속하지 않는 것은?

① 핀틀(pintle)형
② 스로틀(throttle)형
③ 홀(hole)형
④ 싱글 포인트(single point)형

06 디젤기관에서 부조 발생의 원인이 아닌 것은?

① 발전기 고장
② 거버너 작용 불량
③ 분사시기 조정 불량
④ 연료의 압송 불량

해설 부조란 엔진회전의 부조화(불량)로서 발전기의 경우 전기를 생산하는 장치로 부조와 관계가 없다.

07 디젤기관에서 연료장치 공기빼기 순서가 바른 것은?

① 공급펌프 → 연료여과기 → 분사펌프
② 공급펌프 → 분사펌프 → 연료여과기
③ 연료여과기 → 공급펌프 → 분사펌프
④ 연료여과기 → 분사펌프 → 공급펌프

08 운전 중인 기관의 에어클리너가 막혔을 때 나타나는 현상으로 맞는 것은?

① 배출가스 색은 검고, 출력은 저하한다.
② 배출가스 색은 희고, 출력은 정상이다.
③ 배출가스 색은 청백색이고, 출력은 증가된다.
④ 배출가스 색은 무색이고, 출력은 무관하다.

09 12V배터리 안에 2V셀은 몇 개이며, 연결방법으로 맞는 것은?

① 6개이며 병렬연결 되어 있다.
② 6개이며 직렬연결 되어 있다.
③ 12개이며 병렬연결 되어 있다.
④ 12개이며 직렬연결 되어 있다.

10 흡·배기 밸브의 구비조건이 아닌 것은?

① 열전도율이 좋을 것
② 열에 대한 팽창율이 적을 것
③ 열에 대한 저항력이 작을 것
④ 가스에 견디고, 고온에 잘 견딜 것

11 일반적으로 기관에 많이 사용되는 윤활 방법은?

① 수 급유식   ② 적하 급유식
③ 압송 급유식   ④ 분무 급유식

12 기관 실린더 벽에서 마멸이 가장 크게 발생하는 부위는?

① 상사점 부근   ② 하사점 부근
③ 중간 부분   ④ 하사점 이하

13 유압장치에서 압력제어밸브가 아닌 것은?

① 릴리프밸브   ② 시퀀스밸브
③ 언로드밸브   ④ 체크밸브

해설 체크밸브는 방향제어 밸브이다.

14 다음 중 오일 팬에 있는 오일을 흡입하여 기관의 각 운동부분에 압송하는 오일펌프로 가장 많이 사용되는 것은?

① 기어 펌프, 원심 펌프, 베인 펌프
② 나사 펌프, 원심 펌프, 기어 펌프
③ 로터리 펌프, 기어 펌프, 베인 펌프
④ 피스톤 펌프, 나사 펌프, 원심 펌프

15 예열플러그를 빼서 보았더니 심하게 오염되어있다. 그 원인으로 가장 적합한 것은?

① 불완전 연소 또는 노킹
② 엔진 과열
③ 플러그의 용량 과다
④ 냉각수 부족

16 충전 중 갑자기 계기판에 충전 경고등이 점등되었다. 그 현상으로 맞는 것은?

① 정상적으로 충전이 되고 있음을 나타낸다.
② 충전이 되지 않고 있음을 나타낸다.
③ 충전계통에 이상이 없음을 나타낸다.
④ 주기적으로 점등되었다가 소등되는 것이다.

17 납산 축전지가 방전되어 급속 충전을 할 때의 설명으로 틀린 것은?

① 충전 중 전해액의 온도가 45℃가 넘지 않도록 한다.
② 충전 중 가스가 많이 발생되면 충전을 중단한다.
③ 충전전류는 축전지 용량과 같게 한다.
④ 충전시간은 가능한 짧게 한다.

해설 급속충전의 경우 용량의 50%값으로 충전하며, 축전지의 손상이 오므로 자주하면 안된다.

18 건설기계에 사용하는 축전지 2개를 직렬로 연결하였을 때 변화되는 것은?

① 전압이 증가된다.
② 사용 전류가 증가된다.
③ 비중이 증가된다.
④ 전압 및 이용 전류가 증가된다.

해설 직렬연결은 전압이 증가하고, 병렬연결은 용량이 증가한다.

19 지게차 작업장치의 동력전달 기구가 아닌 것은?

① 리프터 체인
② 틸트 실린더
③ 리프트 실린더
④ 트랜치호

20 운전 중 클러치가 미끄러질 때의 영향이 아닌 것은?

① 속도 감소
② 견인력 감소
③ 연료소비량 증가
④ 엔진의 과냉

21 지게차의 타이어에서 고무로 피복된 코드를 여러 겹으로 겹친 층에 해당되며 타이어 골격을 이루는 부분은?

① 트레드　　② 비드
③ 숄더　　④ 카커스

22 지게차의 구성품 중 메인 프레임의 맨 뒤 끝에 설치된 것으로 화물 적재 및 적하 시 균형을 유지하게 하는 장치는?

① 평형추　　② 핑거보드
③ 포크　　④ 마스트

해설 평형추, 균형추, 웨이트 발란스, 카운터 발란스라고도 한다.

23 파워스티어링에서 핸들이 매우 무거워 조작하기 힘든 상태일 때의 원인으로 맞는 것은?

① 바퀴가 습지에 있다.
② 조향 펌프에 오일이 부족하다.
③ 볼 조인트의 교환시기가 되었다.
④ 핸들 유격이 크다.

24 진공식 제동 배력 장치의 설명 중에서 옳은 것은?

① 진공 밸브가 새면 브레이크가 전혀 듣지 않는다.
② 릴레이 밸브의 다이어프램이 파손되면 브레이크가 듣지 않는다.
③ 릴레이 밸브 피스톤 컵이 파손되어도 브레이크는 듣는다.
④ 하이드로릭 피스톤의 체크 볼이 밀착 불량이면 브레이크가 듣지 않는다.

25 건설기계 등록말소 사유 중 반드시 시·도지사가 직권으로 등록 말소하여야 하는 것은?

① 건설기계의 용도를 폐지한 때
② 건설기계를 수출하는 때
③ 검사최고를 받고도 정기검사를 받지 아니한 때
④ 거짓 그 밖의 부정한 방법으로 등록을 한 때

26 자동변속기가 장착된 건설기계의 모든 변속단에서 출력이 떨어질 경우 점검해야 할 항목과 거리가 먼 것은?

① 오일의 부족
② 토크컨버터 고장
③ 엔진고장으로 출력 부족
④ 추진축 휨

27 건설기계를 산(매수 한) 사람이 등록사항변경(소유권 이전) 신고를 하지 않아 등록사항 변경신고를 독촉하였으나 이를 이행하지 않을 경우 판(매도 한) 사람이 할 수 있는 조치로서 가장 적합한 것은?

① 소유권 이전 신고를 조속히 하도록 매수한 사람에게 재차 독촉한다.
② 매도 한 사람이 직접 소유권 이전 신고를 한다.
③ 소유권 이전 신고를 조속히 하도록 소송을 제기한다.
④ 아무런 조치도 할 수 없다.

28 덤프트럭이 건설기계 검사소 검사가 아닌 출장검사를 받을 수 있는 경우는?

① 너비가 3m
② 최고 속도가 40km/h
③ 자체중량이 25톤인 경우
④ 축중이 5톤인 경우

해설 도서지역에 있는 경우, 자체중량이 40톤을 초과하거나 축중이 10톤을 초과, 너비가 2.5m를 초과, 최고속도가 시간당 35km 미만인 경우 출장검사를 받을 수가 있다.

29 노면이 얼어붙은 경우 또는 폭설로 가시거리가 100미터 이내인 경우 최고속도의 얼마나 감속 운행하여야 하는가?

① 50/100%   ② 30/100%
③ 40/100%   ④ 20/100%

30 다음 그림의 교통안전표지는 무엇인가?

① 차간거리 최저 50m이다.
② 차간거리 최고 50m이다.
③ 최저속도 제한표지이다.
④ 최고속도 제한표지이다.

31 등록건설기계의 기종별 표시방법으로 옳은 것은?

① 01 : 불도저
② 02 : 모터그레이더
③ 03 : 지게차
④ 04 : 덤프트럭

해설 01: 불도저   02: 굴삭기 03: 로더 04: 지게차

32 편도 4차로 일반도로의 경우 교차로 30m 전방에서 우회전을 하려면 몇 차로로 진입 통행해야 하는가?

① 1차로로 통행한다.
② 2차로와 1차로로 통행한다.
③ 4차로로 통행한다.
④ 3차로만 통행 가능하다.

33 정차 및 주차금지 장소에 해당 되는 것은?

① 건널목 가장자리로부터 15m 지점
② 정류장 표지판으로부터 12m 지점
③ 도로의 모퉁이로부터 4m 지점
④ 교차로 가장자리로부터 10m 지점

해설 교차로의 가장자리나 도로모퉁이로부터 5미터 이내인 곳이 주·정차 금지장소이다.

34 특별 표지판을 부착하여야 할 건설기계의 범위에 해당하지 않는 것은?

① 높이가 5미터인 건설기계
② 총중량이 50톤인 건설기계
③ 길이가 16미터인 건설기계
④ 최소회전반경이 13미터인 건설기계

해설 길이 16.7m, 너비 2.5m, 최소회전반경 12m 높이 4m 총중량 40t 축하중 10t을 초과하는 경우 특별표지판 부착대상이다.

35 현장에 경찰 공무원이 없는 장소에서 인명사고와 물건의 손괴를 입힌 교통사고가 발생하였을 때 가장 먼저 취할 조치는?

① 손괴한 물건 및 손괴 정도를 파악한다.
② 즉시 피해자 가족에게 알리고 합의한다.
③ 즉시 사상자를 구호하고 경찰 공무원에게 신고한다.
④ 승무원에게 사상자를 알리게 하고 회사에 알린다.

36 3톤 미만 지게차의 소형건설기계 조종 교육시간은?

① 이론 6시간, 실습 6시간
② 이론 4시간, 실습 8시간
③ 이론 12시간, 실습 12시간
④ 이론 10시간, 실습 14시간

해설 3t미만의 지게차는 물건을 들 수 있는 중량이 3t미만이어야 하고 1종보통 운전면허 이상의 소지자만 가능하다.

37 건설기계에 사용되는 유압 실린더 작용은 어떠한 것을 응용한 것인가?

① 베르누이의 정리
② 파스칼의 정리
③ 지렛대의 원리
④ 후크의 법칙

38 공유압 기호 중 그림이 나타내는 것은?

① 유압동력원　② 공기압동력원
③ 전동기　　　④ 원동기

39 작동형, 평형피스톤형 등의 종류가 있으며 회로의 압력을 일정하게 유지시키는 밸브는?

① 릴리프 밸브　② 메이크업 밸브
③ 시퀀스 밸브　④ 무부하 밸브

40 유압 실린더는 유체의 힘을 어떤 운동으로 바꾸는가?

① 회전 운동　　② 직선 운동
③ 곡선 운동　　④ 비틀림 운동

해설 오일의 압력에너지로 기계적인 일을 하는 유압 실린더는 직선 왕복운동, 유압모터는 회전운동을 한다.

41 유압 작동유의 점도가 너무 높을 때 발생되는 현상으로 맞는 것은?

① 동력 손실의 증가
② 내부 누설의 증가
③ 펌프 효율의 증가
④ 마찰 마모 감소

해설 점도란 오일의 끈적거림의 정도를 표시하는 것으로서 점도가 낮으면 물처럼 묽고, 높으면 엿처럼 끈적거린다.

42 일반적으로 오일탱크의 구성품이 아닌 것은?

① 스트레이너
② 배플
③ 드레인플러그
④ 압력조절기

43 다음 중 액추에이터의 입구 쪽 관로에 설치한 유량제어밸브로 흐름을 제어하여 속도를 제어하는 회로는?

① 시스템 회로(system circuit)
② 블리드오프 회로(bled-off circuit)
③ 미터인 회로(meter-in circuit)
④ 미터아웃 회로(meter-out circuit)

해설 입구쪽은 미터인, 출구쪽은 미터아웃 회로라 한다.

44 유압장치의 구성요소가 아닌 것은?

① 유니버셜 조인트
② 오일탱크
③ 펌프
④ 제어밸브

45 다음 그림과 같이 안쪽은 내·외측 로터로 바깥쪽은 하우징으로 구성되어 있는 오일펌프는?

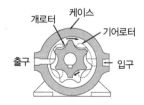

① 기어 펌프
② 베인 펌프
③ 트로코이드 펌프
④ 피스톤 펌프

46 유압에너지를 공급받아 회전운동을 하는 기기를 무엇이라 하는가?

① 펌프   ② 모터
③ 밸브   ④ 롤러 리미트

47 볼트 등을 조일 때 조이는 힘을 측정하기 위하여 쓰는 렌치는?

① 복스 렌치   ② 오픈엔드 렌치
③ 소켓 렌치   ④ 토크 렌치

해설 엔진 등을 분해하고 다시 조립 시 똑같은 힘으로 조이기 위하여 토크렌치를 사용하며, 볼트를 조일 때만 사용한다.

48 일시정지를 하지 않고도 철길건널목을 통과할 수 있는 경우는?

① 차단기가 내려가 있을 때
② 경보기가 울리지 않을 때
③ 신호등이 진행신호 표시일 때
④ 앞차가 진행하고 있을 때

49 전기장치의 퓨즈가 끊어져서 다시 새것으로 교체하였으나 또 끊어졌다면 어떤 조치가 가장 옳은가?

① 계속 교체한다.

② 용량이 큰 것으로 갈아 끼운다.
③ 구리선이나 납선으로 바꾼다.
④ 전기장치의 고장개소를 찾아 수리한다.

50 산업안전보건표지에서 그림이 나타내는 것은?

① 비상구 없음 표지
② 방사선 위험 표지
③ 탑승금지 표지
④ 보행금지 표지

51 가동하고 있는 엔진에서 화재가 발생하였다. 불을 끄기 위한 조치 방법으로 가장 올바른 것은?

① 원인분석을 하고 모래를 뿌린다.
② 포말 소화기를 사용 후 엔진 시동스위치를 끈다.
③ 엔진 시동스위치를 끄고 ABC 소화기를 사용한다.
④ 엔진을 급가속하여 팬의 강한 바람을 일으켜 불을 끈다.

52 동력 전달장치에서 가장 재해가 많이 발생하는 것은?

① 차축   ② 기어
③ 피스톤   ④ 벨트

53 좌·우측 전조등 회로의 연결 방법으로 옳은 것은?

① 직·병렬 연결   ② 직렬 연결
③ 단식 배선   ④ 병렬 연결

해설 전조등과 예열플러그는 병렬로 연결되어 있어 한쪽이 고장 나도 다른쪽은 사용이 가능하며, 퓨즈의 경우는 직렬로 연결되어 있다.

54 구급처치 중에서 환자의 상태를 확인하는 사항과 가장 거리가 먼 것은?

① 의식　　　　② 상처
③ 출혈　　　　④ 격리

55 작업장에서 전기가 예고 없이 정전 되었을 경우 전기로 작동하던 기계기구의 조치방법으로 틀린 것은?

① 즉시 스위치를 끈다.
② 안전을 위해 작업장을 정리해 놓는다.
③ 퓨즈의 단선 유, 무를 검사한다.
④ 전기가 들어오는 것을 알기 위해 스위치를 켜둔다.

56 복스 렌치가 오픈 렌치보다 많이 사용되는 이유는?

① 값이 싸며 적은 힘으로 작업할 수 있다.
② 가볍고 사용하는데 양손으로도 사용할 수 있다.
③ 파이프 피팅 조임 등 작업용도가 다양하여 많이 사용된다.
④ 볼트, 너트 주위를 완전히 감싸게 되어 사용 중에 미끄러지지 않는다.

57 건설기계의 임시운행 허가 기간은?

① 7일　　　　② 10일
③ 15일　　　　④ 2년

58 장비 점검 및 확인을 위하여 사용하는 공구 중 볼트 머리나 너트 주위를 완전히 감싸기 때문에 사용 중에 미끄러질 위험성이 적은 렌치는?

① 오픈 엔드 렌치
② 복스 렌치
③ 파이프 렌치
④ 조정 렌치

59 디젤기관의 출력이 저하되는 원인으로 틀린 것은?

① 연료분사량이 적을 때
② 흡기계통이 막혔을 때
③ 흡입공기 압력이 높을 때
④ 노킹이 일어 날 때

해설 흡입공기의 압력이 높아지면 엔진이 출력이 상승되며 터보차저(과급기)가 역할을 한다.

60 건설기계 조종수가 장비 점검 및 확인을 위하여 렌치를 사용할 때 안전수칙으로 옳은 것은?

① 스패너에 파이프 등 연장대를 끼워서 사용한다.
② 스패너는 충격이 약하게 가해지는 부위에는 해머대신 사용할 수 있다.
③ 너트보다 약간 큰 것을 사용하여 여유를 가지고 사용한다.
④ 파이프렌치는 정지장치를 확인하고 사용한다.

정답

1	③	11	③	21	④	31	①	41	①	51	③
2	④	12	①	22	①	32	③	42	④	52	④
3	①	13	④	23	③	33	④	43	③	53	③
4	③	14	③	24	③	34	③	44	①	54	④
5	④	15	①	25	④	35	④	45	③	55	④
6	①	16	②	26	④	36	①	46	②	56	④
7	①	17	③	27	②	37	②	47	④	57	④
8	①	18	①	28	④	38	①	48	③	58	②
9	②	19	③	29	③	39	④	49	④	59	③
10	③	20	④	30	④	40	②	50	④	60	④

제10회 모의고사

01 지게차를 이용한 작업 중에서 위에서 떨어지는 화물에 의한 위험을 방지하기 위해 조종수의 머리 위에 설치하는 덮개는?

① 리프트 실린더 ② 핑거보드
③ 백레스트 ④ 헤드가드

02 경고표지로 사용되지 않는 것은?

① 낙하물 경고
② 급성독성물질 경고
③ 방진마스크 경고
④ 인화성 물질경고

해설 방진마스크는 지시표지이다.

03 자동변속기가 장착된 지게차를 주차할 때 주의사항으로 틀린 것은?

① 주브레이크를 제동시킨다.
② 전, 후진 레버는 중립시킨다.
③ 주차브레이크를 당긴다.
④ 포크를 지면에 내려놓는다.

04 지게차에 대한 설명으로 옳지 않는 것은?

① 포크는 상하좌우 뿐만 아니라 기울임이 가능한 것도 있다.
② 평형추는 지게차 앞쪽에 설치되어 있다.
③ 지게차 방호장치로 백레스트, 오버헤드가드 등이 있다.
④ 엔진식 지게차는 보통전륜구동, 후륜조향이다.

해설 지게차의 평형추(균형추) 포크에 걸린 화물의 무게를 지지하기 위하여 뒤에 설치된다.

05 지게차 조향핸들의 조작이 무겁게 되는 원인으로 적절하지 않는 것은?

① 타이어 공기압이 낮다.
② 조향기어 백래시가 작다
③ 앞바퀴 정렬이 적절하다.
④ 윤활유가 부족 또는 불량하다.

06 지게차의 브레이크를 밟았을 때 한쪽으로 쏠리는 원인과 거리가 가장 먼 것은?

① 엔진의 출력이 부족하다.
② 한쪽라이닝에 오일이 묻었다.
③ 타이어공기압이 평형하지 않다.
④ 앞바퀴 정렬이 불량하다.

07 지게차의 규격표시 방법으로 옳은 것은?

① 지게차의 최대적재중량(ton)
② 지게차의 원동기출력(ps)
③ 지게차의 총중량(ton)
④ 지게차의 자체중량(ton)

해설 3t 지게차의 경우화물을 3t까지 들어 올릴 수가 있으며 자체중량은 4톤을 초과한다.

08 지게차로 들어 올릴 화물의 너비를 좌우로 조정하는 장치는?

① 포크틸트 간격조정장치
② 리프트 상하간격 조정레버
③ 브레이크
④ 포크간격 조정장치

09 지게차의 기준 무부하상태에서 수직으로 하되 마스트의 높이를 변화시키지 않은 상태에서 포크의 높이를 최저위치에서 최고 위치로 올릴 수 있는 경우의 높이는?

① 기준 틸팅 높이
② 프리리프트 높이
③ 프리 틸팅 높이
④ 기준부하 높이

해설 기준 무부하상태란 포크에 짐이 실리지 않은 상태를 말하며 프리리프트 높이(자유인상 높이)란 포크를 들어 올릴 때 내측마스트가 돌출되는 시점에 있어서 지면으로부터 포크윗면까지의 높이를 말한다.

10 보기의 지게차 작업장치중 사이드쉬프트 클램프의 특징에 해당되는 것을 모두 고르시오

> a. 화물의 손상이 적고 작업이 매우 신속하다.
> b. 부피가 큰 경화물의 운반 및 적재가 용이하다.
> c. 차체를 이동시키지 않고 적재 및 하역작업을 할 수 있다.
> d. 좌우측에 설치된 클램프를 좌, 우로 이동시킬 수 있다.

① a, b, c, d   ② a,b
③ a, c   ④ a,b, d

11 저압타이어에 11.00-20-12PR 이란 표시 중 숫자 11의 의미는?

① 타이어의 내경을 인치로 표시한 것
② 타이어의 폭을 센티미터로 표시한 것
③ 타이어 외경을 인치로 표시한 것
④ 타이어 폭을 인치로 표시한 것

해설 저압타이어의 표기 타이어 폭(인치) - 타이어 내경(인치)- 플라이 수

12 지게차의 유압밸브 중 작업장치의 속도를 제어하는 밸브가 아닌 것은?

① 분류밸브
② 릴리프밸브

③ 고정형 교축밸브
④ 가변형 교축밸브

해설 작업장치의 속도는 유량제어 밸브가 담당하며 릴리프밸브는 압력제어 밸브이다

13 다음 중 건설기계 구조변경검사신청서는 어디에 제출하여야 하는가?

① 자동차 검사소
② 건설기계정비업소
③ 건설기계 검사대행자
④ 건설기계 폐기업소

14 소유자의 신청이나 시도지사의 직권으로 건설기계의 등록을 말소할 수 있는 사유로 아닌 것은?

① 건설기계를 장기간 운행하지 않는 경우
② 건설기계를 폐기한 경우
③ 건설기계를 정기검사한 경우
④ 건설기계를 교육, 연구목적으로 사용하는 경우

15 할로겐 전조등에 대한 장점으로 틀린 것은?

① 필라멘트아래 차광판이 있어 차축방향을 반사하는 빛을 없애는 구조로 되어 있다.
② 할로겐 사이클로 흑화현상이 있어 수명이 다하면 밝기가 변한다.
③ 색온도가 높아 밝은 백색 빛을 얻을 수 있다.
④ 전구의 효율이 높아 밝고 환하다.

16 영구자석의 자력에 의하여 발생한 맴돌이 전류와 영구자석의 상호작용에 의하여 바늘이 돌아가는 계기는?

① 유압계   ② 전류계
③ 속도계   ④ 연료계

17 충전장치에서 발전기는 엔진의 어느 축과 연결되어 있는가?

① 추진축 ② 캠축

③ 크랭크축 ④ 변속기 입력축

해설 크랭크축 풀리와 연결되어 있는 것은 물펌프와 발전기이다.

18 디젤기관의 연료분사노즐에서 섭동면의 윤활은 무엇으로 하는가?

① 그리스 ② 윤활유

③ 기어오일 ④ 경유

해설 섭동면이란 연결이 되어 마찰이 되는 부분을 뜻하여 섭동면의 윤활은 경유에 포함된 윤활성분이 한다.

19 지게차에서 저압타이어를 사용하는 주된 이유는?

① 고압타이어는 파손이 쉽고 정비의 난이도가 높기 때문에 저압타이어를 사용한다.

② 저압타이어는 지게차의 롤링방지를 위해 현가스프링을 장착하지 않기 때문에 사용한다.

③ 저압타이어는 조향을 쉽게 하고 타이어의 접착력이 크게 하기 때문에 사용한다.

④ 고압타이어는 가격적 측면에서 비경제적이고 사용기간이 짧기 때문에 저압타이어를 사용한다.

20 산업재해의 분류에서 사람이 평면상으로 넘어졌을 때(미끄러짐 포함)를 말하는 것은?

① 낙하 ② 충돌

③ 전도 ④ 추락

해설 추락(떨어짐) 전도(넘어짐),협착(끼임) 낙하, 비래(맞음), 충돌(부딪힘)

21 지게차의 포크하강속도의 빠름과 느림에 관여하는 밸브는?

① 유량제어밸브

② 압력제어밸브

③ 마스트체인 장력조정밸브

④ 방향제어 밸브

22 솜, 양모, 펄프 등 가벼우면서 부피가 큰 화물의 운반에 적합한 지게차는?

① 사이드클램프 ② 로드스태빌라이저

③ 힌지드포크 ④ 힌지드버켓

23 지게차 리프트체인의 길이는 무엇으로 조정하는가?

① 캐리지레일의 길이

② 리프트실린더의 길이

③ 체인아이볼트의 길이

④ 틸트실린더의 길이

해설 리프트 체인의 길이조정은 체인과 연결되어 잇는 조정너트로 조정 후 고정너트로 고정한다.

24 축압기의 종류 중 공기 압축형이 아닌 것은?

① 스프링 하중식(spring loaded type)

② 피스톤식(piston type)

③ 다이어프램식(diaphragm type)

④ 블래더식(bladder type)

25 지게차의 포크를 내리는 역할을 하는 부품은?

① 틸트 실린더

② 리프트 실린더

③ 볼 실린더

④ 조향실린더

해설 포크올림, 내림-리프트 실린더, 포크각도 조절-틸트실린더

26 폭우·폭설·안개 등으로 가시거리가 100미터 이내일 때 속도는 얼마나 줄여야 하는가?

① 20%　　　　② 50%
③ 60%　　　　④ 80%

27 사용 중인 작동유의 수분함유 여부를 현장에서 판정하는 것으로 가장 적합한 방법은?

① 오일을 가열한 철판 위에 떨어뜨려 본다.
② 오일을 시험관에 담아서 침전물을 확인한다.
③ 여과지에 약간(3~4방울)의 오일을 떨어뜨려 본다.
④ 오일의 냄새를 맡아본다.

28 다음의 유압기호가 나타내는 것은?

① 릴리프 밸브
② 무부하 밸브
③ 어큐뮬레이터
④ 필터

29 지게차 리프트 체인의 최소파단 하중은 얼마인가?

① 3　　　　② 5
③ 10　　　　④ 20

해설 최소파단하중이란 물체에 외력이 가하여져서 파괴(체인의 끊어짐)될 때 그 물체가 견디어 낸 최대 하중을 뜻한다.

30 지게차 주행 중 조향핸들이 떨리는 원인으로 맞지 않는 것은?

① 타이어밸런스가 맞지 않을 때
② 휠이 휘었을 때
③ 스티어링기어의 마모가 심할 때
④ 포크가 휘었을 때

31 지게차의 리프트 작동회로에 사용되는 플로우 레귤레이터(슬로우 리턴 밸브)의 역할은?

① 포크의 하강속도를 조절하여 천천히 내려오게 한다.
② 짐을 하강시킬 때 신속하게 내려오게 한다.
③ 포크 상승 중 중간에서 정지 시 실린더 내부 누유방지
④ 포크 상승 시 작동유의 압력을 높여 준다.

32 다음의 유압 기호 중 압력스위치를 나타내는 것은?

① 　　②

③ 　　④

해설 ① 릴리프밸브 ② 공기유압변환기 ③ 압력스위치 ④ 트로코이드 펌프

33 다음은 어떤 지게차를 말하는가?

> 좁은 공간에서 이동하면서 적재 및 물품을 픽업하기 용이하며 높은 곳의 물건을 쉽게 옮길 수 있다. 일명 삼방향 지게차라고도 한다.

① 롤클램프 지게차
② 블록클램프 지게차
③ 3웨이(way)지게차
④ 로드스태빌라이져 지게차

해설 삼방향 지게차는 좁은 랙 통로에서도 작업이 가능하도록 고안된 장비로써 포크가 좌우로 90°로 움직여 물류창고의 공간효율을 극대화시킬 수 있도록 설계되어 있다.

34 건설기계관리법상 건설기계의 소유자는 건설기계를 취득한 날부터 얼마 이내에 건설기계 등록신청을 해야 하는가?

① 2개월 이내
② 3개월 이내
③ 6개월 이내
④ 1년 이내

해설 취득신고 2개월 이내, 변경 30일 반납10일, 임시운행 15일이다.

35 유압이 진공에 가까워짐으로 기포가 생기며, 국무석인 고압이나 소음이 발생하는 현상을 무엇이라 하나?

① 채터링현상　② 오리피스현상
③ 시효경화 현상　④ 캐비테이션

36 지게차의 좌우높이가 다를 경우 조정하는 부위는?

① 리프트밸브로 조정
② 리프트체인의 길이 조정
③ 틸트레버로 조정
④ 틸트실린더로 조정

37 지게차 하역 작업 시 안전한 방법이 아닌 것은?

① 무너질 위험이 있는 경우 화물위에 사람이 올라간다.
② 가벼운 것은 위로, 무거운 것은 밑으로 적재한다.
③ 굴러갈 위험이 있는 물체는 고임목으로 고인다.
④ 허용적재 하중을 초과하는 화물의 적재는 금한다.

해설 무너질 위험이 있으면 사람의 접근을 피해야 한다.

38 전동지게차의 동력전달 순서로 맞는 것은?

① 축전지 - 제어기구 - 구동모터 - 변속기 - 종감속 및 차동장치 - 앞바퀴
② 축전지 - 변속기 - 토크컨버터 - 종감속기어 및 차동장치 - 앞구동축 - 최종감속기-차륜
③ 축전지 - 토크컨버터 - 변속기 - 앞구동축 - 종감속기어 및 차동장치 - 최종감속기 - 차륜
④ 엔진 - 토크컨버터 - 변속기 - 종감속기어 및 차동장치 - 앞구동축 - 최종감속기 - 차륜

해설 전동지게차의 경우 엔진이 없고 배터리의 힘으로 전동모터를 움직여 구동시킬 수 있도록 설계 되어 있다.

39 다음 중 연료 탱크의 기능으로 틀린 것은?

① 연료를 저장 한다.
② 운행 중 연료의 출렁거림을 방지하는 세퍼레이터가 있다.
③ 탱크 내에 대기압을 형성하기 위한 대기압 호스가 있다.
④ 연료탱크의 내부에는 부식방지를 위하여 금도금 되어 있다.

해설 연료 탱크의 내부에는 부식방지를 위하여 아연도금 되어 있다.

40 일반적인 지게차로 작업하기 힘든 원추형의 화물을 좌·우로 조이거나 회전시켜 운반하거나 적재하는데 널리 사용되고 있으며 고무판이 설치되어 화물이 미끄러지는 것을 방지하여 주며 화물의 손상을 막는 지게차의 종류는?

① 힌지드 포크
② 로드스테빌라이져
③ 스키드 포크
④ 로테이팅포크

41 선반작업, 드릴작업, 목공기계작업, 연삭작업, 해머작업 등을 할 때 착용하면 불안전한 보호구는?

① 장갑　　　　　② 귀마개
③ 방진안경　　　④ 안전복

42 건설기계 장비의 충전장치에서 가장 많이 사용하고 있는 발전기는?

① 단상 교류발전기
② 3상 교류발전기
③ 직류발전기
④ 와전류발전기

해설 3상교류의 경우 단상이 3개여서 안정적이며 저속, 공전 시에서도 충전이 가능한 전압을 확보한다.

43 특별표지판을 부착하지 않아도 되는 건설기계는?

① 길이가 17m인 건설기계
② 너비가 3m인 건설기계
③ 높이가 3m인 건설기계
④ 최소회전반경이 13m 건설기계

44 작동유가 넓은 온도범위에서 사용되기 위한 조건으로 가장 알맞은 것은?

① 산화작용이 양호해야 한다.
② 점도지수가 높아야 한다.
③ 소포성이 좋아야한다.
④ 유성이 커야한다.

해설 점도지수란 점도가 온도에 따라 변화가 적은 것을 뜻한다.

45 납산 배터리액체를 취급하기에 가장 적합한 복장은?

① 고무로 만든 옷
② 가죽으로 만든 옷
③ 무명으로 만든 옷
④ 화학섬유로 만든 옷

46 "건설기계형식"이란 건설기계의 (, ,) 등에 관하여 일정하게 정한 것을 말한다. ( ) 안에 들어갈 수 없는 것은?

① 구조　　　　　② 규격
③ 성능　　　　　④ 제원

47 고속도로통행이 허용되지 않는 건설기계로 맞는 것은?

① 콘크리트믹서트럭
② 덤프트럭
③ 지게차
④ 트럭 기중기

48 직류발전기 구성품이 아닌 것은?

① 로터 코일과 실리콘 다이오드
② 전기자 코일과 정류자
③ 계철과 계자철심
④ 계자 코일과 브러시

49 지게차로 틸트 레버를 당겼을 때 마스트의 후경각도는?

① 8 ~ 10°　　　② 5 ~ 6°
③ 7 ~ 9°　　　　④ 10 ~ 12°

해설 일반적인 지게차의 경우 전경은 5~6° 후경은 2배인 10~2°이다.

50 점검주기에 따른 안전점검의 종류에 해당되지 않는 것은?

① 정기점검　　　② 구조점검
③ 특별점검　　　④ 수시점검

51 비교적 가벼운 화물을 단거리 운반을 하거나 적재 및 적하에 사용되는 것은?

① 사다리차　　　② 지게차
③ 기중기　　　　④ 3톤 미만 굴삭기

52 수소가스와 이산화탄소 용기의 색은?

① 주황색, 파랑색
② 녹색, 황색
③ 파랑색, 녹색
④ 파랑색, 황색

해설 산소-녹색, 아세틸렌-황색, 수소-주황색,
이산화탄소-파랑색

53 지게차의 포크가이드에 대한 설명으로 맞는 것은?

① 포크를 이용하여 다른 짐을 이동할 목적으로 사용
② 파레트를 이동할 때 사용
③ 물건의 뒤를 받칠 때 사용
④ 포크와 같이 엔진을 이동할 때 사용

해설 롤테이너에 포크를 끼울 수 있도록 만든 장치이다

자료 출처: https://google.co.kr/search

54 다음 중 지게차에서 카운터 발란스가 없는 것은?

① 카운터 지게차
② 힌지드 지게차
③ 삼단 마스트 지게차
④ 리치형 지게차

해설 카운터 발란스란 지게차의 뒷부분인 균형추(평형추)를 말하며 포크에 실린 짐의 무게를 지탱하여 준다. 리치형 지게차는 서서하는 입식지게차로 카운터 발란스가 없고 배터리가 무게를 지지하는 역할을 한다.

55 고압·소용량, 저압·대용량 펌프를 조합 운전할 경우 회로 내의 압력이 설정압력 도달하면 저압 대용량 펌프의 토출량을 기름 탱크로 귀환시키는데 사용하는 밸브는?

① 무부하 밸브
② 카운터 밸런스 밸브
③ 체크밸브
④ 시퀀스 밸브

56 다음의 유압기호의 명칭으로 맞는 것은?

① 유압펌프 ② 가변유압펌프
③ 유압모터 ④ 가변유압모터

57 스크루 또는 머리에 홈이 있는 볼트를 박거나 뺄 때 사용하는 스크루 드라이버의 크기는 무엇으로 표시하는가?

① 손잡이를 제외한 길이
② 생크(shank)의 두께
③ 포인트(tip)의 너비
④ 손잡이를 포함한 전체 길이

58 스패너 작업 방법으로 안전상 올바른 것은?

① 스패너로 죄고 풀 때 항상 앞으로 당긴다.
② 스패너로 볼트를 죌 때는 앞으로 당기고 풀 때는 뒤로 민다.
③ 스패너 사용시 몸의 중심을 항상 옆으로 한다.
④ 스패너의 입이 너트의 치수보다 조금 큰 것을 사용한다.

59 오일 팬에 있는 오일을 흡입하여 기관의 각 운동부분에 압송하는 오일펌프로 가장 많이 사용되는 것은?

① 피스톤펌프, 나사펌프, 원심펌프
② 로터리펌프, 기어펌프, 베인펌프
③ 기어펌프, 원심펌프, 베인펌프
④ 나사펌프, 원심펌프, 기어펌프

60 다음 중 도로교통표지판의 이름으로 맞는 것은?

① 철길건널목, 통행금지, 유턴, 차중량제한
② 우좌로 이중굽은 도로, 주정차금지, 회전형 교차로, 우합류도로
③ 좌우로 이중굽은도로, 진입금지, 로터리, 좌합류 도로
④ 굽은도로, 주정차금지, 원형교차로, 우합류도로

정답

1	④	11	④	21	①	31	①	41	①	51	②
2	③	12	②	22	①	32	③	42	②	52	①
3	①	13	③	23	③	33	③	43	③	53	①
4	②	14	③	24	①	34	①	44	②	54	④
5	③	15	②	25	②	35	④	45	①	55	①
6	①	16	③	26	②	36	②	46	④	56	④
7	①	17	③	27	①	37	①	47	③	57	①
8	④	18	④	28	④	38	①	48	①	58	①
9	②	19	②	29	②	39	④	49	④	59	②
10	①	20	③	30	④	40	④	50	②	60	②

지게차운전기능사

제11회 모의고사

01 피스톤의 구비조건이 아닌 것은?

① 고온 고압에 견딜 수 있을 것
② 열전도율이 크고 열팽창율이 적을 것
③ 중량이 클 것
④ 윤활유가 연소실에 유입하지 못하는 구조일 것

해설 피스톤은 무게가 가벼워야 한다.

02 클러치가 미끄러지는 이유가 아닌 것은?

① 클러치판이 마모가 심할 때
② 자유유격 조정이 잘못 되었을 때
③ 클러치 오일이 부족할 때
④ 압력판스프링 장력이 약하거나 파손 되었다.

03 유압유의 압력에너지를 기계적에너지로 변환시키는 작용을 하는 것은?

① 유압펌프   ② 어큐뮬레이터
③ 유압밸브   ④ 액추에이터

해설 유압펌프로 압력에너지를 받아 액추에이터인 유압실린더(직선운동)와 유압모터(회전운동)를 한다.

04 다음 중 릴리프밸브의 기호로 맞는 것은?

 ①

 ②

 ③

 ④

해설 ① 릴리프밸브 ② 무부하밸브 ③ 감압밸브
④ 시퀀스밸브

05 유압 모터는 어떠한 기능을 하는가?

① 유압장치에서 작동 유압에너지에 의해 연속적으로 회전운동을 함으로서 기계적인 일을 하는 장치이다
② 유압을 제어하는 기능을 한다.
③ 오일 흐름 방향을 제어하는 기능을 한다.
④ 기계의 힘을 유체의 에너지로 변환 시키는 역할을 한다.

06 유압유의 작동원리가 다른 것은?

① 틸트레버를 당길 때
② 틸트레버를 밀 때
③ 리프트레버를 당길 때
④ 리프트레버를 밀 때

해설 리프트레버를 밀면 리프트실린더가 자중에 의하여 내려옴. 다른 부분은 유압유가 작동함

07 건설기계에 주로 사용되는 기관은?

① 가솔린 기관   ② 디젤기관
③ LPG 기관   ④ CNG 기관

해설 디젤기관은 열효율이 높고 연료소비율이 적다.

08 지게차에서 내리막길 주차 방법으로 잘못된 것은?

① 주차브레이크를 작동시킨다.
② 변속 레버를 후진위치에 놓는다.
③ 안전 고임목을 설치한다.
④ 포크를 지면에 닿게 내려놓는다.

09 유압장치 속도가 느릴 경우 원인이 아닌 것은?

① 유압유의 점도가 낮다.
② 유압유 오일 토출량이 많다.
③ 유압유가 누유된다.
④ 유압유가 부족하다.

해설 유압유의 토출량이 많아지면 속도가 빨라짐

10 방열기의 구비 조건이 아닌 것은?

① 단위 면적당 방열량이 클 것
② 가볍고 강도가 클 것
③ 공기의 흐름 저항이 클 것
④ 냉각수의 흐름이 원활할 것

해설 방열기(라디에이터)의 흐름저항이 작아야 냉각효과가 우수함

11 방향제어 밸브의 역할이 아닌 것은?

① 오일의 흐름 방향을 변환한다.
② 액추에이터의 속도를 제어한다.
③ 유압 실린더나 유압 모터의 작동 방향을 바꾸는데 사용한다.
④ 유체의 흐름 방향을 한쪽 방향으로만 허용 한다.

해설 액추에이터의 속도를 제어하는 것은 유량제어 밸브의 기능임

12 건설기계 구조 변경이 가능한 항목은?

① 원동기 형식
② 적재함 용량 증가
③ 건설기계 기종 변경
④ 건설기계 규격의 증가

해설 원동기(엔진)의 형식 변경은 가능하다.

13 지게차에서 자동차와 같이 스프링을 사용하지 않는 이유를 설명한 것 중 옳은 것은?

① 많은 하중을 받기 때문이다.

② 적화물의 추락을 방지하기 위함이다.
③ 앞차축이 구동축이기 때문이다.
④ 현가장치가 있으면 조향이 어렵기 때문이다.

해설 지게차는 노면의 충격을 방지하는 현가장치가 없으며 적화물의 추락을 방지하기 위함이다.

14 건설기계 검사의 종류가 아닌 것은?

① 임시 검사
② 정기 검사
③ 구조 변경 검사
④ 수시 검사

15 12V 배터리에 3Ω, 4Ω, 5Ω 저항을 직렬로 연결 했을 때 이 회로에 흐르는 전류는 얼마인가?

① 1 A   ② 2 A
③ 3 A   ④ 4 A

해설 옴의 법칙을 적용하여

$$전류\ 1A = \frac{전압\ \ 12V}{저항\ 3+4+5Ω}$$

16 대여용 건설기계 번호판 색상으로 맞는 것은?

① 청색판에 백색 문자
② 주황색판에 흑색 문자
③ 녹색판에 백색 문자
④ 백색판에 흑색 문자

해설 대여용은 주황색판에 흑색문자를 사용한다.

17 화물자동차 적재물이 길게 노출되었을 때 적색천을 설치해야 되는데 천의 규격은?

① 폭 30cm 길이 50cm
② 폭 50cm 길이 100cm
③ 폭 10cm 길이 60cm
④ 폭 20cm 길이 80cm

18 소화기 종류가 잘못 된 것은?

① A급 : 일반 화재
② B급 : 유류 화재
③ C급 : 섬유 화재
④ D급 : 금속 화재

해설 C 급화재는 전기화재이다.

19 다음기호에서 제너 다이오드의 기호로 맞는 것은?

①   ②

③   ④

해설 제너다이오드는 일정한 전압을 얻을 목적으로 사용한다.

20 지게차에서 포크 최대 상승 높이 설명으로 적당한 것은?

① 내측 마스트가 올라가기 시작할 때의 내측 마스트와 지면과의 높이
② 리프트를 최대로 올렸을 때 지면과 포크의 높이
③ 리프트를 최대로 올렸을 때 지면과 마스트 상단의 높이
④ 리프트를 최대로 올렸을 때 지면과 적재물의 높이

21 지게차가 무부하 상태에서 최대 조향각으로 운행 시 가장 바깥쪽 바퀴의 접지자국 중심점이 그리는 원의 반경을 무엇이라고 하는가?

① 윤간거리
② 최소 회전반지름
③ 최소회전반경
④ 최소 직각 통로폭

해설 조향바퀴의 접지점의 원의 반경을 최소회전 반지름이라고 하며 지게차의 후단부(평형추)가 그리는 원의 반경은 최소회전반경이라 한다.

22 렌치 사용 시 안전 및 주의사항으로 옳은 것은?

① 렌치를 사용 할 때는 반드시 연결대를 사용한다.
② 렌치를 사용 할 때는 규정보다 큰 공구를 사용한다.
③ 파이프렌치는 조종조의 가운데에 파이프를 물리고 힘을 준다.
④ 렌치를 당길 때 힘을 준다.

해설 렌치를 당기거나 풀 때는 몸 안쪽 방향으로 당긴다.

23 지게차가 주행 시 차체가 흔들리는 원인이 아닌 것은?

① 타이어 휠 밸런스가 맞지 않을 경우
② 킹핀 경사각이 맞지 않을 때
③ 포크가 휘었을 때
④ 타이어 림이 휘었을 때

24 지게차의 작업 장치가 아닌 것은?

① 하이 마스트　② 힌지드 버킷
③ 사이드 클램프　④ 히트 생크

25 지게차 엔진을 가동시키기 위한 장치는?

① 시동 장치　② 연료 분사 장치
③ 충전장치　④ 등화 장치

해설 시동장치는 기동전동기(스타트 모터, 시동전동기)

26 과급기의 역할은?

① 배기가스 저감장치
② 흡입 소음 감소 장치
③ 출력 증대 장치
④ 윤활유 공급 장치

해설 과급기는 터보차지를 말하며 배기가스의 힘으로 흡입공기를 과하고 급하게 빨아드려 엔진의 출력을 증대시킨다.

27 유압장치에 공기가 유입 되었을 때 나타나는 현상이 아닌 것은?

① 소음 발생
② 캐비테이션 현상 발생
③ 충격 발생
④ 유압 작동이 빨라진다.

28 다음 실린더의 유형은 무엇인가?

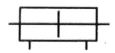

① 단동실린더
② 복동실린더
③ 복동실린더 양로드형
④ 단동실린더 단로드형

해설 유압유가 들어오는 부분이 2곳으로 복동이며 피스톤로 드가 양쪽으로 뻗어 있어서 양로드형이다. 또한 유압기 호는 회전하여 표시하여도 무관하다.

29 지게차의 방향을 바꾸지 않고도 백레스트와 포크를 좌우로 움직여서 적재, 적하작업을 할 수 있는 지게차는?

① 사이드 시프트
② 힌지 포크
③ 3단 마스트
④ 로드 스태빌라이저

해설 사이드쉬프트지게차는 핸들을 조작하지 않고도 백레스 트만 움직여서 편리하게 작업할 수가 있다.

30 힌지드 포크에 설치하여 흘러내리기 쉬운 석 탄, 소금, 비료 모래 등을 운반하는데 적합한 장치는?

① 버킷 마스트   ② 힌지드 버킷
③ 포크   ④ 로드 마스트

31 지게차의 운전 장치를 조작하는 동작의 설명 으로 틀린 것은?

① 전, 후진 레버를 앞으로 밀면 후진이 된 다.
② 틸트 레버를 뒤로 당기면 틸트는 뒤로 기운다.
③ 리프트 레버를 앞으로 밀면 포크가 내려 간다.
④ 전, 후진 레버를 뒤로 당기면 후진이 된 다.

해설 전후진 레버는 자동차와 같이 앞으로 밀면 전진, 뒤로 당기면 후진 작동된다.

32 실드빔 라이트 설명이 잘 못 된 것은?

① 라이트 전구를 교환할 수 있다.
② 라이트 전구와 반사경이 일체로 되어 있 다.
③ 수분 불순물 등이 유입될 우려가 적다.
④ 전구가 끊어지면 라이트를 전체를 교환 해야 된다.

해설 실드빔형은 전조등 자체가 일체형이며 세미실드빔 형식 은 전구만 교환하면 된다.

33 디젤엔진에서 노킹을 일으키기 어려운 정도 를 나타내는 수치를 무엇이라 하는가?

① 점도 지수   ② 옥탄가
③ 세탄가   ④ 노킹지수

해설 노킹은 이상연소로 인하여 망치 두들기는 소리가 나며 세탄가가 높을수록 노킹현상을 줄일 수가 있다.

34 조종사를 보호하기 위해 설치한 지게차의 안 전장치는?

① 유압 펌프   ② 인젝터
③ 틸트실린더   ④ 헤드가드

해설 오버헤드가드는 운전자 위쪽에 설치되어 있어 위에서 떨어지는 짐을 막아서 운전자를 보호할 수가 있으며, 백레스트의 경우는 짐을 보호한다.

35 유압장치에 부착되어 있는 오일탱크의 구성품이 아닌 것은?

① 오일 주입구 캡　② 배플 플레이트
③ 유면계　　　　　④ 피스톤 로드

해설 오일탱크에 있는 배플(칸막이)은 오일의 출렁거림을 방지 하며 피스토로드는 유압실린더에 달려있는 장치이다.

36 지게차를 주차할 때 주의 사항으로 옳지 않은 것은?

① 전, 후진 레버의 위치는 N위치에 놓는다.
② 포크를 지면에 내려놓는다.
③ 핸드 브레이크 레버를 당겨 놓는다.
④ 주브레이크를 고정시켜 놓는다.

37 안전, 보건표지의 종류와 형태에서 그림의 안전 표지판이 나타내는 것은?

① 병원 표지　　　② 비상구 표지
③ 녹십자 표지　　④ 안전제일 표지

해설 표지의 명칭은 녹색으로 된 십자가 녹십자표시이며, 의미가 안전제일을 뜻한다.

38 지게차 작업 장치의 포크가 한쪽으로 기울어지는 가장 큰 원인은?

① 한쪽 롤러(side roller)가 마모
② 한쪽 실린더(cylinder)의 작동유가 부족
③ 한쪽 체인(chain)이 늘어짐
④ 한쪽 리프트 실린더(lift cylinder)가 마모

해설 한쪽체인이 늘어지면 체인연결부 상단의 조정너트로 조정 후 고정너트로 조여 포크의 양쪽높이를 조정할 수가 있다.

39 차량이 남쪽에서부터 북쪽 방향으로 진행 중일 때, 그림의' 3방향 도로명 예고표지(Y형 교차로 같은 길)에 대한 설명으로 틀린 것은?

① 차량을 우회전하는 경우 '자성로'로 진입할 수 있다.
② 차량을 좌회전하는 경우 '자성로'의 '좌천역' 방향으로 갈 수 있다.
③ 차량을 좌회전하는 경우 '자성로'의 '문현교차로' 방향으로 갈 수 있다.
④ 차량을 우회전하는 경우 '자성로'의 '좌천역' 방향으로 갈 수 있다.

40 4차로 이상 고속도로에서 건설기계의 법정 최고속도는 시속 몇 km인가?(단, 경찰청장이 일부 구간에 대하여 제한속도를 상향 지정한 경우는 제외한다.)

① 50km　　　② 60km
③ 100km　　④ 80km

해설 건설기계의 최저속도는 50km이며, 최고속도는 80km이다.

41 편도 4차로 자동차 전용도로에서 굴삭기와 지게차의 주행 차선은?

① 4차로　　　② 3차로
③ 2차로　　　④ 1차로

해설 지게차의 경우 최고속도가 느려 인도와 가까운 차선으로 주행한다.

42 다음의 도로 표지판의 설명으로 맞지 않는 것은?

① 전체구간이 200m 이다.
② 앞으로 200m 지점에 종로가 나온다.
③ 2차로 이상 8차로 미만에 사용된다.
④ 폭 12M이상에서 40미터 미만으로 2차로부터 7차로까지 이다.

해설 현재 나의 위치는 종로 200m 이전 지점에 있어서 200m를 전진하면 종로가 나온다.

43 화물의 운행이나 하역작업 중 화물상부를 지지할 수 있는 클램프가 설치되어 있는 지게차는?

① 로드스테빌라이저
② 하이마스트
③ 램형지게차
④ 스키드 포크

해설 화물상부를 지지할 수 있는 클램프가 있으면 스키드포크가 되고 화물상부를 지지할 수 있는 압력판이 있으면 로드스테빌라이저가 된다.

44 뒤집기용도의 지게차로 맞는 것은?

① 로드 스테빌라이져
② 3단 마스트
③ 클램프지게차
④ 로테이팅 클램프 지게차

해설 로데이팅의 뜻은 회전한다는 뜻으로 클램프에 회전하는 장치가 달린 것을 뜻한다.

45 지게차에 사용되는 부속 장치가 아닌 것은?

① 사이드 롤러　② 틸트 실린더
③ 리프트 실린더　④ 현가장치

해설 지게차는 현가장치 있을 경우 짐이 떨어질 염려가 있어 현가장치가 없다

46 엔진의 윤활유 소비량이 과다해지는 가장 큰 원인은?

① 기관의 과냉
② 냉각펌프 손상
③ 오일 여과기 필터 불량
④ 피스톤 링 마멸

해설 피스톤링이 마멸이 되면 실린더 벽에 과잉의 오일이 묻어있고 오일이 같이 연소가 되어 오일이 줄어들고 배기가스가 회백색이 된다.

47 벨트를 풀리에 장착시 기관이 어느 상태일 때 작업 하는 것이 안전한가?

① 고속 상태　② 중속 상태
③ 저속 상태　④ 정지 상태

해설 벨트풀리는 벨트가 걸려 회전하는 부품으로 엔진회전을 정지 후 교환하여야 한다.

48 지게차 계기판의 설명으로 맞는 것은?

① 수온계　② 미션오일온도계
③ 엔진오일압력계　④ 유온계

49 전기 감전 사고 예방으로 제일 적당한 장갑은?

① 고무 장갑　② 면 장갑
③ 수술 장갑　④ 일회용 장갑

50 지게차의 포크에 짐이 실린 채로 지면에 내려놓을 때 밑에 물체나 신체가 끼어서 생기는 현상을 무엇이라 하는가?

① 전착   ② 협착
③ 낙하   ④ 압축

51 유압장치와 제동장치의 원리는?

① 파스칼, 옴의 법칙
② 피스톤, 지렛대의 법칙
③ 파스칼, 지렛대의 법칙
④ 오른손, 플레밍의 위손법칙

52 산업재해 원인은 직접원인과 간접원인으로 구분되는데 다음 직접원인 중에서 불안전한 행동에 해당되지 않는 것은?

① 허가 없이 장치를 운전
② 불충분한 경보 시스템
③ 결함 있는 장치를 사용
④ 개인 보호구 미사용

해설 불안전한 행동은 사람이 지시를 따르지 않은 상태이며 전체재해에 88%를 차지한다.

53 "총중량"이란 자체중량에 최대적재중량과 조종사를 포함한 승차인원의 체중을 합한 것을 말하며, 승차인원 1명의 체중은 (   )킬로그램으로 본다.

① 75kg   ② 85kg
③ 65kg   ④ 60kg

54 지게차에서 엔진이 정지되었을 때 레버를 밀어도 마스트가 경사되지 않도록 하는 것은?

① 벨 크랭크 기구   ② 틸트 록 장지
③ 체크 밸브   ④ 스태빌라이저

해설 정지된 상태에서 리프트실린더 가 갑자기 내려오지 않도록 하는 역할은 카운터 밸런스밸브가하며 틸트 실린더의 경우는 틸트록 장치가 한다.

55 안전·보건표지의 종류와 형태에서 그림의 표지로 맞는 것은?

① 비상구   ② 안전제일
③ 응급 구호 표지 ④ 들것 표지

56 산업체에서 안전을 지킴으로서 얻을 수 있는 이점과 가장 거리가 먼 것은?

① 직장의 신뢰도를 높여준다.
② 직장 상·하 동료 간 인간관계 개선효과도 기대된다.
③ 기업의 투자 경비가 늘어난다.
④ 사내 안전수칙이 준수되어 질서유지가 실현된다.

57 고속도로통행이 허용되지 않는 건설기계로 맞는 것은?

① 콘크리트믹서트럭
② 덤프트럭
③ 지게차
④ 트럭 기중기

해설 건설기계의 지게차는 최고속도가 낮으므로 고속도로에 통행이 허용되지 않는다.

58 다음 중 지게차 운전 작업 관련 사항으로 틀린 것은?

① 운전시 급정지, 급선회를 하지 않는다.
② 화물을 적재 후 포크를 될 수 있는 한 높이 들고 운행한다.
③ 화물 운반시 포크의 높이는 지면으로부터 20cm~30cm를 유지한다.
④ 포크를 상승시에는 액셀러레이터를 밟으면서 상승시킨다.

해설 화물운반시 포크의 높이는 20~30cm가 적당하다.

326

59 도체에 전류가 흐른다는 것은 전자의 움직임을 뜻한다. 다음 중 전자의 움직임을 방해하는 요소는 무엇인가?

① 전압   ② 저항

③ 전력   ④ 전류

60 지게차의 그림 중 A, B 페달의 명칭은?

① 틸트, 리프트
② 악셀레이터, 브레이크
③ 브레이크, 인칭
④ 인칭, 브레이크

해설 인칭페달은 작업을 빨리하기 위하여 브레이크 대신으로 사용할 수가 있으나 반응이 느려 항상 조심하여야 한다.

1	③	11	②	21	②	31	①	41	①	51	③
2	③	12	①	22	④	32	①	42	①	52	②
3	④	13	②	23	③	33	③	43	④	53	③
4	①	14	①	24	④	34	④	44	④	54	②
5	①	15	①	25	①	35	④	45	④	55	③
6	④	16	②	26	③	36	④	46	④	56	③
7	②	17	①	27	④	37	③	47	④	57	③
8	②	18	③	28	③	38	③	48	③	58	②
9	②	19	④	29	①	39	②	49	①	59	②
10	③	20	②	30	②	40	④	50	②	60	④

저자약력

이 승 호 경기과학기술대학교
김 인 태 경기과학기술대학교
임 용 남 중앙직업전문학교
원 일 상 천안직업전문학교

Q&A kimintaekg@naver.com

※ 이 책의 내용에 관한 질문은 위 메일로 문의해 주십시오.

　질문요지는 이 책에 수록된 내용에 한합니다. 전화로 질문에 답할 수 없음을 양지하시기 바랍니다.

답이 보이는
지게차운전기능사 필기

초판 발행 ▎ 2023년 7월 3일
제2판2쇄발행 ▎ 2025년 1월 10일

지 은 이 ▎ 이승호·김인태·임용남·원일상
발 행 인 ▎ 김 길 현
발 행 처 ▎ (주) 골든벨
등　　록 ▎ 제 1987-000018호
I S B N ▎ 979-11-5806-636-9
가　　격 ▎ 15,000원

이 책을 만든 사람들

편 집 디 자 인 ▎ 조경미, 권정숙, 박은경	제 작 진 행 ▎ 최병석
웹 매 니 지 먼 트 ▎ 안재명, 양대모, 김경희	오 프 마 케 팅 ▎ 우병춘, 이대권, 이강연
공 급 관 리 ▎ 오민석, 정복순, 김봉식	회 계 관 리 ▎ 김경아

⑨ 04316 서울특별시 용산구 원효로 245(원효로1가 53-1) 골든벨빌딩 5~6F
● TEL : 도서 주문 및 발송 02-713-4135 / 회계 경리 02-713-4137
　내용 관련 문의 kimintaekg@naver.com / 해외 오퍼 및 광고 02-713-7453
● FAX : 02-718-5510　　● http : // www.gbbook.co.kr　　● E-mail : 7134135@ naver.com